Unity 2D 游戏开发

[美] 弗兰茨·兰辛格（Franz Lanzinger） 著

周子衿 译

清华大学出版社

北京

内 容 简 介

本书重点介绍 2D 游戏开发的整个过程。针对每个步骤背后的理论，作者提供了充分的描述和解释，读者可以通过大量的步骤指导和理论讲解来掌握 2D 游戏开发，熟练运用 GIMP、Audacity 和 MuseScore 等工具来制作游戏中会用到的预制件、相机、动画、角色控制器、灯光和声音等。本书适合初学者和有志于开发出 3A 游戏大作的游戏开发者。

北京市版权局著作权合同登记号　图字：01-2023-1745

2D Game Development with Unity 1st Edition / by Franz Lanzinger / ISNB: 9780367349073

Copyright@ 2021 by Franz Lanzinger

图书在版编目(CIP)数据

Unity 2D游戏开发 / (美) 弗兰茨·兰辛格(Franz Lanzinger) 著；周子衿译. —北京：清华大学出版社，2023.5（2024.12 重印）

ISBN 978-7-302-63407-2

Ⅰ. ①U… Ⅱ. ①弗… ②周… Ⅲ. ①游戏程序—程序设计 Ⅳ. ①TP311.6

中国国家版本馆CIP数据核字(2023)第069300号

责任编辑：文开琪
封面设计：李　坤
责任校对：周剑云
责任印制：杨　艳
出版发行：清华大学出版社
　　　　　网　　址：https://www.tup.com.cn, https://www.wqxuetang.com
　　　　　地　　址：北京清华大学学研大厦A座　　　　　　邮　　编：100084
　　　　　社 总 机：010-83470000　　　　　　　　　　　邮　　购：010-62786544
　　　　　投稿与读者服务：010-62776969, c-service@tup.tsinghua.edu.cn
　　　　　质量反馈：010-62772015, zhiliang@tup.tsinghua.edu.cn
印 装 者：三河市龙大印装有限公司
经　　销：全国新华书店
开　　本：185mm×210mm　　　印　　张：$16\frac{2}{3}$　　　字　　数：456千字
版　　次：2023年6月第1版　　　印　　次：2024年12月第3次印刷
定　　价：118.00元

产品编号：100533-01

写在前面

通过本书，你将学会使用 Unity 来开发 2D 游戏。《Unity 2D 游戏开发》介绍了实操、循序渐进的方法及其背后的理论，涵盖 Unity 2D 游戏开发的方方面面。除了 Unity 以外，还要介绍使用 Blender 和 GIMP 创建图形、使用 Audacity 制作音效、使用 MuseScore 创作音乐以及使用 SourceTree 进行版本控制。所有这些软件可以免费使用，大部分都是开源的。如果认真阅读这本书，你可以学到很多东西。你将为自己动手制作原创游戏做好充分的准备，无论你是独立开发者、小团队的成员或是大型游戏公司的员工。本书分为两部分，第 I 部分探讨 2D 游戏开发需要用到的工具和理论。作为起步，你将制作几个小游戏以及一个较大型的游戏。然后，在第 II 部分中，你将构建一个 2D 游戏，它具有商业游戏中许多典型的特性。

通过本书，你将体会到游戏开发的乐趣和偶尔的挫折：第一次让游戏中的角色动起来那种美妙的感觉；本以为游戏能够运行却发现它无法运行且对原因毫无了解的那种痛苦。它们都是游戏开发过程的重要组成部分。

在前两章中，将带领大家深入地复习基础：数学和编码。大家应该已经具备代数、几何和三角学的一些知识。本书虽然不需要微积分和更高级的大学水平的数学知识，但它们对高级游戏开发是很有帮助的。应该至少有一些编码经验，最好是懂得 C 语言。如果对编码一无所知，仍然可以跟着本书学习。然而，提前学习一些编码知识会使你受益良多。

在随后的章节中，你将深入了解如何为游戏创造美术资源、音乐和音效。当然，还要学习如何使用 Unity 将所有的美术资源、音乐和音效整合在一起，最后做成游戏。

第 II 部分侧重于制作一个更大的 2D 游戏。你将从中学习如何用 C# 编码，如何使用 Unity，以及如何创建游戏角色、控制游戏角色、创建 GUI、调试和测试等。

强烈建议在阅读本书的过程中按步骤构建游戏。这是最棒的学习方式。事实上，这也是唯一的方式。所有的代码和游戏资源都可以在 franzlanzinger.com 下载，所以这里没有强行要大家输入代码或绘制任何东西，但如果跟着本书"从零开始"构建一切，可以学到更多。当然，总可以另辟蹊径并做一些不同于书中描述的的事情。这是自己制作游戏时一个巨大的优势。这样，就能完全掌控自己的游戏了。随着知识和技能水平的提升，你将很快准备好制作下一个原创的热门游戏。

游戏开发是一个艰巨的、激动人心的且回报丰厚的任务。需要学习的东西很多，而且有些问题一开始可能看起来很困难。不要让这些问题阻止你前进的步伐！游戏开发相当有趣且让人感到满足，勇敢踏出第一步，动手制作自己游戏吧！

排版约定

从第 1 章开始，你就会按照步骤的指示进行操作。请注意，以下对步骤说明的排版约定旨在帮助你更轻松地跟着完成操作。

- 步骤编号**粗体**，例如 **< 步骤 23>**。步骤按顺序编号，每一节都重新开始计数。
- 特殊的功能键将用尖括号括起来，例如 <Shift>、<Ctrl>、<alt>、< 回车键 > 或 < 空格键 >。
- 小键盘中的键将显示为 <numpad>3 或 <numpad>+。
- 菜单和按钮选择加粗，可能会用一个连字符隔开，如**文件 – 保存**。破折号表示子菜单的选项或弹出的窗口名称。
- 屏幕中显示的文本可能会以粗体、不同的字体或者是带有引号的方式表示，这取决于文本的内容，例如 **Exit**、Exit 或 "Exit"。
- C# 代码一般用较小的字体显示，并带有突出显示的语法颜色。本书中的文字颜色不一定与电脑屏幕上的文字颜色一致。

面对篇幅较大的文稿，作者我很难始终如一地遵循这些约定，所以我对自己偶尔打破了这些惯例表示歉意。遵循本书的步骤进行操作时，需要格外留意细节。花些时间，仔细检查复杂的步骤，不要跳过任何一步。在这一过程中，你可能会犯一两个错误，所以需要准备好出现问题时及时就从之前保存的项目文件重新开始。

致　谢

感谢促成这本书得以出版的许多人和组织。

首先，感谢雅达利街机游戏！1982 年，在我 26 岁"高龄"的时候，通过它正式涉足游戏行业。遗憾的是，雅达利街机游戏早已经不复存在，但那一小批先驱无与伦比的影响力一直持续到了今天。

非常感谢参与构建和持续完善 Unity、Blender、GIMP、Audacity 和 MuseScore 的所有人。我这本书在很大程度上依赖于他们的贡献和他们的慷慨，他们使我这样的独立开发者能够免费使用这些如此优秀的软件。

感谢全球大约 31 亿热爱游戏的玩家。没有玩家，自然就不会有游戏，更不会有游戏公司，因而也不会有游戏开发行业为我们提供那么多的工作机会。

感谢 CRC 出版社的瑞克·亚当斯，我们的合作非常愉快。

最后，感谢我的妻子苏珊这么多年来给予我的爱与支持。

目　　录

第 I 部分　游戏开发基础

第 II 部分 2D 游戏开发：从概念到发布

第 I 部分
游戏开发基础

第1章 第一步

在本章中，你将迈出第一步，即将成为一名游戏开发者，安装 Visual Studio 和 Unity，探索 C# 和一些基本的数学概念。最重要的是，自己动手制作第一个游戏，使其可运行于 Visual Studio。你的目标是学习如何使用这些游戏开发工具，直接打开并使用它们来做一些东西，这显然是一种更好的方法。

我写这本书的目的是让你遵循着一系列步骤、按部就班地操作。通过这样做，你将亲身体验到游戏开发者会有怎样的体验。本书中有数百个带有编号的步骤，你需要密切注意编号，并按顺序逐一完成这些步骤。大多数步骤后面都有附加的解释、说明或屏幕截图。

为了按照本书的步骤进行操作，你需要有一台 PC 或 Mac。系统需要满足 Unity 的开发系统要求。2020 年 1 月，Unity 公司发布了 2019.3 版本的 Unity，就是本书使用的版本。这个版本的 Unity 有以下系统要求：

- 操作系统：Windows 7 和 Windows 10，仅限 64 位版本；macOS 10.12.6 以上
- CPU：X64 架构，支持 SSE2 指令集
- 图形 API：支持 DX10、DX11 和 DX12 的 GPU。支持 Mac Metal

若想查看具体信息，请访问 unity.com。虽然不是严格意义上的必要条件，但强烈建议你的电脑屏幕至少要有 1920×1080 的分辨率。为了更好地使用 Unity，最好能使用多个显示器和较新的显卡。如果没有多个显示器，那么建议使用 Windows 中的虚拟桌面和 Mac 中的调度中心作为替代。

如果系统符合前面列出的要求，那么它足以运行本书中使用的其他软件工具。是的，需要有相当快的网速，越快越好。一些工具比较大，下载起来比较耗时，但当所有工具都下载和安装完成后，就能够在不接入互联网的情况下开发项目。

如果和大多数游戏开发者一样的话，你将有机会使用多个系统，新系统和旧系统，笔记本电脑和台式机。太老的笔记本电脑与 Unity 可能不兼容，但或许可以用来做 Visual Studio 项目或是创建图形、音效和音乐，也可以用来对游戏进行测试。如果打算在 PC 或 Mac 上发布游戏的话，那么在旧系统上进行测试是游戏开发的重要环节。

本书侧重于为 PC 和 Mac 开发游戏。Unity 之所以得名，是因为只需要用它创建一次游戏，它就能将游戏部署到许多目标平台上，比如电脑、游戏主机和移动设备。本书中的所有游戏都可以在 PC 和 Mac 上运行，而且通过一些努力，可以把大部分游戏都修改为可以在游戏机和 / 或移动设备上运行。

把游戏从现有的平台带到另一个平台的过程称为移植。相比自己动手写游戏引擎并把它移植到所有目标平台上，在 Unity 中进行移植要容易得多。每个平台都有一长串具体的要求，尤其是在你想要制作商业版本的情况下。截至 2020 年，Unity 支持的平台大约有 25 个。至于移植到目标平台和针对目标平台进行开发的最新详情，你需要自己去调查一下。

在 Visual Studio 中学习 C# 基础知识比在 Unity 中学习更容易。在使用 Unity 时，肯定得安装 Visual Studio，所以在下一节中，我们将安装 Visual Studio。

1.1 Visual Studio 概述

Visual Studio 是微软的开发工具套件。它支持许多编程语言，其中就包括 C#。在本节中，我们将安装 Visual Studio 2019 的免费版本。Visual Studio 2019 Community 可以在 visualstudio.microsoft. com 中下载。下载并安装它。在"工作负荷"一栏下选择"通用 Windows 平台开发"。对于 Mac，请遵循 Mac 安装的具体说明。这个程序的安装比较大，所以要检查是否有足够的磁盘空间和时间来进行下载和安装。

为了测试安装是否成功，首先要做的总是要写一个"Hello World!"程序。这个程序最简单，只显示"Hello World!"这样的文本。

< 步骤 1> 运行 Visual Studio 2019 社区版。

< 步骤 2> 视情况登录或新建一个微软账户。第一次运行 Visual Studio 时需要这样做。

< 步骤 3> 单击"开始使用"面板中的"创建新项目"，如图 1.1 所示。

　　　　　Mac 上的这一界面虽然有所不同，但也能看到用于新建项目的选项。

< 步骤 4> 单击"所有语言"，然后选择"C#"。

< 步骤 5> 单击"C# 控制台应用"（.NET Framework）或（.NET Core）。

　　　　　将屏幕与图 1.2 进行对比。

< **步骤 6**> 单击"下一步"。

< **步骤 7**> 输入项目名称"Hello World"。

图 1.1　VS 2019 的"开始使用"面板　　图 1.2　在 VS 2019 中新建项目

对于 Mac，请使用不带括号的"HelloWorld"作为项目名称。在 Mac 中，项目名称不能包含空格或感叹号。

< **步骤 8**> 可选：输入一个项目位置。

这是一个在系统中为本书的所有项目建立专属文件夹的好时机。如果愿意的话，可以自己命名并创建一个文件夹。

< **步骤 9**> 单击"新建"。

< **步骤 10**> 在 Main 函数中添加这行代码。

```
Console.WriteLine("Hello World!");
```

你的屏幕现在应该与图 1.3 类似。

在 Mac 上，不必输入 Console.WriteLine 这行代码，因为它已经在那了。而且，最上方只会有一行 using 代码。

< **步骤 11**> 按组合键 Ctrl+F5 编译和运行。

随后，会自动保存、编译并运行。运行控制台应用程序时，会弹出一个窗口并在窗口中打印出"Hello World!"和"按任意键关闭此窗口 ..."这可不是让你去寻找键盘上的"任意"键，此时按下空格键即可。键盘上并没有"任意"这个键。上网搜索"any key video"（任意键视频），你会看到一些相关的搞笑视频。

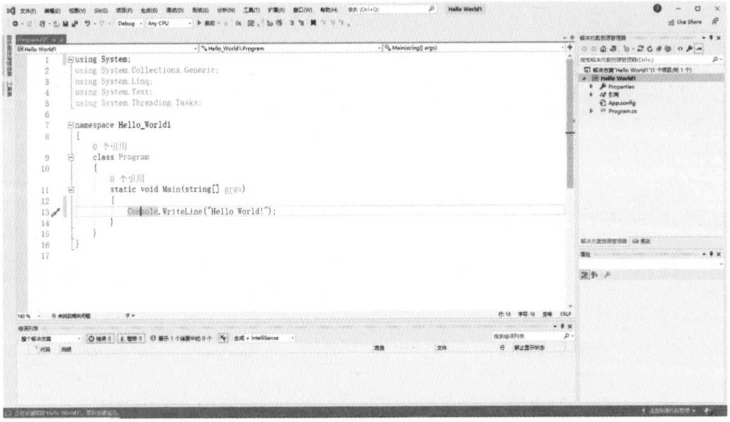

图 1.3　Visual Studio 中的 Hello World 程序

< 步骤 12> 退出。

　　现在，你已经做好了使用 Visual Studio 2019 的准备。在接下来的几节中，你将学习 C# 的基础知识，并使用 Visual Studio 制作一个简单的游戏。

1.2　什么是 C#

　　C#（发音为 C Sharp）是本书所使用的编程语言，也是 Unity 所使用的编程语言。截至 2019 年，C# 语言是就业需求最大和受欢迎程度最高的编程语言之一。阅读本书的一个附带好处是可以学到一些有关 C# 语言和编程的基础知识。

　　在开始游戏开发之前，如果先对编程语言有足够的了解，会对工作有很大的帮助。C# 语言是一种庞大且复杂的语言，但在 Unity 中制作游戏只需要一个相对较小的 C# 语言的子集。

　　在 C 语言和 C# 语言中，基本的计算往往看起来是一样的。举例来说，在两种语言中运行以下代码会产生相同的结果：

```
int i;
int x = 0;
for (i = 0; i < 10; i++)
{
    x = x + i;
}
// 计算完毕后，x 的值是 45
```

在学习更多 C# 编程知识之前，你首先将研究不同种类的数字以及它们在计算机上的表示方法。

1.3 数字

数字是计算机游戏开发的基本实体。在计算机游戏中，图形、声音和游戏逻辑都是由数字表示的。在本节中，你将回顾数学中的一些不同类型的数字，然后看看计算机和 C# 中是如何表示它们的。

数学中一些常见的数字类型包括自然数、整数、有理数、实数和复数。让我们分别研究一下它们。

- 自然数是用来计数的。它们是从 1 开始的，所以 0 不被认为是一个自然数。数学家认为数字是无限的。不存在一个最大的自然数。自然数的集是无限的。
- 整数引入了负数的概念。它们被用来计算可能为 0 或负数的东西，例如银行的余额。
- 有理数是 a/b 形式的数字，其中 a 和 b 为整数，b 必须不为 0。例如 1/3，12/35，-1/1000，34/-1。像 10.43 这样的小数是一类特殊的有理数，因为它们总是可以被写作有理数，例如 10.43=1043/100。
- 实数指的是可能有无限位数的数字，如 π =3.1415926... 或 2 的平方根 =1.4142... 对高级数学而言，实数很重要，但由于其无限性，它们不能直接在计算机上表示。一些实数被称为无理数，因为它们不能被表示为有理数，例如前面提到的 2 的平方根。
- 复数是 a+bi 形式的数字，其中 a 和 b 是实数，i 是 -1 的平方根。游戏开发中很少使用复数，但高等数学中经常用到它。

区分数学中的数字和计算机程序中的数字很重要。在数学中，数字的大小是没有上限的，但在计算机上，固定的可用内存导致数字的大小是有限制的。下一节将说明这在 C# 语言中的意义。

1.4 整型、单精度浮点型和双精度浮点型

这一节将探索 C# 语言的三种数字类型。下面是一个例子：

```
int i = 17;
```

```
float x = 17.0f;
double y = 17.0;
```

我们在这里看到的是以三种不同的方式表示的数字 17。第一种是 int（整数），第二种是 float（浮点数），第三种是 double（双精度浮点数）。我们把所有这些数字都称为"17"，但在计算机上，它们是以三种大相径庭的方式表示的。int 版本是一个 32 位的整数，存储在 4 个连续的字节中，为 0x00000011。这个 x 代表十六进制。float 版本也使用 32 位，但它是一个不同的位模式：0x41880000。double 版本使用 64 位，存储在八个连续的字节中，像这样：0x4031000000000000。不必了解这其中的细节，只需要知道浮点数和双精度浮点数是以这种方式存储的即可。游戏开发者倾向于使用 32 位整数和浮点数，主要是因为它们对大多数游戏来说足够了，同时也比其他替代选项更快、更节省空间。

注意浮点数 17 结尾处的字母 f。这是让 C# 知道这个数字是浮点数而不是双精度浮点数的方式。本书的后面部分中，可以看到在 Unity 中编码时，这种区分会变得至关重要。

现在，通过写一些使用整数、浮点数和双精度浮点数的代码来对这些数字来进行试验。

< 步骤 1> 在 Visual Studio 中，新建一个 C# 控制台项目，命名为"NumberTest"。

< 步骤 2> 在 Main 中插入以下代码。

```
int i = 17;
float x = 17.0f;
double y = 17.0;
Console.WriteLine("i={0},x={1},y={2}", i, x, y);
```

如果使用的是 Mac，可以不用在意开头处的"Hello World！"那一行。

< 步骤 3a> 只适用于 Mac 用户：**Visual Studio** – 首选项 – 键位绑定 – 方案。选择 Visual Studio（Windows）。单击"确定"。

这将使键盘快捷键与 Windows 一致。例如，保存文件是 <Ctrl>S，而不是 <command>S。这样一来，本书提到的键盘快捷键就同时适用于 Windows 和 Mac 了。如果更喜欢 Mac 键位绑定，也可以选择使用 Mac 键位绑定，但这样就无法与书中的一些地方的说明相匹配了。请注意，这个设置只适用于 Visual Studio，所以在其他应用程序，比如 Unity 或 Audacity 中，你将使用 <command> 而不是 <Ctrl>。

< 步骤 3b> 使用组合键 Ctrl+F5 运行 NumberTest。这时的输出应该如下：

```
i = 17,x = 17,y = 17
```

请按任意键继续 . . .

这个简单的练习展示了如何声明变量，为它们赋值，然后在 Console. WriteLine 语句中访问这些值。所有三个变量都将值显示为 17。接下来，你要用这些数字做一些计算。

< 步骤 4> 在现有的 Console.WriteLine 语句之后，在 Main 的结尾插入以下代码：

```
i = i + 1;
x = x * 2;
y = y / 3.0;
Console.WriteLine("i={0},x={1},y={2}", i, x, y);
```

< 步骤 5> 再次使用组合键 Ctrl+F5 运行代码。这时的输出应该像下面这样：

```
i = 17,x = 17,y = 17
i = 18,x = 34,y = 5.66666666666667
```
请按任意键继续 . . .

变量 i 加了 1，x 翻了一倍，y 被除以 3，y 并不真的是 17/3，而是一个近似值。因为 y 被声明为双精度浮点数，它有大约 15 位有效数字。

< 步骤 6> 将 y 的声明改为 float，然后再次运行该程序。

这么做的时候，可能会出现两个错误。这是因为我们还需要在声明中的 17.0 和除法中的 3.0 的后面加上一个 f。你应该也可以看到红色下划线标出的错误位置。若想查看错误信息，在 Mac 中单击上面的红色错误信息，在 PC 中则查看底部面板中的错误列表。可能需要通过向上拖动边框来展开错误列表面板。

Visual Studio 对于避免 C# 编码错误很有帮助。它不会立刻揪出所有的编码错误，但是如果在代码编辑器中看到了红色的斜线，那么犯错误的可能性就很大了。将鼠标悬停在红色斜线上会弹出一个简短的说明，这一点非常有用。

< 步骤 7> 通过在常数后面添加 f 来修正错误，然后再试一次。

现在 y 的值是 5.666667，打印位数是 7 位，而不是 15 位，因为我们只有 32 位而不是 64 位可以用来存储这个数字。现在我们将继续测试一些在 C# 中进行计算的其他方法。

< 步骤 8> 在 Main 中添加以下代码：

```
double z;
i = 17 % 12;    // remainder function
x = (float)i + 3.0f; // casting an integer to a float
```

```
z = Math.Sqrt(2.0);   // square root of 2
y = 1.0f / (float)Math.Sin(Math.PI * 0.25); // sqrt(2)
Console.WriteLine("i={0},x={1},y={2},z={3}", i, x, y, z);
```

运行它，并将结果与下面进行对比：

i=5, x=8, y=1.414214, z=1.4142135623731

试着理解一下这里发生了什么。变量 i 被计算为 17 除以 12 的余数，因此是 5。
表达式 (float)i 将整数 i 转换为浮点数。这就是所谓的类型转换（casting）。变量
z 是一个双精度浮点数，用于存储内置 Math.Sqrt 函数的结果。Math 函数使用
的是双精度浮点数，所以如果代码主要使用的是浮点数，我们就经常需要将 Math
函数的结果转换为浮点数，如 y 的计算表达所示。那个计算 y 的奇怪表达式也会
得出 2 的平方根。双斜杠后面的是注释，会被 C# 语言忽略。

< 步骤 9> 保存项目。

你刚刚体验了良好编程实践的一个基本原则。编写小段的测试代码来测试编程语言
的功能是学习使用这些功能的最好方法。你可以自由地进行试验，甚至尝试破坏一些东西。
当对测试代码感到满意并完全理解它时，就可以在实际项目中使用自己学到的东西了。

现在你已经准备好处理下一个主题"随机数"了。

1.5   随机数

在本节中，将学习游戏设计中的随机数。从很早开始，随机数就被用在计算机游戏
中了。对于任何带有随机元素的游戏来说，它们都是必不可少的，比如洗一副虚拟牌、
老虎机、骰子和程序生成的数据。也可以用随机数来欺骗玩家，让他们认为你创造了复
杂的人工智能，而实际上你的成果只是运气好，表现得很聪明罢了。

首先要认识到的是：计算机上的随机数并不是真的是随机的。它们是用一种确定的
算法产生的，这种算法生成的数字序列看起来是随机的。之所以这些数字看起来是随机
的，是因为这些序列通过了某些统计测试，但实际上，它们根本就不是随机的。虽然构
建产生真正的随机数的硬件是可能的，但这对软件开发来说实际上是一件坏事。你会想
要能够为测试目的重新创建"随机"数字序列。

这就把我们引向了"种子"（seed）的概念。计算机生成的伪随机数列从种子开始，

这只是随机数列中的第一个数字的另一种说法。随机数算法只使用前一个数字作为输入，来计算序列中的每个数字。如果想重新创建相同的序列的话，只需使用相同的种子开始即可。如果想要一个与上次执行程序时不一样的随机序列，就使用不同的种子开始。为了使这些随机数看起来更加随机，常用的技术是在系统时钟的基础上建立种子，或是在游戏之间递增种子。如果好奇的话，请在互联网上搜索有关随机性和随机数生成器的其他讨论。

在下面的项目中，我们将探索如何在基于 C# 的游戏中创建和使用随机数。

< 步骤 1> 在 Visual Studio 中，新建一个 C# 控制台项目，命名为"RandomTest"。

< 步骤 2> 在 Main 中输入以下代码并多次运行。

```
Random rnd = new System.Random();
int randomnumber = rnd.Next(1, 10);
Console.WriteLine("randomnumber = {0}", randomnumber);
```

在数次执行程序的过程中，极有可能会看到不同的数字。

下面来解释一下这段代码。第一行创建了一个新的随机数生成器，我们称它为"rnd"。rnd.Next 的调用返回一个 1 到 10 之间的随机数。结果将大于或等于 1，并且小于 10。

< 步骤 3> 插入一个种子数到 System.Random() 调用中，像下面这样：

```
Random rnd = new System.Random(42516);
```

现在，每当运行这段代码时，都会得到相同的输出，因为种子是相同的。

下一步中，我们将生成随机的双精度浮点数。

< 步骤 4> 移除种子，然后插入以下代码：

```
double randomdouble = rnd.NextDouble();
Console.WriteLine("randomdouble = {0}", randomdouble);
```

应该会得到大于或等于 0.0 并且小于 1.0 的随机双精度浮点数。

1.6 猜数字游戏

这本书是讲游戏开发的，所以现在我们要开始做第一个游戏了。这是一个简单的猜数字游戏。虽然设计的内容不多，但不要被表象欺骗了，也并不是那么容易。

设计的核心是这样的：游戏要求玩家猜测 1 到 10 之间的一个整数。"之间"意味着 1 和 10 也是有效的猜测。玩家猜对了的话就获胜了。如果没有猜对，游戏会给出一个对数字的提示。如果玩家猜得数字小了，游戏会显示"higher（更大）"，反之则显示"lower（更小）"。然后，玩家可以再猜。

这个游戏很简单，我们不需要用到 Unity。用 C# 编写一个小型的 Visual Studio 控制台应用程序完全够了。

< 步骤 1> 创建一个名为"NumberGuess"的 Visual Studio 控制台应用程序。

< 步骤 2> 添加代码，打印一条要求玩家猜一个数字的信息，然后退出。运行代码。

本书中最重要的一课来了。准备好了吗？哪怕不学其他东西，也要学会这一点：一次写一小段代码，在接着创建下一段代码之前，立即对当前的代码进行测试。这还不能被称作一个游戏，而只是一个打印一些文本并退出的控制台应用程序。它基本上就是含有不同文本的"Hello World"。书中并没有立即说明如何编写代码。这是一个表明你自己记得如何编写代码的好机会。或者，如果不记得如何在 C# 中输出文本了的话，可以参考一下本书前面的代码。你的代码应该与以下代码相似：

```
static void Main(string[] args)
{
    Console.WriteLine("Guess the number from 1 to 10: ");
}
```

接下来，我们要生成玩家需要猜的数字。

< 步骤 3> 插入生成一个从 1 到 10 的随机整数的代码。把它放在要求玩家做出猜测之前。

这一步的代码如下所示：

```
static void Main(string[] args)
{
    Random rnd = new Random();
    int number = rnd.Next(1, 10);
    Console.WriteLine("Guess the number from 1 to 10: ");
}
```

好了，这段代码运行了，但它的执行方式似乎与之前的版本是一样的。为了帮助进行测试，我们将临时放入一个 WriteLine 语句，这样就可以看到数字的值了。

< 步骤 4> 在 rnd.Next 语句的下面插入以下语句：

```
Console.WriteLine("number = {0}", number);
```

现在可以运行代码并检查正在生成的数字是否在 1 和 10 之间了。不过还有一个问题。我们如何知道所有可能的数字 1、2、3、...、8、9、10 被生成的概率都是相同的呢？下面是被用来检查这个问题的代码：

```
for (int i = 1; i <= 10; i++)
{
    int counter = 0;
    for (int j = 1; j < 1000; j++)
    {
        number = rnd.Next(1, 10);
        if (number == i) counter++;
    }
    Console.WriteLine("Frequency of {0} is {1} out of 1000",i, counter);
}
```

运行这段代码时，可以发现一个问题。从 1 到 9 的数字的频率约为 100，但 10 的频率为 0。问题出在 rnd.Next(1,10) 语句上。它生成了 1 到 10 之间的随机数，但不包括 10 本身。为了解决这个问题，我们需要把 10 改成 11。现在再运行代码时，就没什么问题了。可以删掉这段测试代码。因为我们讨厌丢弃代码，所以可以这么做：不要删除它，而是前后各加 /* 和 */，把它注释掉。

我们终于做好了继续进行下一步的准备。

< 步骤 5> 插入以下代码：

```
int guess;
bool valid;
valid = Int32.TryParse(Console.ReadLine(), out guess);
if (valid) if (guess == number)
    {
        Console.WriteLine("You Win");
        return;
    };
Console.WriteLine("You Lose");
```

这段代码让玩家输入一个字符串，如果它与随机数字相匹配，玩家就赢了，否则就输了。然后游戏结束。这段代码引入了几个新的 C# 概念。

valid 变量被声明为"bool"（得名于乔治·布尔），它只有两个可能的值：true（真）或 false（假）。下一行从控制台读取一个字符串，将其转换为 32 位整数，并将结果存入 guess 变量中。如果玩家输入了一个无效的输入，TryParse 调用就会失败并返回 false。否则，代码会将玩家的猜测与数字进行比较，如果两者相等，则玩家获胜。

如你所见，处理从玩家那里得到一个整数并进行测试这样一件简单的事情，就需要用到相当多的代码，但这就是编程的本质。在编码中，事情往往比我们一开始所预期的要困难得多。这就是为什么编程所需要的时间是很难预测的，即使对于非常简单的事情。

更糟糕的是，游戏甚至还没有完成。还有一个要处理的问题，就是循环回到开头，给玩家更多猜测数字的机会。我们还需要添加代码，向玩家解释当输入的数字不是有效数字时是出了什么问题。

< 步骤 6> 将声明 valid 后的代码改成下面这样：

```
while (true)
{
    valid = Int32.TryParse(Console.ReadLine(), out guess);
    if (valid) if (guess == number)
        { Console.WriteLine("You Win"); return; };
    if (!valid)
    {
        Console.WriteLine("Invalid input, try again");
        continue;
    }
    if (guess < number)
        Console.WriteLine("too low, please try again");
    else
        Console.WriteLine("too high, please try again");
}
```

恭喜！你达到了第一个重要的里程碑，首个游戏的第一个可玩版本！这个游戏几乎已经完成了，而且它是可玩的。它其实不那么好玩，但现在这并不重要。你的目标是学习如何创建一个简单的、可玩的游戏。

下一步将解决最明显的问题：代码直接揭示谜底，使游戏显得太过简单了。

< 步骤 7> 删除 number 的输出。然后玩一下这个游戏，尝试如何胜出。

现在好多了。获胜不像之前那么轻松了。与其继续开发这个游戏，不如把事情收尾，快速添加一个标题。

< 步骤 8> 在 Main 的开头添加以下代码：

```
Console.WriteLine("Number Guess");
```

现在，我们要搁置这个游戏。这只是 Unity 游戏制作旅程中的一个小练习。

< 步骤 9> 保存并退出 Visual Studio。

1.7　Mac 用户注意事项

如果阅读本书时使用的是 Mac，这里有一些重要的说明。Mac 可以是很优秀的开发机器，所以，如果偏好使用 Mac 的话，请继续使用。如果只用 Windows 的话，可以直接跳过本节。

本书中使用的所有软件工具都可用于 Windows 10 和 macOS。Mac 和 Windows 的版本之间可能存在着细微的差别，但大多数情况下它们是相差无几的。需要注意细节。键盘快捷键可能有区别，屏幕截图也不一定完全一样，甚至在某些少见的情况下，截图可能完全不匹配。

从现在开始，本书通常会假设读者使用的是 Windows。你仍然可以在 Mac 上学习，但需要调整键盘快捷键，而且你将不得不忍受不太一致的屏幕截图。偶尔，菜单的结构也会有所不同，但选项总是相同的。使用与本书推荐的 Windows 版本号相同的软件版本号会比较好。另外，请务必访问 www.franzlanzinger.com，了解最新的兼容性说明和对 Mac 用户的额外帮助。

1.8　安装 Unity

这一节中，将安装 Unity 并快速地尝试使用它。进入 www.unity.com，安装 2019.3.0f6 版的个人版、Plus 版或 Pro 版。请检查财务资格条件，看看哪个版本最适合自己。本书与这三个版本都兼容，是使用个人版 2019.3.0f6 版本制作和测试的。如果想要在使用不同版本的 Unity 的情况下继续阅读本书，请访问作者的网站 www.franzlanzinger. com，了解最新的兼容性信息。

本书最初是使用 Windows 系统编写和开发的。屏幕截图是在作者运行 Windows 10 的 4K 显示器上创建的。Mac 的屏幕看起来可能与相应的 Windows 屏幕截图有些不同。另外，请确保阅读或重新阅读一遍前面的题为"Mac 用户注意事项"的小节。注意，作者在一台 2015 年的 iMac 上使用 2018.2.8f1 版本的 Unity 进行了测试,该版本与 Windows 上的 2019.3.0f6 版本的 Unity 相似,但不完全相同。更多相关信息请参见作者的网站。

Unity 是一个实时开发平台,用于为各种目标制作游戏和类似的应用程序。通过 Unity,可以为 PC、Mac、游戏机、VR 和移动设备开发游戏和非游戏应用。Unity 这个名字意味着只需要开发一次游戏,就可以将其部署到许多平台。毫无疑问,它是世界上最受欢迎的游戏引擎。根据 2018 年 Unity 首席执行官的粗略估计,所有已发布的游戏中,有一半都是用 Unity 开发的。只有少数规模非常大的游戏开发工作室会花费极大的人力和物力,为他们的游戏编写自己的游戏引擎。

安装 Unity 之后,下一个目标理所当然是创建 Hello World! 项目。这将与 Visual Studio 的 Hello World 项目有很大的区别。不需要进行编码,而是要新建一个带有"Hello World!"文字的 GUI 对象。请按照以下步骤操作。

< 步骤 1> 运行刚刚安装好的 Unity 版本,单击"新建"。命名为"HelloUnity",选择 "2D 模板",选择"位置",创建"项目"。等待 Unity 创建项目,大约需 要一两分钟。

< 步骤 2> **游戏对象 – UI – 文本**。在"检查器面板"中,把"位置 X"和"位置 Y"设 置为"0"。

< 步骤 3> 单击窗口中间靠上的播放箭头,游玩游戏。

应该会看到一个蓝色的屏幕,中间显示着"New Text(新文本)"。这个"游 戏"只是一个静态的屏幕。

< 步骤 4> 再次单击播放箭头停止游戏,然后在检查器面板上将文本从"NewText"改 为"HelloWorld!"。

< 步骤 5> "播放",然后停止游戏。

< 步骤 6> **文件 – 保存**。**文件 – 退出**。在 Mac 上是 **Unity – 退出**。

本书其余部分可能不包括上面这样的对 Mac 用户所做的特殊说明。如果还没有阅读前面的针对 Mac 用户的小节,请务必读一下。

在下一章中,你将进一步了解如何使用 C# 在 Unity 环境中进行编码。

第 2 章　Unity 中的 C# 编程

本章将涵盖在 Unity 中对 C# 进行编程的基础知识。每一节中，我们都将创建一个小型 Unity 项目。这些项目将会探索一些 C# 的编程特性，以及如何在 Unity 中使用它们。本书侧重于在 Unity 中编码游戏所需要的一部分 C#。整体而言，C# 是一种更大型的语言。学习本书的其余部分时，只需要学习一个较小的子集并持续使用它就可以了。在更遥远的未来，当你成为一个更有经验的游戏开发者时，可能需要学习更高级的 C# 技术。

2.1　Unity 中的默认 C# 脚本

< 步骤 1> 在 Unity 中新建一个 2D 项目，命名为 "DataTypes"。

　　　　这可以通过 Unity Hub 来完成。在 Unity Hub 中选择要使用哪个版本的 Unity。建议使用 2019.3.0f6，这样你使用的版本就与本书所使用的版本相同了。使用较新的版本应该也是可行的，但可能会有细微的差别。新建一个新 Unity 项目可能需要一些时间，根据系统的不同，可能需要一到两分钟。

< 步骤 2> 编辑 – 首选项 ... – 外部工具 – 外部脚本编辑器。Mac 上是 **Unity – 首选项**。

　　　　这一步对你来说可能不是必须的。如果有必要，选择 Visual Studio 2019（Community）。如前所述，本书假设你在使用 Visual Studio 作为代码编辑器。

< 步骤 3> Layout – 恢复出厂设置 ...

　　　　这个下拉菜单位于 Unity 编辑器窗口的右上角。现在的屏幕应该和图 2.1 一样。

< 步骤 4a> 在 "项目" 面板上，单击 "项目" 标签下面的 + 图标。然后单击 "C# 脚本"。输入 DataTypesTest 并按下回车键来为其命名。

< 步骤 4b> 通过单击 SampleScene 粗体字左边的小三角，在 "层级" 面板中展开它。

< 步骤 4c> 将新建的脚本从 Assets 面板拖到 "层级" 面板的 Main Camera 上。

< 步骤 5a> 在 Assets 面板上左键单击 DataTypesTest 选中它。

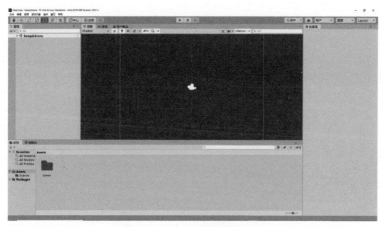

图 2.1 Unity 界面的默认布局

屏幕现在应该和图 2.2 相似。

在右侧的检查器面板上，在 Assembly Information 部分，可以看到脚本的当前内容。接下来，我们可以在 Visual Studio 中编辑这个脚本。

< 步骤 5b> 双击 Assets 面板中的 DataTypesTest。

应该可以看到 Visual Studio 2019 作为一个单独的窗口被打开了。如果是第一次这么做，可能需要一分钟。如果有多个显示器的话，这将是把 Visual Studio 窗口移到另一个显示器的好时机。在 Windows 中，Visual Studio 窗口看起来应该与图 2.3 相似。

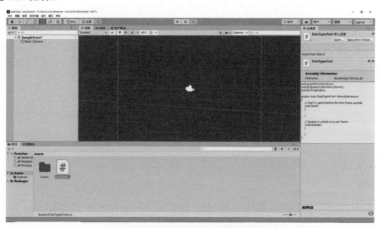

图 2.2 在 Unity 中创建脚本

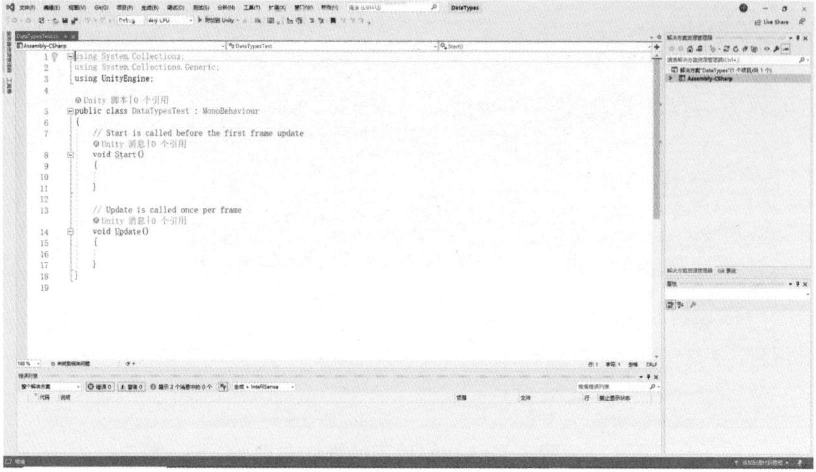

图 2.3　显示着 DataTypesTest 脚本的 Visual Studio

Mac 的显示方式会有些不同，但它们的工作原理是类似的。

在本书的其余部分中，代码不会以图片的形式显示，而是以文本显示。

```
using System.Collections;
using System.Collections.Generic;
using UnityEngine;

public class DataTypesTest : MonoBehaviour
{
    // Start is called before the first frame update
    void Start()
    {

    }

    // Update is called once per frame
    void Update()
    {

    }
}
```

文字的颜色可能与你的屏幕是一致的，也可能不是。对不同类型的代码实体使用不同的颜色被称为"颜色编码"。在 Visual Studio 中对 C# 代码进行颜色编码是一个实用的自动功能，这可以帮助程序员理解所有代码，并有助于防止 bug 的出现。在继续下一步之前，我们需要逐行检查这个脚本。

在最上方有三行以 using 开头的代码。这几行是使用指令的例子。这些指令使我们能够访问 System.Collections、System.Collections.Generic 和 UnityEngine 中的对象。我们暂时可以忽略这些指令，但请务必把它们放在所有的 Unity 的 C# 文件的顶部。

在接着探索这个文件之前，我们需要回顾一下与动画和帧有关的知识。Unity 被设计用来在各种支持的目标设备上创建动画。动画是帧（frame）的序列。每一帧都是一个图形图像，被设计为快速且连续地显示。电影通常以每秒 24 帧的帧率播放，电视广播通常以每秒 25 或 30 帧的帧率运行。电子游戏的帧率各不相同。它们在每秒 60 帧时会看起来比较好，不过 30 帧或更低的帧率也被认为是可以接受的，这取决于游戏的类型。Unity 以一个目标帧率来渲染帧。默认的目标帧率取决于设备。如果想的话，可以在代码中控制它。

现在是时候回到检查默认文件上了。在三个 using 指令之后，可以看到类定义 DataTypesTest 有两个方法：Start 和 Update。Unity 引擎每秒渲染一些帧数。Start 方法在第一帧被渲染前的某一刻被调用，Update 方法在每一帧都会被自动调用一次。这些方法不包含任何语句，所以它们还起不到任何效果。它们之所以存在，是让我们之后插入代码的时候能够加快编辑速度。如果觉得永远不会用到它们，那么完全可以把它们删除。

这里说明一下关于方法与函数的术语。在本书中，Method（方法）和 Function（函数）这两个词是可以互换使用的。"函数"一词有时指的是返回一个值的方法。举例来说，在数学中，平方根函数把一个非负数用作输入，并返回该数的平方根。C# 中的官方术语是"方法"，但无论方法是否返回一个值，都可以将其称为"函数"。当一个方法不返回一个值时，就用关键字 void 来声明它。

2.2　数字数据类型

本节将探索 C# 中的一些数字数据类型。数字数据类型的例子包括字节、32 位整数和浮点数。在 docs.microsoft.com 中，可以找到对 C# 的所有数据类型的一个不错的概览。这一网站中的 C# 部分是一个由创建了 C# 的公司所提供的宝贵参考资源。该文档是为有一定经验的软件工程师准备的，所以如果是初学者的话，可以先不浏览它。

我们将从 8 个整数数据类型开始：sbyte、short、int、long 以及它们的无符号的"表亲"：byte、ushort、uint 和 ulong。以下步骤中的代码将对这些数据类型进行测试。我们将使用控制台窗口来查看代码的输出。可以在 Unity 窗口中选择**通用 – 常规 – 控制台**来打开它。

<步骤 6> 在 Visual Studio 窗口中，在 Start 中插入以下代码，按快捷键 Ctrl+S 保存，打开控制台窗口，然后单击"播放"。

```
int i = 17;
Debug.Log($"i ={ i}");
i = 2 + 2;
Debug.Log($"i ={ i}");
```

在控制台窗口中，应该会看到以下输出：

```
i=17
i=4
```

控制台窗口中可能还显示了其他文本，比如时间戳或有关每一行的额外信息。

<步骤 7> 再次单击播放箭头，停止游戏。

有时很难判断一个游戏是否在播放中。如果有这样的疑问时，请看一下 Unity 窗口顶部的播放箭头。当游戏正在播放时，播放箭头的背景是深色的，而当它没有播放时，背景是浅灰色的。

Unity 控制台窗口最初可能是一个独立的窗口，也可能是项目面板旁边的一个面板。在下面的步骤中，我们将尝试使用控制台窗口（或面板）中的一些功能。

<步骤 8> 通过单击控制台窗口的"清除"标签来清空控制台窗口。

<步骤 9> 如果需要的话，在控制台窗口中取消选中"播放时清除"。

<步骤 10> 多次运行并停止游戏。

每次运行游戏时，都应该会在控制台中得到额外的输出。

<步骤 11> 选择"播放时清除"，然后重复步骤 10。

现在，每次运行游戏时控制台都会被清空，然后 Start 方法会输出相同的文本。这就导致控制台貌似什么也没做。

<步骤 12> 插入以下几行代码：

```
string Timenow = System.DateTime.Now.ToString();
Debug.Log(Timenow);
```

现在多次运行这个游戏时，可以看到输出结果中显示的 Timenow 字符串中的秒数略有变化。

我们已经做好继续探索数字数据类型的准备了。

< 步骤 13> 用以下代码替换 Start 方法，然后进行测试。

```
void Start()
{
    sbyte b_int;
    short s_int;
    int i_int;
    long l_int;
    b_int = 17;
    s_int = 17;
    i_int = 17;
    l_int = 17;
    Debug.Log($"b_int={b_int}");
    Debug.Log($"s_int={s_int}");
    Debug.Log($"i_int={i_int}");
    Debug.Log($"l_int={l_int}");
}
```

　　这段代码还没什么特别的。我们的下一个目标是想方设法地破坏它。这是体验开发环境处理错误的过程的最好方法。在这个过程中，我们也会达成真正的目标，也就是对这些数据类型有更深入的理解。

< 步骤 14> 用 1000 替换第一个 17。

　　我们会立即在 Visual Studio 中得到一个错误：常量值 1000 无法转换为 sbyte。这是因为无符号字节的有效数字范围是 0 到 255。下面的表格显示了 C# 中的 8 种整数类型的有效数字范围：

数据类型	字节	下限	上限
byte	1	0	255
sbyte	1	−128	127
ushort	2	0	65 535
short	2	−32 768	32 767
uint	4	0	4 293 967 295
int	4	−2 127 483 648	2 147 483 647
ulong	8	0	18 446 744 073 709 551 615
long	8	−9 223 372 036 854 775 808	9 223 372 036 854 775 807

理解这个表格很有帮助。这将使你在选择在项目中使用哪种积分数据类型时能做出明智的决定。

< 步骤 15> 用 128 替换 1000，然后用 –128 替换。测试一下。

128 对于 sbyte 来说太高了，–128 则是可行的。请注意，我们在运行游戏之前就直接在 Visual Studio 编辑器中看到了这个错误。如果愿意的话，可以用类似的方式测试其他数据类型。

< 步骤 16> 插入以下几行并测试：

```
i_int = 2000000000;
i_int = i_int * 2;
```

这个很大的数字是 20 亿，也就是 2 后面有 9 个零。你可能期望会计算出 4000000000，但实际上得到的却是 –294967296，这显然是错误的。这是一个溢出的例子。32 位的存储量还不足以表示 40 亿。下一步将会显示如何解决这个问题。

< 步骤 17> 用以下代码替换这两行：

```
l_int = 2000000000。
l_int = l_int * 2。
```

现在应该得到了预期的结果 4000000000，因为变量 l_int 被声明为 long。C# 确实有一个可以进行溢出检查的功能。启用该功能后，当溢出发生时，我们就会得到一个错误。程序员一般不会使用这个功能，因为它的速度有点慢，但在搜索 bug 时，它可能会起到很大的帮助。若想了解更多细节，请在 C# 语言标准中搜索 "C# 溢出检测"。

一般来说，使用 int 数据类型来表示整数是一个合理的选择。计算超过 20 亿的东西的情况是极其罕见的。int 数据类型可能比 long 更快，而且它只使用一半的存储空间。short 和 byte 数据类型很少被使用，除非是要存储大型数组，在这种情况下，这两种数据类型可以节省大量的存储空间。无符号整数数据类型在存储位模式时经常被使用。

接下来我们要看的是浮点数。C# 有两种对应的数据类型，分别是 Float 和 Double。C# 中的浮点数的数据类型表如下所示：

数据类型	字节数	大致范围	精度
float	4	$\pm 1.5 \times 10^{-45}$ to $\pm 3.4 \times 10^{38}$	6 ~ 9 个数位
double	8	$\pm 5.0 \times 10^{-324}$ to $\pm 1.7 \times 10^{308}$	15 ~ 17 个数位

< 步骤 18> 在 Start 方法中插入以下代码，然后进行测试：

```
float x;
double y;
x = 2;
y = 3;
Debug.Log($"x={x}");
Debug.Log($"y={y}");
```

没什么特别的，只是显示了一个浮点数和一个双精度浮点数。

< 步骤 19> 把 x 和 y 如下设置为不同的值，然后测试。

```
x = 2.1f;
y = 3.1;
```

在 C# 中，当像这样指定一个浮点数时，必须要最后加上字母 f，正如下面的步骤所说明的那样。

< 步骤 20> 删去 2.1f 中的 f，看看会发生什么。

我们立即在 Visual Studio 中得到了一个错误。你未来很可能还会看到这个错误，因为输入代码的时候很容易会把 f 忘掉。Unity 的大部分内置数据结构使用的是 float，但 C# 中默认的浮点数据类型是 double。

接下来的步骤是用整数和浮点数做一些简单的计算。在继续编写真正的游戏之前，了解这些代码是对你有好处的。

< 步骤 21> 插入并测试以下代码：

```
// Conversion from int to float
Debug.Log($"i_int={i_int}");
x = i_int;
Debug.Log($"x={x}");

// Conversion from float to int
x = 3.14159f;
i_int = (int)x;
Debug.Log($"i_int={i_int}");
```

当把 int 转换为 float 时，可以只写一条 int 到 float 的赋值语句，但当从 float 转换为 int 时，需要使用 cast。cast 看起来是这样的：（数据类型）。它将明确地把其后的表达式转换成括号内的数据类型。下一个步骤展示了更多转换操作。

< 步骤 22> 插入并测试以下代码：

```
x = (float)(3.3 * 5.7);
Debug.Log($"x={x}");

i_int = (int)(3.3 * 5.7);
Debug.Log($"i_int={i_int}");

x = (float)3 / (float)(2 + 5);
Debug.Log($"x={x}");
```

应该会得到值为 18.81 的 x，值为 18 的 i_int，然后是值为 0.4285714 的 x。第一个计算用双精度浮点数 3.3 乘以双精度浮点数 5.7，然后将其转换为浮点数。第二个计算将 18.81 转换成一个 int，这样做的效果是去掉 18.81 的小数部分。最后一个计算比较简单，是 3/7 的浮点数版本。

2.3 数学运算符

在 C# 中，运算符（operator）是含有一个或多个特殊字符的序列，比如：+ * / & =。运算符可以与变量和字面值相结合，组成表达式。在本节中，我们将探讨 C# 中的基本数学运算符：加法、减法、乘法、除法、模数、增量和减量。在用 C# 开发时，必须对这些运算符有扎实的了解。

< 步骤 1> 新建一个 Unity 项目，命名为"Operators"。

< 步骤 2> 创建一个名为"OperatorTest"的脚本，并把它拖到 Main Camera 上，就像在前一个项目中所做的那样。然后在 Start 方法中插入以下代码：

```
int i,j,k,answer;
i = 2;
j = 3;
k = 4;
answer = i + j;
Debug.Log($"answer={answer}");
```

首先要注意的是，Visual Studio 中出现了一个警告。该警告指出：变量 k 已被赋值，但从未使用过它的值。可以暂时忽略这个警告，因为我们打算在下一步使用这个变量 k。留意警告并迅速地修复它们是一个好习惯。忽视警告被视为不良的编程实践。

第 2 步的输出应该是"answer=5"。没有比这更容易的了。现在，我们可以对 C# 的算术运算符做更多的实验了。

< 步骤 3> 试试以下代码：

```
int i,j,k,answer;
i = 2;
j = 3;
k = 4;
answer = i + j + k;
Debug.Log($"answer={answer}");
answer = i + j * k;
Debug.Log($"answer={answer}");
answer = (i + j) * k;
Debug.Log($"answer={answer}");
answer = i + j + k * 1000;
Debug.Log($"answer={answer}");
answer = (i + j + k) * 1000;
Debug.Log($"answer={answer}");
answer = k / 3;
Debug.Log($"answer={answer}");
answer = k % 3;
Debug.Log($"answer={answer}");
answer = (i + j + k) % 7;
Debug.Log($"answer={answer}");
```

应该会得到以下答案：9，14，20，4005，9000，1，1，2。这段代码测试了4 个基本算术运算符和取模运算符。加法、乘法和减法很简单，但除法和取模就不太容易理解了。整数除法的结果总是一个去掉任何余数的整数。余数可以通过使用取模运算符 % 来获得。上面的示例代码中的最后一个答案是 9 除以 7 的余数，也就是 2。取模运算符是相当常见和实用的，所以现在就对它有所了解是很值得的。

在对复杂的表达式进行编码时，小括号的使用至关重要。如果知道 C# 运算符的操作顺序的话，有时可以不必使用括号，例如，在表达式 i+j*k 中。在该表达式中，先做乘法，再做加法。这是因为乘法的操作优先级比加法高。一个实用的经验法则是不要依赖自己对运算顺序的记忆，而是添加括号。一旦涉及乘法与加法，这条规则经常被打破，因为我们都已经很习惯在代数中这样做了。无数的错误都是由对运算符优先级的错误认识而造成的，所以当抱有任何疑问时，最好都加上小括号。当你或别人修改你的代码时，原本不必要的括号可能会变得有必要，所以如果以后很有可能修改代码的话，要避免依赖操作顺序规则。

在下一步中，将测试增量和减量运算符。

< 步骤 4> 试一试下面的代码。

```
answer = 10;
answer++;
Debug.Log($"answer={answer}");
answer--;
Debug.Log($"answer={answer}");
++answer;
Debug.Log($"answer={answer}");
--answer;
Debug.Log($"answer={answer}");
```

答案应该是 11、10、11 和 10。这段代码在前缀和后缀模式下都使用了增量和减量运算符。在前缀模式下，运算符出现在它所影响的表达式之前，而在后缀模式下，它出现在表达式之后。前缀和后缀之间还有一个区别。后缀版本返回表达式，然后进行操作。前缀版本则是先操作，然后返回表达式。下面的步骤对这一点进行了测试。

< 步骤 5> 试试以下代码：

```
answer = 10;
Debug.Log($"answer={answer++}");
Debug.Log($"answer={answer}");
answer = 20;
Debug.Log($"answer={++answer}");
Debug.Log($"answer={answer}");
```

答案应该是 10、11、21 和 21。注意，在后缀代码中，answer 变量被打印出来，然后被增加。第二条输出语句打印了增加后的变量。在前缀代码中，answer 变量先被递增，然后被打印出来，因此立刻就得到了 21。

下一步其实很简单，但在这里只是为了完整性而稍作介绍。增量和减量运算符都是一元运算符。另外两个一元运算符是加号和减号运算符。

< 步骤 6> 试试以下代码：

```
answer = 10;
Debug.Log($"answer={+answer}");
```

```
Debug.Log($"answer={-answer}");
```

答案将会是 10 和 -10。一个有关加号运算符的奇怪之处在于，它没有任何效果。它被包含在 C# 中是为了一致性和完整性。它是对减号运算符的补充，减号运算符被使用得相当频繁。加号和减号运算符都是只能作为前缀的。

到目前为止，我们只使用了 int 数据类型来测试这些运算符。神奇的是，它们也适用于所有其他数字类型，尽管存在着一些细微的差别。

< 步骤 7> 试试以下代码：

```
Debug.Log("Floating Test");
float x,y;
double z;
x = 10.1f;
z = 50.12345123451234512345;
y = x + 10;
y = x + (float)z;
Debug.Log($"x y z={x}{y}{z}");
```

输出是 x y z = 10.1 60.22345 50.123451234512345。为什么会这样呢？这是因为为 x 赋值时需要在 10.1f 字段的末尾处加上 f。如果忘记了 f，就会得到一个错误。奇怪的是，类似的语句 x=10 却并没有引发错误，这时因为 C# 可以默认地将整数字段转换为浮点数。z 的赋值有许多位数，但是 C# 自动截断了多余的数位，没有错误，也没有警告。顺便说一下，这也会发生在浮点数上。第一个加法语句默认把 10 转换成了浮点数，然后执行了加法。至于第二个加法语句，需要对 z 进行转换，将其转换为浮点数。如果去掉转换，就会得到一个错误。y 的输出只有七位数，因为这是浮点数的极限。

下一步是测试复合赋值语句。对于二进制运算符 op，复合赋值语句看起来是这样的："x op = y"，这与 "x = x op y" 相同。

< 步骤 8> 插入以下代码并测试：

```
int i = 2;
i += 7;
Debug.Log($"i={i}");
```

i 的值将会是 9。复合赋值是 C# 的一个极其常用的功能。它使代码更具可读性，而且在某些情况下更有效率，所以请务必使用它！

2.4　位运算符

　　本节中，我们将探索位运算符，包括 AND、OR、XOR、补码和移位。这些运算符对应着设备上的快速硬件指令，它们是每位游戏程序员的兵器库。在本节中，我们将继续使用 Unity 中的 Operators 项目。

< 步骤 1> 创建一个名为"BitOperatorTest"的脚本，像上一节那样把它拖到 Main Camera 上。Main Camera 现在有两个激活的脚本。

< 步骤 2> 选择 Main Camera 对象，在检查器中禁用 OperatorTest 脚本。这可以通过单击脚本名字旁边的复选框来完成。

< 步骤 3> 使用 Visual Studio 将以下代码插入到 BitOperatorTest 的启动方法中：

```
int a,b,c;
a = 32;
b = a >> 3;
c = a << 3;
Debug.Log($"a,b,c ={a} {b} {c}");
```

　　这段代码测试了两个移位运算符：右移 >> 和左移 <<。右移运算符将 a 变量的位模式向右移了 3 个位置，其效果是将其除以 8。左移运算符将位向左移动，有效地将 a 变量乘以了 8。这段代码的输出应该是：

```
a,b,c = 32,4,256
```

　　下一步是测试逻辑位运算符：& | ~ ！。

< 步骤 4> 插入以下代码：

```
uint d,e,f;

a = 0x04700_8999;
b = 0x0fff_0000;

c = a & b;// AND
d = a | b;// OR
e = a ^ b;// XOR
f = ~a;// Complement

Debug.Log($"a ={a:x}");
```

```
Debug.Log($"b ={b:x}");
Debug.Log($"c ={c:x}");
Debug.Log($"d ={d:x}");
Debug.Log($"e ={e:x}");
Debug.Log($"f ={f:x}");
```

这段代码测试了四个位运算符 AND、OR、XOR 和补码。

输出应该是这样的：

```
A,B,C = 32 4 256
a = 47008999
b = ffff0000
c = 47000000
d = ffff8999
e = b8ff8999
f = b8ff7666
```

　　a 和 b 很简单，就是输入的数字。注意，源代码中为 a 和 b 赋值的地方有一条竖线。竖线允许我们将十六进制数字组分开，以使其清晰明了，除此以外没有其他作用。a 和 b 的输出版本则不包含竖线。把 b 看作是一个掩码。c 是 a，但最右边的 16 位被掩盖了。d 与 a 相同，最左边的 16 位被设置为 ffff。e 是 a 的最后 16 位，f 是 a 的补码。在处理电子游戏中的硬件接口时，通常需要进行这种位操作。要想在数据数组中打包和解压尽可能多的信息时，也会用到它。

2.5　数学函数

　　Unity 中的 C# 通过几个数学库内置了大量的数学函数。本节对推荐的浮点运算库，Mathf，进行了实验。还有一个类似的库名为 Math，它使用的是双精度浮点数。本节将假设你在高中学过三角函数，并且还记得基础知识。不过，就算在懂三角函数的情况下，你也可以成为一个成功的 2D 游戏开发者，所以如果本节对你来说有一些难度，也不要气馁。另一方面，学习三角函数的基础知识将对理解 2D 游戏的几何和物理有很大帮助。

< 步骤 1> 创建一个名为 MathTest 的新 Unity 项目，创建一个名为 MathTest 的脚本，并将其分配给主相机。然后在 Start 方法中插入以下代码：

```
float a = 2.0f;
```

```
float b = Mathf.Sqrt(a);

Debug.Log($"Squareroot of{a}is{b}");
```

< 步骤 2> 运行该代码。

应该会得到预期的答案：1.414214。记住，这里使用的是浮点数，所以答案中只得到了 7 位有效数字。另外可以试试取 -2.0f 的平方根。你可能觉得会得到一个错误，但实际上得到的是 NaN，即 not a number（非数字）的缩写。为了避免这种情况，请务必检查输入 squareroot 函数的任何内容是否为非负数。

下表列出了 Mathf 中一些有用的函数和常数。

常数	说明
Mathf.PI	7 位数的圆周率的近似值
Mathf.Deg2Rad	角度到弧度的转换
函数	说明
Mathf.Sqrt	平方根
Mathf.Sin	返回输入角度的正弦，单位为弧度
Mathf.Cos	返回输入角度的余弦，单位为弧度
Mathf.Tan	返回输入角度的正切，单位是弧度

Mathf 中可用函数的完整列表可以在网上找到。

< 步骤 3> 计算 45 度的正弦。然后检查它是否与 1/sqrt(2) 相匹配。插入以下代码即可：

```
float c = Mathf.Sin(Mathf.Deg2Rad * 45.0f);
c = 2.0f * c;
Debug.Log($"Squareroot of 2 is{c}");
```

这就对了，45 度的正弦乘以 2 就是 2 的平方根。在计算正弦之前用内置的转换因子 Mathf.Deg2Rad 将 45 度转换成弧度。

请注意，Mathf 中的函数可能比加法或乘法等普通运算要慢一些。在早年进行游戏开发时，这很成问题，但现在我们的电脑和手机都非常快，在玩游戏时，每一帧可以做成千上万次 Mathf 计算，而不会影响到游戏的速度。

2D 游戏通常不需要使用这些数学函数。就算要使用的话，用的通常也是一些非常基本的内容，比如用正弦和余弦计算游戏对象的圆周运动。另一个例子是计算物体之间的欧几里得距离。这个公式使用了一次对 Mathf.Sqrt 的调用。

有时可以通过做一些代数来避免调用 Mathf 函数，从而加快代码的速度。这方面的一个好例子是圆形碰撞检测。如果想检测一个物体是否在另一个物体的距离阈值内，可以用平方根函数来计算物体之间的距离，然后将这个距离与你想要的阈值进行比较。可以通过简单地将阈值平方化并与两个对象之间的距离的平方进行比较来避免进行这种平方根的计算。

2.6　更多 C# 数据类型

在 C# 中，有相当多的非数字数据类型。本节中，我们将探讨布尔运算、字符、字符串和数组。这些都在游戏开发中被广泛使用。

<步骤 1> 创建一个名为 TypeTest 的新 Unity 项目，创建一个名为 TypeTest 的脚本，并将其分配给 Main Camera。然后在 Start 方法中插入以下代码：

```
bool a,b,c,d;
a = true;
b = false;
c = a && b;
d = a || b;
Debug.Log($"a,b,c,d={a}{b}{c}{d}");
```

这段代码尝试了布尔数据类型，C# 语言中称之为"bool"。&& 是逻辑与运算符。只有当 a 和 b 都为 true 时，结果才为 true。类似，|| 是逻辑或运算符。这里的输出应该是"a, b, c, d = True False False True"。逻辑运算符看起来和位运算符一节中的位运算符比较相似。注意，逻辑运算符使用两个字符，而位运算符只使用一个字符。

<步骤 2> 在 Start 的末尾插入以下代码：

```
a = 3 < 4;
b = 3 > 4;
c = (5 == 7) || (15 == 15);
d = !(5 <= 6);
Debug.Log($"a,b,c,d={a}{b}{c}{d}");
```

这段代码使用了比较运算符：小于 < 大于 > 等于 == 和小于或等于 <=。 感叹号是逻辑非运算符。这里解释一下输出的"True False False True"是从何而来的。3 小于 4，所以 A 为 true。3 不大于 4，所以 b 为 false。5 不等于 7，但 15 等

于 15，所以 c 为 true。5 小于或等于 6，但它的取反值为 false，所以 d 为 false。比较运算符适用于所有数字数据类型。注意，测试是否相等时使用了两个等号，而赋值语句只使用一个等号。举例来说，一些代码可能看起来很奇怪：

```
a = b == c;
```

当 b 等于 c 时，该语句将 true 赋给 a。

< 步骤 3> 在 Start 方法中添加以下内容：

```
char ac,bc,cc;
ac = 'A';
bc = (char)(ac + 1);
cc = (char)(ac + 32);
Debug.Log($"ac,bc,cc={ac}{bc}{cc}");
```

这段代码显示了如何使用 char 数据类型。输出应该是"ac, bc, cc = A B a"。C# 中的字符是 16 位统一码（Unicode）。bc 的计算将 ac 转换为整数，加上 1，然后再转换为一个字符。结果不出所料，是 B。cc 的计算在 A 上加了 32，正好得到小写的字符 a。C# 中没有内置的字符运算符，但有着非常好的字符串支持。

字符串是字符的序列，通常以字符数组的形式存储，并且最后有一个空字符。C# 有一个内置的字符串数据类型。我们将在接下来的几个步骤中尝试使用字符串。

< 步骤 4> 在 Start 中添加以下代码：

```
string mystring;
mystring = "Testing ONE TWO THREE";
Debug.Log(mystring);
Debug.Log(mystring.ToLower());
```

我们使用了内置的字符串方法 ToLower，它将输入字符串的所有字符转换为小写。根据需要，可以在网上查找许多其他支持的字符串方法。在游戏开发中，字符串操作有时是必须的，但这取决于游戏的类型。如果是做文字冒险游戏，就会经常用到字符串。如果是做太空射击游戏，用得就很少了。

< 步骤 5> 插入并测试以下内容：

```
int[] myarray = new int[5] { 1, 4, 9, 16, 25 };
Debug.Log($"array elements 0 and 1:{myarray[0]}{myarray[1]}");
myarray[0] = 17;
myarray[1] = myarray[2] * myarray[3];
Debug.Log($"array elements 0 and 1:{myarray[0]}{myarray[1]}");
```

这是 C# 中的一维整数数组的简单例子。int 后面的方括号表示我们正在将 myarray 变量声明为一个数组。列在大括号内的 5 个数字是初始值。数组的索引从 0 开始，所以 5 个元素的数组中的第一个元素是 0 号元素，最后一个是 4 号元素。运行这段代码时，应该在第一个日志语句中得到 1 和 4，第二个日志语句中得到 17 和 144。

下一步中，我们将声明并使用一个二维浮点数组。

< 步骤 6> 插入并测试以下代码：

```
float[,] My2dimArray = new float[3, 4];
My2dimArray[0, 0] = 1.0f;
My2dimArray[1, 0] = 2.3f;
My2dimArray[2, 3] = 4.34f;
Debug.Log($"two dim array [1 0]:{My2dimArray[1, 0]}");
```

这其实只是一个小练习，看看你是否能输入这段代码，让它运作，并理解它的作用。我们正在建立一个小数组，将一些数字放入数组中，并显示其中的一个数字。

数组是在程序中存储大量数据的一种有效手段。重点在于，数组必须与设备上的可用 RAM 相匹配。如果设置的数组不匹配，就会得到一个错误。试一下看看这样做会发生什么。

< 步骤 7> 声明一个有 100 000 000 个元素的数组。

运行以上这段代码，会得到一个 OverflowException 错误。这是因为 C# 对数组施加了 4 千兆字节的限制，不管系统上安装了多少 RAM。如果所声明的数组分配的内存比 4 千兆字节少一点，可能就没事了，这取决于你的操作系统和所使用的设备。出于性能方面的考量，开发者倾向于避免这样的大数组。

是的，C# 支持 n 维数组，其中 n 可以是任何数字，但在实际应用之中，n 通常最多为 3。数组可以包含任何其他数据类型的元素，甚至可以包含其他数组。由数组组成的数组被称为交错数组，因为数组可能有不同数量的元素。交错数字数组的列表不一定与矩形数字数组相似，因为每一行都可能有不同数量的列。与交错数组类似，在字符串数组中，如果字符串的长度不同，每个元素所占用的数据量也不同。

对一些常用的 C# 数据类型的讨论就到此结束了。如果愿意的话，可以通过 C# 文档来探索其他数据类型。

2.7 选择语句

本节探讨如何使用两种选择语句来控制代码的流程：if 和 switch。最简单的是使用 if 语句。

<步骤 1> 创建一个名为 SwitchTest 的新 Unity 项目，创建一个名为 SwitchTest 的脚本，并将其分配给 Main Camera。然后在 Start 方法中插入以下代码：

```
int a,b;
a = 10;
b = 12;
if (a < b)
{
    Debug.Log("a is less than b");
}
else
{
    Debug.Log("a isn't less than b");
}
```

这段代码测试了 if-else 语句。应该在控制台窗口看到"a is less than b"（a 小于 b）。试着把 a 的值改为 15，再运行一次。这一次会看到"a isn't less than b"（即 a 不小于 b）。

注意，Debug.Log 语句周围有大括号。在这种情况下，它们不是必须的，但为了避免一些不加括号可能会导致的烦人的 bug，建议还是要使用它们。接下来的步骤展示了其原因。

<步骤 2> 删除 Debug.Log 语句周围的大括号，然后将代码编辑成这样：

```
if (a < b)
    Debug.Log("a is less than b");
else
    Debug.Log("a isn't less than b");
```

测试这段代码时，它的运行方式完全和之前一样。到目前为止还没什么问题。

<步骤 3> 将 Start 方法编辑成下面这样：

```
void Start()
{
int a,b;
```

```
a = 10;
b = 12;
if (a < b)
Debug.Log("a is less than b");
else
Debug.Log("a isn't less than b");
Debug.Log("a still isn't less than b");

Debug.Log("End of Start Method");
}
```

我们这里想做的是在 a 不小于 b 时，执行两个连续缩进的 Debug.Log 语句，但代码却不会如我们所期望的那般运行。第二条表明 a 仍然不小于 b 的 Debug.Log 语句会一直执行，因为没有大括号了。

< 步骤 4> 把大括号加回去，再次测试代码。

这段代码应该能正常工作了。

< 步骤 5> 删除带有两个 Debug.Log 语句的 else 子句，并设置 a=15; 这表明如果不需要 else 子句的话，可以直接省略它。接下来的步骤是测试 switch 语句。

< 步骤 6> 在 "End of Start Method" 语句前插入并测试以下代码：

```
int testvalue = 1;
switch (testvalue)
{
    case 1:
        Debug.Log("testvalue is 1");
        break;
    case 2:
        Debug.Log("testvalue is 2");
        break;
    default:
        Debug.Log("testvalue default");
        break;
}
```

你可能已经猜到了，这个语句根据 testvalue 的值执行匹配的 switch 部分的代码。例如，你会在编码有限状态机时使用 switch 语句，如本书后面所示。

当程序员忘记加入 break 语句时，switch 语句就会导致 bug。这在 C++ 或 C 语言中很容易发生，但 C# 会在缺少 break 语句时引发编译错误。自己试试吧！你可以有多个共享同一 switch 部分的 case 标签。因此，举例来说，"case 2:"后面可以紧跟着"case 3:"。这样做的话，相关的 switch 部分会在 testvalue 为 2 或 3 时被执行。前往 docs.microsoft.com 进一步了解与 C# 语言的 switch 语句。

2.8　循环语句

循环赋予了计算机强大的力量。一个人要花相当长的时间才能把前 1000 个平方整数全部相加。虽然这有一个对应的公式，但现代计算机可以在几毫秒内把所有这些数字相加。下面的代码展示了这一过程。

< 步骤 1> 创建一个名为 LoopTest 的新 Unity 项目，创建一个名为 LoopTest 的脚本，并将其分配给 Main Camera。然后在 Start 方法中插入并测试以下代码：

```
int sum = 0;
for (int i = 1; i < 1000; i++)
{
    sum += i * i;
}
Debug.Log($"sum={sum}");
```

得到的答案应该是 332 833 500。这里使用了 for 循环，只要循环计数器 i 低于 1000 这个上限，就会执行循环体。循环计数器被初始化为 0，并且每次通过循环时都会递增。

顺便说一下，这里有一个 bug。我们想要添加前 1000 个平方整数，但循环在到达 1000 前就会停止。为了解决这个问题，请如下修改 for 循环：

```
for (int i = 1; i <= 1000; i++)
```

可以看到，现在停止循环的测试是"小于或等于"，这正是我们想要的。正确的答案是 333833500，比之前的结果大 100 万。可以使用一个数学公式来避免所有这些计算。

< 步骤 2> 插入以下代码：

```
int numsquares = 1000;
sum = numsquares * (numsquares + 1) * (2 * numsquares + 1) / 6;
Debug.Log($"sum from formula={sum}");
```

运行这段代码后，应该会得到两个一样的和。

顺便说一下，我们在这个问题上有点幸运。如果代码中用的是 2000 而不是 1000 的话，会得到两个不同的负数。这究竟是为什么呢？嗯，原因是我们使用了 32 位整数，而结果溢出了。把所有的整数数据类型都改为 long，代码就可以工作了。

一般来说，for 循环由一个初始化器、一个条件和一个迭代器组成，后面是一个重复执行的语句块。下面的步骤将会测试一些其他的 for 循环示例。

< 步骤 3> 插入并测试以下代码：

```
for (int j = 7; j > 3; j--) Debug.Log($"j={j}");

int k = 0;
for (; ; )
{
    Debug.Log($"k={k}");
    k++;
    if (k > 4) break;
}

int a,b;
for (a = 0, b = 4; a < 3; a++, b--) Debug.Log($"a,b={a}{b}");
```

第一个循环表明可以递减，而不仅仅是递增。它还表明，如果循环体只是一条单一的语句，可以省略循环体的大括号。这可以少打一些字，但如果以后还打算维护这段代码的话，不建议这样做。第二个循环是一个无限的 for 循环，只不过可以通过 break 语句退出这个循环。第三个循环演示了复杂的初始化器和迭代器。注意用于分隔多个初始化语句和迭代器语句的逗号。

下一个步骤将展示如何嵌套 for 循环。

< 步骤 4> 插入并测试以下代码：

```
for (int i = 0; i < 2; i++)
    for (int j = 0; j < 2; j++)
    {
        Debug.Log($"i,j={i}{j}");
    }
```

这个简单的例子说明了如何将一个 for 循环嵌套到另一个 for 循环中。当然，如果需要的话，可以在它们之间嵌套更多循环。请注意，这段代码的循环体中包含大括号，尽管它这里并不是必须的。

接下来，我们将探索 C# 中的两种 while 循环。

< 步骤 5> 插入并测试：

```
int power = 2;
while (power < 100)
{
    Debug.Log($"power={power}");
    power *= 2;
}
```

能猜到这段代码的作用吗？运行这段代码时，我们会得到小于等于 64 的 2 的幂。这种形式的 while 语句会重复执行大括号内的代码。while 关键字后面的布尔条件会在代码执行前被测试。如果它为 false，则执行闭合大括号之后的代码。

do-while 语句的工作原理与之类似。

< 步骤 6> 用以下代码替换 while 循环：

```
int power = 2;
do
{
    Debug.Log($"power={power}");
    power *= 2;
} while (power < 100);
```

这段代码产生相同的输出。不同的是，循环条件是在代码块之后被测试的，而不是之前。如果把初始化改为"power = 200"，那么循环代码块将被执行一次，然后退出。第 5 步中的 while 语句将立即跳过循环代码。

2.9　类和方法

本节中，我们将探索 C# 中的类和方法。如果学过另一种面向对象的语言，比如 C++，这将会比较简单。如果这对你来说都是新知识的话，请不要担心。只需掌握面向对象编程的基础知识就可以进行游戏开发了。我们将从建立自己的类开始。一个类是数据和方法的集合，如以下步骤所示。

< 步骤 1> 创建一个名为 ClassTest 的新 Unity 项目，创建一个名为 ClassTest 的脚本，并将其分配给 Main Camera。然后用以下内容替换该脚本：

```csharp
using System.Collections;
using System.Collections.Generic;
using UnityEngine;

public class ClassTest : MonoBehaviour
{
    // Start is called before the first frame update
    void Start()
    {
        TreeClass pear = new TreeClass("Mypeartree", "pear", 24);
        Debug.Log(pear.convertString());
    }

    // Update is called once per frame
    void Update()
    {

    }
}

public class TreeClass
{
    string name; string kind; int age;

    public TreeClass(string name, string kind, int age)
    {
        this.name = name; this.kind = kind; this.age = age;
    }


    public string getName() { return name; }
    public string getKind() { return kind; }
    public int getAge() { return age; }

    public string convertString()
    {
        return ("This tree has the name " + this.getName()
        + ".\nMy kind and age: " + this.getKind() +
        " " + this.getAge());
    }
```

```
}
```

控制台窗口中的输出如下所示:

```
This tree has the name Mypeartree
My kind and age: pear 24
```

这是最简单不过的了。我们创建了自己的类，其名为 TreeClass。它包含 3 个实例变量：name、kind 和 age。它还包含 5 个方法：TreeClass、getName、getKind、getAge 和 convertString。除了存储有关 tree 对象的信息和允许访问这些对象外，这个类其实没起到其他作用。Start 方法使用 TreeClass 方法创建了一棵树，然后使用 convertString 将 tree 的字符串版本发送到 Debug.Log。

在进行简单的 Unity 编程时，你不会经常需要创建自己的类，而是会使用 Unity 为你创建的类，并在适当的时候添加方法。随着你逐渐进步，将会根据需要学习其他的面向对象的编程技术。如果你是一位高级程序员的话，可以阅读 docs.microsoft.com 中的"面向对象编程（C#）"。在那里，可以找到对 C# 所支持的面向对象特性的概述。

2.10 C# 编程风格

在各种编程语言中，风格都很重要。如果保持良好的风格，代码将更具可读性和可维护性。本书努力遵循着以下几条常用的编码风格惯例：

● 使用四个字符的缩进和制表符，把它们作为空白

● 每行一条语句

● 每行一个声明

● 在方法定义和属性定义之间空出一行

● 将注释放在单独的一行，而不是放在代码行的末尾

至于变量的命名，我们使用帕斯卡命名法来为方法和类命名，使用驼峰式大小写来为变量和参数命名。顺带一提，帕斯卡命名法指的是将单词放在一起，并通过大写字母将它们分开。驼峰式大小写大体与帕斯卡命名法类似，只不过首字母是小写的，这导致大写的字母看起来有点像骆驼的驼峰。单字符的变量名应该只用作循环迭代器或在示例代码中使用。

使用大括号的良好风格是让每个大括号都有独立的一行，并且无论条件语句有多少行，都要使用大括号。在少数情况下，这条规则可能会被单行代码打破。在附录 5 中，可以进一步了解 C# 风格和本书所使用的编码标准。

第 3 章 用 GIMP 和 Unity 制作 2D 图形 █

本章将介绍如何为一个非常简单的 2D 游戏《弹跳甜甜圈》制作一些 2D 图形。我们将使用 GNU 图像处理程序（GIMP）绘制一个甜甜圈和一块木板，并将它们导入 Unity，然后创建一个简单的演示（demo），展示甜甜圈是如何在三块木板上弹跳的。在随后的章节中，我们将把这个演示变成一个可以游玩的游戏。

3.1 GIMP 简介

我们将使用 GIMP 来制作本章的图形。GIMP 是一个跨平台的图像编辑器，可用于 Macs、Windows 和 Linux。它是一款开源软件，可以免费用于任何目的，包括商业项目。

如果还没有安装 GIMP 的话，请现在安装。请访问 www.gimp.org，查看说明。本书使用的是于 2019 年 10 月发布的 GIMP 2.10.14。你可能想使用新版本的 GIMP，但要注意，这样做可能会导致用户界面和功能集与本书略有不同。

在安装过程中，可以自定义设置 GIMP。这一步不必按照本书的操作来完成。

我们将从绘制一个类似于甜甜圈的东西开始。

< 步骤 1> 打开 GIMP。

在开始使用 GIMP 之前，我们需要设置用户首选项，以与本书匹配。

< 步骤 2> 窗口 – Single Window Mode。

反复尝试几次，看看这么做会起到什么样的效果。为了达到本书的目的，最好使用 Single Window Mode（单窗口模式），所以请务必这么做。

< 步骤 3，Windows> 编辑 – 首选项。

< 步骤 3，Mac> Gimp – 2.10 – 首选项。

这将打开一个"首选项"窗口。其中包含了很多内容，在熟悉 GIMP 的基础知识后，探索一下这些内容是非常值得的。现在我们要做的是更改设置，与本书匹配。

< 步骤 4> 窗口管理 – 将已保存的窗口位置重置为默认值。

这么做是为了防止你移动过窗口。之后想恢复到默认窗口位置时，可以随时这么做。

< 步骤 5> 退出并重新启动 GIMP。

　　重新启动是激活窗口位置重置的必要条件。

< 步骤 6，Windows> 编辑 – 首选项 – 主题 – **Light**。

< 步骤 6，Mac > Gimp – 2.10 – 首选项 – 主题 – **Light**。

　　本书选择使用 light（浅色）主题是因为这能够更好地显示在纸上。

< 步骤 7> 图标主题 – **Color** – 确定。

　　这是作者的个人偏好。

< 步骤 8> 再次打开首选项，通过**图标主题 – 自定义图标大小**来设置图标大小。

　　因为撰写本书使用的是 4K 分辨率的显示器[1]，所以为了使图片足够大，作者选择的是"巨大"。

< 步骤 9> 根据需要调整窗口大小和窗口左右的面板。与图 3.1 进行对比。

图 3.1　4K 显示器中的设置为浅色主题，彩色图标主题，"巨大"图标的 GIMP

　　现在我们已经准备好使用 GIMP 了。不过还需要确认一下是否已经按照想要的方式设置好了，请执行以下操作。

< 步骤 10> 退出 GIMP 并重新启动它。

　　如你所见，退出并重新启动后，窗口的大小和布局被保留了下来。

　　我们使用 GIMP 的第一个目标是画一个卡通甜甜圈。

< 步骤 11> 文件 – 新建并将图像大小设置为 512×512 像素 – 确定。

---

① 译注：指水平像素数达到 3840 像素和垂直像素数达到 2160 像素的显示器，像素密度更高，图像质量更清晰。

这里需要输入 512×512，并确保单位被设置为 px（pixel，像素的英文的简称）。选择这一大小是有足够大的空间，能够画出细节较多的图像。选择 2 的幂作为尺寸大小，让我们可以把图像缩小到 128×128 之类的大小，并避免缩放伪影。图 3.2 展示了画完之后的甜甜圈。你将尝试画出这样的甜甜圈。

< 步骤 12> 图层 – 透明 – 添加透明通道。

< 步骤 13> 颜色 – 颜色到透明 .... 使用白色 – 确定。

图 3.2　**在 GIMP 中绘制的甜甜圈**

白色的背景色应该变成棋盘格一样的图案。棋盘代表透明，也被称为 Alpha。甜甜圈周围的像素和甜甜圈中心的像素都需要是透明的。

在下面的步骤中，我们将使用铅笔工具和画笔工具进行绘画。在开始之前，请看一下屏幕左边的工具图标下面的颜色选择器。左上方的矩形是激活的前景色；右下方的矩形是激活的背景色。单击这些有颜色的矩形可以改变它们的颜色。还有两个实用的键盘快捷键。D 键使前景变为黑色，背景为白色。X 键则会交换前景和背景的颜色。使用这两个快捷键时不需要按住 shift 键。

< 步骤 14> 选择铅笔工具（键入 N），键入 X，使前景色变为黑色。把**画笔大小**改为 20，然后画出甜甜圈的轮廓和甜甜圈中心的孔。

可以将图 3.2 用作指导。就算没有画出两个完美的圆形，也不需要太担心。有一些歪歪扭扭的曲线也没关系。

< 步骤 15> 选择填充工具（按快捷键 Shift+B），将棕褐色用作前景色。

然后单击甜甜圈的内部，填充甜甜圈。

< 步骤 16> 选择画笔工具（键入 P），把**画笔大小**改为 10。用三种不同的颜色画一些喷洒物：粉色、浅蓝色和白色。

可以使用快捷键 Ctrl+Z（Mac 上为 <command>Z）来撤销绘图操作。

好了，现在这样就已经足够了。这只是个占位的图形。游戏行业称之为程序员美术。要程序员去进行艺术创作可能比较勉强，但这并不重要。我们正试图用美术资源制作一个可玩的游戏，而这些美术资源再之后很可能会被专业的图形取代。如果运气好的话，你随手绘制的美术作品可能已经足够好了，散发着某种独特的魅力。请记住，有很多热门游戏在发售时都含有程序员美术。

< 步骤 17> 文件 – 另存为 Donut.xcf，文件 – 导出为⋯Donut.png。使用 png 默认设置。

一定要选择工作目录作为本书的目录。xcf 文件是 GIMP 的内部格式。之后再加载 Donut.xcf 时，我们可以接着上一次继续绘制甜甜圈。png 文件是 Unity 将用来显示甜甜圈的图形文件。Unity 不会直接使用 xcf 文件，但我们需要把它存储在 assets 文件夹中，以便日后访问。

还有一件事需要注意：确保文件名中的 Donut 是首字母大写。这在以后会很重要。

< 步骤 18> 退出 GIMP。

在 Windows 中，文件 – 退出，<Ctrl>Q，或者关闭窗口。如果在退出前忘记保存的话，GIMP 会在提醒你保存。在 Mac 上，GIMP – 2.10 – 退出，<command>Q 或者关闭窗口。

接下来，我们要设置 Unity 游戏项目，并将甜甜圈导入 Unity。

< 步骤 19> 在 Unity 中，新建一个名为 BouncingDonuts 的新 2D 项目。

< 步骤 20a> 将 Donut.xcf 和 Donut.png 文件移到 Assets 面板中。

这可以通过两种方法来完成。可以直接将文件拖入 Unity 窗口，也可以使用操作系统界面把它们复制到 Unity 项目的 Assets 文件夹中。

< 步骤 20b> 在 Assets 面板中选中 Donut。

里面有两个 Donut，应该选择哪一个呢？答案是图标看起来像甜甜圈的那个。这就是 png 文件。另一个是 GIMP 项目文件。Unity 窗口现在应该和图 3.3 一致。资源的顺序在不同的系统上可能有所不同。

< 步骤 21> 将 Donut 拖入层级面板。

这一步请务必使用 .png 文件，也就是有甜甜圈图标的那个文件。

< 步骤 22> 使用"编辑"菜单复制甜甜圈精灵（Sprite）。

< 步骤 23> 移动复制的甜甜圈以使两个甜甜圈交叠，如图 3.4 所示。

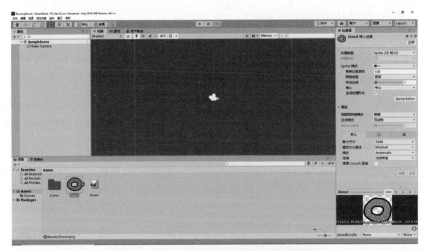

图 3.3　Unity 的 Assets 面板中的甜甜圈

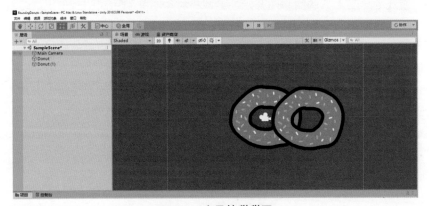

图 3.4　**交叠的甜甜圈**

　　为了实现这一点，请选中移动工具（有四个箭头的图标），将鼠标悬停在红色箭头上，然后在它变成白色后拖动它。在拖动的时候，箭头会变成黄色。

　　现在可以看到两个甜甜圈交叠在一起。这就验证了透明是否起效。

<步骤 24> 在层级面板上右键单击复制出来的 Donut1，从中选择“删除”。

<步骤 25> 保存 BouncingDonuts 项目和场景，然后退出 Unity。

3.2 《弹跳甜甜圈》的游戏设计

一个常见的误区是，游戏开发者需要先设计好他们的游戏，然后再根据这些设计来实现它们。有时确实是这样的，但这种情况非常少见。在实际情况中，游戏开发者完成一个粗略的设计，开始实施一些内容，然后更改设计，实施改动，如此往复，直到游戏可以发布为止。许多成功的游戏在首次发布后的几年甚至几十年都会继续进行开发。

对于这个弹跳甜甜圈游戏，我们现在所拥有的只是一个甜甜圈和一个游戏名。这个游戏是作为练习而不是为了向公众发布而开发的。如果能让它变得有趣且可玩的话，就已经很成功了。在那之后，我们可以重新评估并决定如何打磨它并发布它。先编写一个小型游戏原型的做法往往是为开发一个更大型的、可发布的游戏做准备的最佳方式。

《弹跳甜甜圈》将是一个以甜甜圈为主角的 2D 游戏。游戏中会有其他甜甜圈，它们会在木板上弹跳，并相互碰撞。为了使事情尽可能的简单，我们暂时不会滚动游戏场地。我们将从游戏场地左上方的甜甜圈开始，尝试将甜甜圈弹到甜甜圈盒子里。随着游戏的进展，弹跳甜甜圈将会遇到一些使游戏更具挑战性的障碍。我们将通过操纵游戏场地来控制甜甜圈。你现在有了足够的游戏设想，可以开始开发一个简单的原型了。我们还没想好其他甜甜圈要做什么，所以这个先暂时搁置起来。

快速画出游戏场地的草图，这肯定是有帮助的。图 3.5 展示了这样一张草图，是用手机拍摄的。

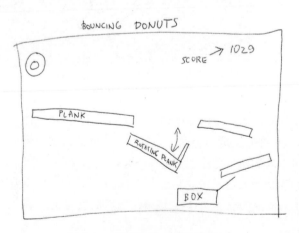

图 3.5 弹跳甜甜圈原型的草图

　　这张极其简略的草图很像是那种分分钟就能在餐厅餐巾纸上画出来的草图。它让我们对一些物体的比例有了一个概念，并能帮助我们开始工作。最终的版本可能与草图相差甚远。

3.3　在 GIMP 中创建一个木板

　　在本章的前面部分中，我们在 GIMP 中绘制了一个简单的甜甜圈精灵，并把它移到 Unity 中。本节中，我们将绘制一个木板，并把它移到 Unity 中。

< 步骤 1>　打开 GIMP。

　　　　　　我们的目标是制作一个长方形木板。这意味着我们需要得到一个木质纹理。获取纹理的方法有很多。为一个原型项目获取纹理的最快方法是在互联网上搜索纹理，选一个，然后把它复制到 GIMP 中。如果这么做的话，请确保记录下纹理是从哪里得到的，这样就可以在发布前处理使用许可或替换成别的纹理。这一步同样适用于你从网上获取的任何内容。

　　　　　　自己从头开始制作纹理可能更令人满意，也更简单。这也可以确保你持有对图像的所有权，如果打算在将来公开发布你的游戏，这一点可能是很重要的。这就是我们在接下来的几个步骤中要采用的方法。

< 步骤 2>　拍摄一张木头的数码照片，并将其存储在资源文件夹中，命名为 Wooden PlankPhoto.jpg。请确保你不是在拍摄一些属于其他人的东西，比如公司的标志，甚至是你邻居的树。可以拍摄自己的一些家具，或者自家后院的一棵树。

　　　　　　图 3.6 显示了这张照片可能的样子。

图 3.6　用来制作木板纹理的原始照片

< 步骤 3>　在 GIMP 中，通过文件 – 打开打开照片。

< 步骤 4>　如果弹出了一个关于图片旋转的对话框，请选择"保持原样"。

< 步骤 5>　使用矩形选择工具（键入 R）来抓取一个矩形的木材。

　　　　　　矩形的长宽比应该是 6 比 1。换句话说，矩形的长度是它的宽度的 6 倍左右。

　　　　　　作为辅助，可以查看屏幕底部显示的矩形的像素尺寸。

< 步骤 6>　编辑 – 复制。

< 步骤 7> 编辑 – 粘贴为 – 新建图像。

< 步骤 8> 图像 – 变换 – 顺时针旋转 90 度。

最后的这一步只有在矩形是垂直的情况下才需要。本游戏中的木板将是水平的。

< 步骤 9> 图像 – 缩放图像。输入宽度为 360，高度为 60。

< 步骤 10> 用 + 和 – 键来调整缩放级别。使用小键盘来进行这一步会很方便，但在普通键盘上键入 + 和 – 也是可以的。

木板应该与图 3.7 相似。

图 3.7　GIMP 中的木板

< 步骤 11> 文件 – 导出为 ... 命名为"WoodPlank.jpg"，保存到 Assets 文件夹。
这次导出可以使用默认设置。

< 步骤 12> 文件 – 另存为 ... 命名为"WoodPlank.xcf"，也保存到 Assets 文件夹中。
在下一节，我们将使用木板和甜甜圈制作一个测试动画。

< 步骤 13> 退出 GIMP。

3.4　Unity 中的三块木板和一个甜甜圈

为了给本章收尾，我们将把木板导入到 BouncingDonuts 项目中，让甜甜圈在木板上弹跳。接着，我们将创建多个木板并把它们放到屏幕中，以与设计草图相匹配。

< 步骤 1> 在 Unity 中打开 BouncingDonuts 项目。
随后你会看到两个名为 WoodPlank 的新资源，如图 3.8 所示。

图 3.8　Unity 中的木板资源

带有 GIMP 图标的 v 资源是 GIMP 的 xcf 文件，我们不会在项目中使用它。看起来像木板的资源是我们在上一节用 GIMP 创建的 png 文件。仔细检查 Donut 和 WoodPlank 的文件名的大小写是否正确，如果不是，可以通过单击文件名，等待片刻，再单击，再等待片刻，然后用键盘输入名字来重命名。这不是浅显易懂，但 Unity 中就是这么重命名的。

< 步骤 2> 将 WoodPlank 资源（看起来像木板的那个）拖入层级面板。

　　　　现在应该可以看到木板在场景的中间。

< 步骤 3> 把 Donut 的位置改为（0，3，0）。

　　　　可以在层级面板或场景中选择 Donut，然后在检查器面板的变换部分中编辑位置的 X、Y 和 Z 属性。与此同时，我们还将把甜甜圈的比例调整到比木板小。

< 步骤 4> 把 Donut 的缩放改为（0.2，0.2，1）。

　　　　在这个基于精灵的 2D 项目中，我们可以忽略 2D 精灵的 Z 缩放和 Z 位置。我们不会用到它们。所以，如果面板里没有它们的话会更好，但这是由 Unity 来决定的。

< 步骤 5> 把 WoodPlank 的位置改为（0，–3，0）。

　　　　这将使木板移动到屏幕中的更低位置。

< 步骤 6a> 单击"游戏"选项卡，将缩放滑块向右移动到 5 倍，然后返回到 1 倍。

　　　　这时我们会看到一个深蓝色的背景。它代表玩家将看到的视图。

< 步骤 6b> 单击"场景"选项卡。

　　　　回到场景视图，在这里可以一边开发游戏一边进行布局。

< 步骤 6c> 将鼠标悬停在场景中，然后移动滚轮和鼠标，使场景视图与图 3.9 一致。

　　　　中间的那个图标代表相机。它和相机 Gizmo 是一起的，也就是那个较细的白色轮廓。

< 步骤 6d> 单击 Gizmos 来禁用它们。

　　　　白色的轮廓和相机图标都消失了。这使场景看起来更简洁了，但我们需要把它们加回来，因为让它们显示在场景视图中会比较好。

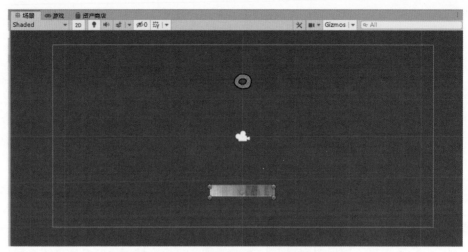

图 3.9　Unity 中的甜甜圈、木板和相机图标

< 步骤 7>　启用 Gizmos。

　　　　　　现在我们已经确定了方向，接下来要做的是为甜甜圈添加物理属性。

< 步骤 8>　选中 Donut，然后**执行组件 – 2D 物理 – 2D 刚体**。

　　　　　　我们刚刚给甜甜圈添加了一个 2D 刚体组件。在检查器中可以看到它的细节。

　　　　　　2D 刚体组件可以实现 Unity 中的物理模拟。为了测试这一点，请按以下步骤操作。

< 步骤 9>　通过单击窗口顶部中间的播放箭头来运行游戏。看着甜甜圈下落，然后再次
　　　　　　单击播放箭头，以停止运行游戏。可以看到，当游戏运行时，背景变成了蓝色。
　　　　　这是因为 Unity 切换到了游戏视图，而当前的背景是蓝色的。甜甜圈穿过木
　　　　板落下，而不是在木板上弹跳。以下步骤可以启用弹跳功能。

< 步骤 10>　如果没有选中甜甜圈的话，就先选中它。

< 步骤 11>　**组件 – 2D 物理 – 2D 圆形碰撞器**。

< 步骤 12>　将鼠标悬停在场景视图上，并键入 f 来放大甜甜圈。

　　　　　　这是一个非常实用的键盘快捷键。我们经常会用到它。现在可以看到场景面
　　　　板中的甜甜圈周围有一个绿色的圆圈。将场景与图 3.10 进行比较。这个圆圈太大
　　　了，所以我们将通过下一个步骤缩小它。

<步骤 13> 向下滚动到检查器的底部。将鼠标悬停在 Donut 的 2D 圆形碰撞器组件的"半径"属性上。左右拖动鼠标来调整环绕着甜甜圈的绿色圆圈的大小。或者也可以尝试输入各种半径，直到看起来比较合适为止。如果有必要的话，可以调整偏移。如果感到不太确定的话，就再把圆圈弄得小一点。

如果现在就运行游戏，那么还不会有什么明显的变化。甜甜圈还是会穿过木板掉下去。还需要为木板添加一个碰撞器，如下所示。

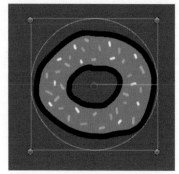

图 3.10　甜甜圈的圆形碰撞器

<步骤 14> 在层级面板中选中 WoodPlank 对象，然后**组件 – 2D 物理 – 2D 盒状碰撞器**。然后运行游戏。

嗯，好多了。至少甜甜圈在撞到木板的时候停了下来，但它并没有弹起来！要做到这一点，需要创建一个物理材质，并将其分配给 Donut 的圆形碰撞器。

<步骤 15> 在项目面板上，单击 +，然后单击"物理材质 2D"。把它命名为"Bounce"，并在检查器中把 Bounciness（弹力）设置为"1"。

如果很难在菜单中找到"物理材质 2D"，就把鼠标移到菜单的底部，随后会看到一个向下的三角形。将鼠标移到三角形上之后菜单会变大很多。然后就可以看到"物理材质 2D"并选择它了。确保选择的是 2D 版本，而不是 3D 版本，否则下一步将无法进行。

<步骤 16> 选中 Donut，并将 Bounce 资源拖到圆形碰撞器 2D 组件的"材质"一栏中。应该会看到材质的名称列为"Bounce"。

<步骤 17> 为 WoodPlank 的 2D 盒状碰撞器组件重复上一步骤，然后运行游戏。

这就更棒了！甜甜圈已经在弹跳了。如果仔细观察一分钟的话，你会发现这种弹跳并不是很真实。甜甜圈的弹跳高度不断在增加，在现实世界中这是不会发生的。这个问题很容易解决。

<步骤 18> 把 Bounce 物理材质的弹力改为 0.95。

现在运行游戏，可以看到甜甜圈每次弹跳后的高度逐渐减少，这正是我们在这个游戏中想要达成的效果。

现在要把 WoodPlank 对象复制两次，让屏幕上有三块木板。

< 步骤 19> 确保没有在运行游戏。

< 步骤 20> 选中 WoodPlank。右键单击并从快捷菜单中选择"复制"。

< 步骤 21> 重复上一个步骤。

现在有三块重叠的木板了。

< 步骤 22> 使用移动工具和旋转工具重新布置木板的位置和方向。请参考图 3.11 的大致布局。同时将甜甜圈移到屏幕的左上方。然后单击"播放"按钮。

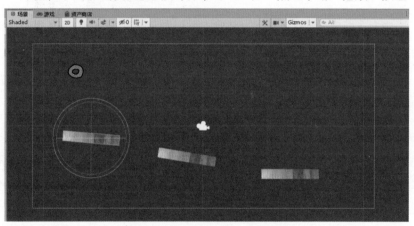

图 3.11　三块木板和一个甜甜圈

< 步骤 23> 调整甜甜圈的起始位置，使它在三块木板上弹跳。

< 步骤 24> 保存项目。

恭喜！你刚刚在 Unity 中做出了一个动画。它还不是可交互的，但这是一个很好的开始。可以将动画与本书的官方视频进行比较，网址是 www.franzlanzinger.com。

在下一章中，我们将为那个甜甜圈创建一个目的地，一个甜甜圈盒子！我们将使用 3D 程序 Blender 来制作它。

第 4 章 用 Blender 和 Unity 制作 2D 图形 ▌

本章将会介绍 Blender，一款用于创建 3D 图像的了不起的开源应用程序。我们将使用 Blender 为《弹跳甜甜圈》游戏制作一个粉红色的甜甜圈盒子。你可能会问，为什么 Blender 会出现在一本关于 2D 游戏的书中？简而言之，当 2D 资源代表 3D 物体时，使用 Blender 制作 2D 资源是非常实用的。例如，如果想制作一个球体的 2D 精灵，那么 Blender 将是一个很好的选择，特别是如果你不太擅长美术的话。Blender 会进行 3D 计算，使球体看起来很逼真，但 Blender 生成的精灵其实是一个长方形的像素阵列，只是看起来像一个 3D 物体。

1994 年超级任天堂（SNES）上发布的《超级森喜刚》中，使用 3D 程序为 2D 游戏制作美术资源的做法大行其道。开发人员使用非常昂贵的 SGI（硅谷图形公司）工作站来制作人物和环境的 3D 模型。SNES 的硬件只能运行 2D 动画，所以动画必须一次渲染一帧，每一帧都要存储在 SNES 的有限而昂贵的内存中。这是一项惊人的技术和美术成就。自那以来，我们已经有了长足的进步。即便如此，回顾一下游戏的视频片段仍然是很有启发的，这在网上很容易找到。

4.1 Blender 简介

在安装 Blender 之前，先看看完全用 Blender 制作的动画短片《春》[①]。只需要在网上搜索"Spring Blender"，然后观看这段 7 分钟的电影。这将使你对 Blender 能做些什么有一个概念。如果喜欢 Spring，请搜索"Blender 开源电影"。这些短篇主题动画电影不仅质量极高，而且所有源都可以免费下载和学习。

如果还没有安装 Blender，或者系统上安装的是旧版本的 Blender 的话，请访问 www.blender.org，按照 2.81a 版本的安装说明进行安装。本书是为这一特定版本的 Blender 编写的，所以即使有更新的版本，也建议使用它。你需要到 blender.org 的一个特殊分区去找 2.81a。

---

① 译注：原标题为"Spring"，故事灵感来自导演安迪·戈拉扎克（Andy Goralczyk）在德国山区度过的童年时光，情节上以春回大地为结局，讲述了一个小小牧羊女与其爱犬在面对古老灵魂时仍然努力在延续生命的轮回。

目前可以访问 https://download.blender.org/release/，下载较早的 Blender 版本。

如果用过 Blender，或许可以在使用较新版本的情况下按照书中的步骤操作，并进行必要的调整。但如果是初次接触 Blender，请务必使用 Blender 2.81a，以便对照书中的步骤。

4.2 在 Blender 中创建甜甜圈盒

我们的目标是制作一个粉红色的甜甜圈盒子。这个简单的 Blender 项目非常适合入门。

< 步骤 1a> 运行 Blender 2.81a。

如果是第一次运行 Blender 2.81a，一开始会出现一些设置选项。请保留默认设定，然后你会看到一个启动画面。

< 步骤 1b> 在启动画面外单击鼠标，取消启动画面。

只有在以前使用过 Blender，并且目前没有使用 Blender 的初始设置时，才需要进行接下来的一个步骤。

< 步骤 2> 文件 – 默认 – 加载初始设置。

在本书中，你将使用 Blender 2.81a 的初始设置。下一步中，我们将使初始设置为永久性的。这样，当下次运行 Blender 时，就可以直接使用初始设置了。

< 步骤 3> 文件 – 默认 – 保存，启动文件。

现在的屏幕应该和图 4.1 保持一致。

我们目前使用的是 Blender 深色主题。在本书的后面部分中，我们将切换到浅色主题。

< 步骤 4> 用鼠标左键选中相机。请参照图 4.2 以确定相机的位置。

从 Blender 2.8 开始，对象的选择是用鼠标左键完成的，至少在使用默认设置时是这样。这是 2.8 版本所实施的众多变化之一。在那之前，直到 2.79 版本，对象都是用鼠标右键选择的。如果用过 Blender 并且喜欢用鼠标右键进行选择，请随意将 Blender 设置成那样。仍然可以按照本书的内容操作，但需要根据情况对步骤进行适当的修改。

选中相机时，它将以橙色高亮显示，如图 4.2 所示。

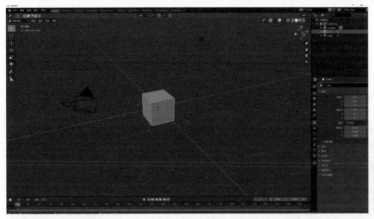

图 4.2　在 Blender 中选中相机

<**步骤 5**> 按键盘上的 n 键。

　　这将在右边弹出属性面板。n 是"number"（数字）的助记符。我们在属性面板中可以看到相机的位置和旋转。我们很快会更改它们，但不是现在。

<**步骤 6**> 选中立方体。

　　现在立方体应该有一个橙色的轮廓，如图 4.3 所示。

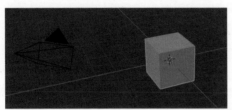

图 4.3　选中后 Blender 中的立方体。

<**步骤 7**> 把立方体的位置改为（0m, 0m, 0.5m），缩放为（2, 1, 0.5）。

　　在属性面板中输入这些新坐标。对立方体的缩放的调整使它看起来更像一个甜甜圈盒子了。更新后的属性面板应该和图 4.4 保持一致。

<**步骤 8**> 双击窗口右上方的 Cube，输入立方体的新名称"donut box"。

　　将 Cube 这样的通用名称重命名为一个有意义的名称，总是一个良好的实践。

<**步骤 9**> 保存！**文件 – 另存为**，命名为 donutbox.blend，保存到 Unity 项目的 Assets 文件夹。

本书会提醒你在适当的位置进行保存。如果愿意的话，请随意多保存。

< 步骤 10> 选中相机，并将位置改为（0，–7，4）。

< 步骤 11> 把相机的 Z 旋转改为 0。

< 步骤 12> 选中甜甜圈盒子，然后视图 – 相机 – 活动相机。

应该可以看到如图 4.5 所示的相机视图。

 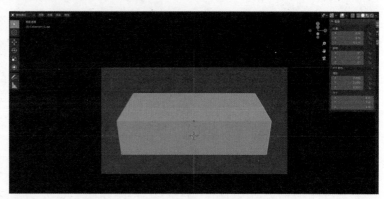

图 4.4 改变位置和缩放后的立方体的属性面板　　图 4.5 甜甜圈盒子的相机视图

我们会经常像这样切换视图。为了加快速度，从现在开始，我们将使用键盘快捷键来做这种事情。如果有小键盘的话，请执行以下步骤。

< 步骤 12a，小键盘 > 键入 <numpad>0 两次。

这将切换回用户视图，然后再切换回相机视图。

<numpad> 0 可以切换活动相机视图的开关。

< 步骤 12a，没有小键盘 > 编辑 – 偏好设置 – 输入，勾选"模拟数字键盘"。关闭弹出窗口。键入两次 0。

如果使用的是没有小键盘的笔记本电脑或者是 Mac，那么这将允许你使用键盘顶部的普通数字来代替 <numpad> 数字。启用该模拟功能后，按指示键入一个小键盘数字时，可以键入普通键盘上的数字。

< 步骤 13> 左键单击窗口中间上方的 Shading 工作区选择器。

屏幕中心看起来与图 4.6 类似。

界面刚刚彻底变成 Shading 工作区。应该可以看到底部的中央面板的着色器编辑器。

< 步骤 14> 将鼠标悬停在着色器编辑器面板中的某处，然后滚动鼠标滚轮，移动鼠标，查看如图 4.7 所示的两个着色器框。

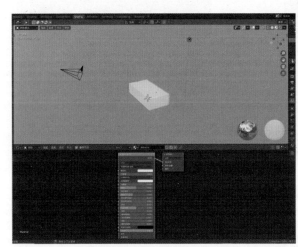

图 4.6　选择 Shading 工作区　　　图 4.7　甜甜圈盒子的着色器编辑器视图

　　注意：如果没有带滚轮的鼠标，那就买一个吧！它们很便宜，可以插在任何 PC 和任何 Mac 上使用。

　　你可以看到两个着色器框。一个有绿色的轮廓，标题是"原理化 BSDF"，另一个是红色的轮廓，标题是"材质输出"。这些着色器框中的设置控制着渲染时的着色。为了更清晰地查看它们，请放大着色器编辑器面板的大小。

< 步骤 15> 将鼠标悬停在中间两个面板（3D 面板和着色器编辑器面板）的边框上，直到看到鼠标图标变成了一个垂直的双箭头。然后向上拖动边框，使着色器编辑器面板变大。

< 步骤 16a> 滚动鼠标滚轮，放大绿色方框。

< 步骤 16b> 可以通过按住并拖动鼠标中键（即滚轮）来平移视图。

< 步骤 17> 选择基础色，并将其设置为粉红色。

图 4.8　一个粉红色的甜甜圈盒子

图 4.9　视图着色图标

　　可以通过反复单击色轮，选择自己喜欢的粉色来进行试验。将窗口与图 4.8 进行比较。

< 步骤 18> 选择 Layout 工作区。

　　我们会再次看到相机视图下的甜甜圈盒子，但它是灰色的。这是因为视图着色方式目前被设置为"实体"。下一步将更改这一点。

< 步骤 19> 将视图着色方式改为"渲染"。这可以通过单击视图着色方式图标栏中从左至右的第 4 个图标来实现，如图 4.9 所示。

　　如果愿意的话，可以尝试所有 4 个是视图着色设置：线框、实体、材质预览和渲染。

　　现在应该可以在 Layout 工作区中看到一个粉红色的甜甜圈盒子，如图 4.10 所示。

　　我们的游戏实际上想要的是一个打开的甜甜圈盒子。下一步，我们将删去盒子的顶部。

< 步骤 20> 选择 Modeling 工作区。

< 步骤 21> 在键盘上按几次 <Tab> 键。

图 4.10　Blender 中的粉红色甜甜圈盒子

　　这可以将建模模式从编辑模式切换到物体模式，然后再切换回来。编辑模式允许我们编辑物体的一部分。物体模式则允许我们对对象这一整体进行操作。窗口的左上角显示了当前建模模式。可以看到在这两种模式下，甜甜圈盒子的显示方式是不同的。

< 步骤 22> 在物体模式下，选中"相机"，然后选中"照明"，再选中"甜甜圈盒子"。

　　选择其他对象是为了练习。要确保最后选中的是甜甜圈盒子。

< 步骤 23> 进入编辑模式。

< 步骤 24> 单击编辑模式指示器右侧的面选择图标选择"面选择模式",如图 4.11 所示。

　　　　　 编辑 3D 模型时,需要选择面、边或点,这取决于具体要做什么。因为要删除顶部的面,所以需要进入面选择模式。

< 步骤 25> 依次选择甜甜圈盒子的三个可见面,观察其图形效果。

　　　　　 可以看到,被选中的面会被高亮显示。

< 步骤 26> 选择甜甜圈盒子的顶面。

< 步骤 27> 键入 x,找到"面",然后单击左键。

　　　　　 这就好多了。我们现在看到的是一个打开的盒子,如图 4.12 所示。

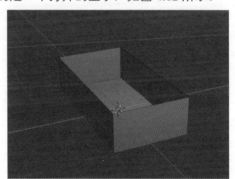

　　图 4.11　在 Blender 中选择面选择模式　　图 4.12　Blender 的 3D 视图中的甜甜圈盒子

　　　　　 这个盒子在 Modeling 工作区中是灰色的,所以要做以下处理。

< 步骤 28> 选择"渲染视图着色方式"。

　　　　　 将工作区与图 4.12 进行比较。

< 步骤 29> 键入 <numpad>0 来查看相机视图。

　　　　　 可以看到,需要更好的灯光,这个盒子才能更像是个盒子。

< 步骤 30> 按 <Tab> 进入物体模式,然后选择 Light 对象。

　　　　　 要选择 Light 对象,请查看窗口右上方的大纲视图面板,然后单击 Light。

< 步骤 31> 将 Light 的位置设置为 (1,–1.1,1.75)。

　　　　　 如果需要的话,键入 n,打开属性面板,你可以看到灯光的位置并进行编辑。选中灯光后,还可以输入 g 并移动鼠标来进一步调整它的位置。最终的甜甜圈盒子图形如图 4.13 所示。

要想不丢失这 31 个步骤所完成的所有工作，就需要保存文件了。

<步骤 32> 文件 – 保存。

还没有结束。我们还需要制作一个甜甜圈盒子的 2D 渲染图像，以供 2D 游戏使用。如果我们的游戏是 3D 游戏的话，可以直接将 .blend 文件导入 Unity 项目，但对于 2D 项目，我们需要将物体渲染成 2D 图像文件，然后 Unity 才可以将其变成精灵。

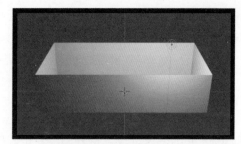

图 4.13　甜甜圈盒子已准备好并从 Blender 中导出

<步骤 33a> 渲染 – 渲染图像。

这将打开一个新的窗口，显示了来自相机的渲染结果。

将渲染结果与图 4.14 进行比较。

这里有一个问题。灰色背景不应该被输出到 Unity。我们需要把它变成透明的，就像之前为甜甜圈精灵做的那样。

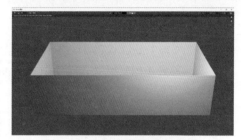

图 4.14　甜甜圈盒子的渲染结果

<步骤 33b> 键入 <Esc>，关闭渲染窗口。

<步骤 34> 在 Blender 窗口的最上方选择 Rendering 工作区。在右边的属性编辑器面板上，单击"胶片"展开胶片属性。然后勾选"透明"。将窗口与图 4.15 进行比较。

图 4.15　把胶片设为透明

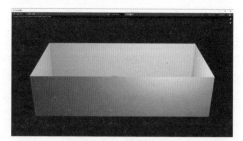

图 4.16　有透明背景的渲染后的甜甜圈盒子　　　　　图 4.17　甜甜圈盒子前方的面

< 步骤 35>　再次渲染，可以看到灰色的背景现在变成了棋盘格图案。

新的渲染图像应该和图 4.16 一致。

我们终于可以把这个图片导出为 .png 文件并在 Unity 中使用了。

< 步骤 36>　在 Blender 渲染窗口，"执行图像"–"另存为 ..."，并"选择 .png 文件格式"，RGBA 颜色，色深 8。 使用与 .blend 文件相同的 Assets 文件夹，文件名为 donutbox.png。关闭 Blender 渲染窗口。

还有一件事。我们还需要只渲染甜甜圈盒子前方的面。这将允许 Unity 将甜甜圈放在甜甜圈盒子前方的面之后，但在其他面之前。

< 步骤 37>　文件 – 保存或快捷键 Ctrl+S（Mac 上的 Command+S）保存项目的 .blend 文件。

我们要在删除其他面之前保存项目。

< 步骤 38>　转到 Modeling 工作区。

< 步骤 39>　如有必要，按 0 键回到甜甜圈盒子的用户视角视图。

< 步骤 40>　甜甜圈盒子有 5 个面。在物体模式下，选中甜甜圈盒子。然后进入编辑模式，依次选中甜甜圈盒子除了前方的面以外的 4 个面，然后删除它们。

< 步骤 41>　渲染场景，将图像保存为 donutbox_front.png。

< 步骤 42>　将项目另存为 donutbox_front.blend。

对甜甜圈盒子前方的面的渲染应该看和图 4.17 一致。

< 步骤 43>　文件 – 另存为，使用 donutbox_front.blend 这个名字。

现在我们已经做好了将甜甜圈盒子导出到 Unity 中的准备。通过创建这两个 .png 文件并将其存储在 Unity 项目的 Assets 文件夹中，我们已经完成了大部分工作。

< 步骤 44>　退出 Blender。

4.3 从 Blender 导出到 Unity

把资源导出到 Unity 通常是非常容易的。只要把资源放到 Unity 项目的正确文件夹里，在下一次运行 Unity 时，它就会自动导入该资源。如果在复制资源时 Unity 正在运行，Unity 将直接自动导入。在这一节中，我们将把在 Blender 中创建的两个甜甜圈盒子的精灵导出到 Blender 中。

\<步骤 1\> 在 Unity 中打开 BouncingDonuts 项目。

你可能会注意到一些表明正在自动导入甜甜圈资源的信息。

\<步骤 2\> 播放。

这里只是简单检查一下游戏是否还能玩。加载比较老的项目时要有这个好习惯。

\<步骤 3\> 再次按播放键来停止游戏。然后，在游戏面板顶部的长宽比下拉菜单中，将"Free Aspect"改为"16：9"。

固定长宽比是为了简化对这个小型项目的开发流程。在商业项目，特别是针对多种类型的移动设备的项目中，我们需要支持各种不同的长宽比。

\<步骤 4\> 选择场景面板，与图 4.18 进行比较。

包围着游戏对象的细线代表 16：9 长宽比的游戏屏幕边界。

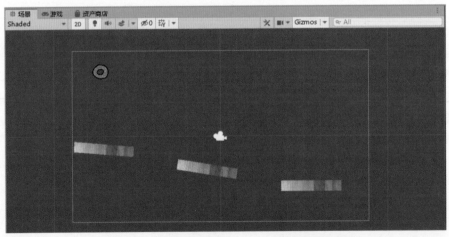

图 4.18　把长宽比设置为 16：9 后的场景面板

\<步骤 5\> 将三块木板移到左边，为将要放到右边的甜甜圈盒子腾出空间。

场景看起来与图 4.19 一致。

现在，请查看 Assets 文件夹，应该会看到两个粉色的资产，分别名为"donutbox"和"donutbox_front"。

< 步骤 6> 将 donutbox 资源拖入层级面板。

这个甜甜圈盒子太大了，占满了整个屏幕。虽然可以用鼠标调整 donutbox 对象的位置和缩放，但在下面的步骤中，我们将会输入一些具体的数字。

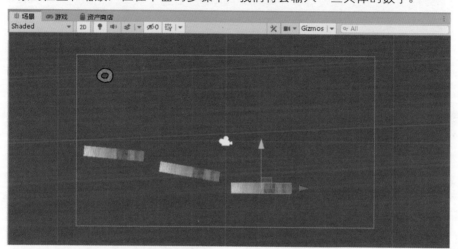

图 4.19   移动木板以为甜甜圈盒子腾出空间

< 步骤 7> 在 Assets 面板中选中 donutbox。

< 步骤 8> 在检查器中，将"每单位像素数"改为"512"，然后单击"应用"。

< 步骤 9> 将 donutbox 拖到场景的右下方。与图 4.20 进行对照。

< 步骤 10> 选中 donutbox，执行**组件 – 2D 物理 – 2D 盒状碰撞器**。现在应该可以看到一个包围着甜甜圈的绿色方框。

< 步骤 11> 单击检查器中"编辑碰撞器"右侧的图标。如图 4.21 所示，调整盒状碰撞器。

通过拖动碰撞器矩形中点的绿色小方块来进行调整。当调整到了满意的位置时，再次单击编辑碰撞器图标。我们把这个碰撞器放在了甜甜圈盒子的底面上。

< 步骤 12> 播放。

甜甜圈应该向甜甜圈盒子弹跳而去，并从新创建的甜甜圈盒子碰撞器上弹起。我们可能需要调整一下木板的位置或旋转，让甜甜圈跳到甜甜圈盒子上，而不是从它上面飞过。

如你所见，当甜甜圈与甜甜圈盒重叠时，它看起来不太对劲。请看图 4.22。

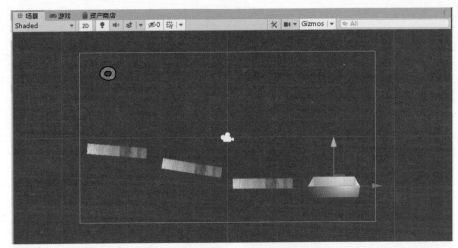

图 4.20　放置在右下角的甜甜圈盒子

图 4.21　调整后的盒状碰撞器　　　　图 4.22　甜甜圈重叠在甜甜圈盒子前方

对你而言，甜甜圈有可能在甜甜圈盒的后面，而不是在它的前面。甜甜圈和甜甜圈盒子有相同的 Z 坐标，所以绘图的优先级是不确定的。我们想要的是让甜甜圈看起来像是掉进了甜甜圈盒子里。这将在接下来的步骤中实现。

< 步骤 13> 如果还没有这么做的话，请按下播放键以停止运行游戏。

这是一个需要养成的重要习惯。我们不希望在游戏运行时对游戏进行修改。虽然这在实验或调试时可能很有用，但在游戏运行时所做的所有更改都只是暂时的，当停止运行游戏时，这些改变就会消失

< 步骤 14> 在 Assets 面板中选中 donutbox_front 图标，将每单位像素改为 512，就像之前对 donutbox 做的那样。单击"应用"。

< 步骤 15> 将 donutbox_front 资源拖到层级面板中。

< 步骤 16> 移动 donutbox_front，直到它大致与 donutbox 重叠。

< 步骤 17> 在层级面板中单击 donutbox，然后单击 donutbox_front，查看二者的位置坐标。使 X 和 Y 完全一致。本书中，X 位置是 6.87，Y 位置是 –2.94。

< 步骤 18> 把 donutbox 的 Z 位置改为 1，donut 为 0，而 donutbox_front 为 –1。

< 步骤 19> 玩这个游戏。

< 步骤 20> 保存项目。

　　　　　甜甜圈出现在甜甜圈盒子和前方的面之间的原因是 Z 坐标的巧妙设置。donut 的 Z 坐标为 0，donutbox 为 1，donutbox_front 为负 1。Z 轴是从相机向远方延伸的，所以 Z 坐标较小的物体有较高的绘制优先权。

　　现在我们的游戏唯一缺少的就是交互性了。下一节中，我们将添加代码，让玩家控制其中一块木板。

4.4　《弹跳甜甜圈》原型：第一个游戏玩法

　　现在，可以把我们的演示做成一个简单的游戏了。真的很简单，仅仅只需要几行代码。我们的想法是改变木板的布局，使甜甜圈不会自动跳进甜甜圈盒子。然后，添加一个控件，在按下按键时移动其中一块木板。如果玩家按得恰到好处，甜甜圈就会弹到甜甜圈盒子里。没有得分，只有一个关卡，没有音乐或声效，但它是可玩的。

< 步骤 1> 如果有必要，请在 Unity 中加载 BouncingDonuts 项目。

< 步骤 2> 选择移动工具。

< 步骤 3> 将中间的木板向上移动，如图 4.23 所示。

< 步骤 4> 在选中中间的木板的情况下，单击检查器中的**添加组件 – 新建脚本**，输入名称 "Woodplank"，然后单击 "创建并添加"。

　　　　可能需要向下滚动才能看到 "新建脚本" 这一选项。

< 步骤 5> 如下替换 Woodplank 脚本中的 Update 函数：

```
void Update()
{
    if (Input.GetKey("w")) transform.Translate(0, 5 * Time.deltaTime, 0);
    if (Input.GetKey("s")) transform.Translate(0, -5 * Time.deltaTime, 0);
}
```

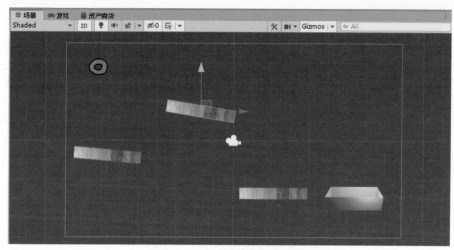

图 4.23　把中间的木板向上移动

< 步骤 6> 玩游戏。

< 步骤 7> 保存！

　　　　这段代码值得说明一下。GetKey 函数是 Unity 内置的。只有在指定的键被按下时，它才会返回 true。

　　　　transform.Translate 函数接收父对象并在指定的 x、y 和 z 坐标中移动它。Time.deltaTime 是 Unity 的另一个内置对象。它返回自上次调用 Update 函数以来的经过的时间，单位是秒。5 和 -5 的比例使物体以 5 的速度移动。可以用其他值进行试验以查看效果。

　　　　是的，游戏现在可以玩了。我们可以使用 w 和 s 键来上下移动中间的木板。这将使我们能够控制甜甜圈跳进甜甜圈盒子。该对象之所以上下移动，是因为 deltaTime 变量被用于平移的 y 坐标。

　　　　这是一个重要的里程碑。我们刚刚在 Unity 中创建了第一个具有动画、物理和相当不错的 2D 图形的游戏。现在，可以朝着不同的方向继续开发。我们可以制作几个更有趣的关卡，也可以在用户界面中加入得分和显示文本，如"单击开始"或"游戏结束"。我们以后会做这些事情，但现在先绕个道，第 5 章将深入研究 Unity。

第 5 章　Unity 界面 ▮

我们已经有了一些使用 Unity 的经验。这一章中，你会学到更多关于它的知识。每一节都探讨了 Unity 的一个不同方面，并让你尝试一些相关的功能。你将了解 Unity 编辑器是如何工作的，如何创建材质、灯光和摄像机，还将探索内置的 2D 物理引擎。你还将运用学到的知识，使《弹跳甜甜圈》变得更好。阅读有关功能的文章是一回事，但理解它们的最好方法是使用它们并看它们是如何运行的。

就像之前对 Blender 所做的那样，去浏览一些演示视频吧。上网搜索 "Unity 2D demo reel"，观看其中的一些视频。在看的时候，也可以看看一些 3D 演示。请确保在一个不错的显示器上以 1080p 观看它们。如果玩过的用 Unity 制作的游戏不多甚至是完全没玩过的话，演示视频中提到几十个游戏都可以供你尝试。如果没有时间玩这些游戏的话，可以抄个近道，看看开发商的网站和预告片。这将展示其他开发者使用 Unity 所做的令人惊叹的事情。看到竞争情况可能会让人有些沮丧。你有足够的竞争力吗？是的，你有！只要有奉献精神、创造力和一点点运气，总会有人欣赏你的游戏的。

Unity 是一个巨大的程序，但它的基础知识相对比较容易学习。通过使用 Unity 制作一个简单的游戏原型，我们已经有了一定的基础。我们的下一个目标是更深入地理解基础知识。然后，我们将做好自己去探索 Unity 的中级和高级功能的准备。Unity 手册有一个篇幅很长的章节，叫"高级开发"。在网上搜索"Unity 高级开发手册"即可找到手册中的这一部分。也可以在 Unity 内部的帮助菜单中直接访问该手册。不过，在真正成为一名高级 Unity 开发者之前，最好不要读它。

5.1　Unity 编辑器

Unity 由 Unity 编辑器和底层技术构成。Unity 编辑器是我们在使用 Unity 时看到的界面。在本节中，我们将浏览 Unity 编辑器中各种面板和按钮的布局。

< 步骤 1> 打开 Unity，加载第 4 章的 BouncingDonuts 项目。

将屏幕与图 5.1 进行比较。

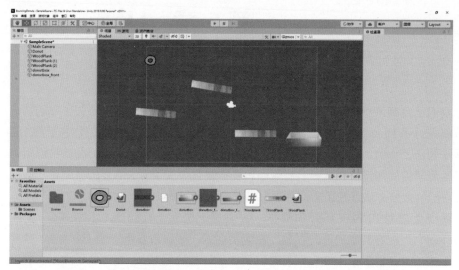

图 5.1 Unity 编辑器显示着第 4 章之后的 BouncingDonuts 项目

可以看到，游戏画面中的细方框是不正确的。这是这个版本的 Unity 中的一个小 bug。为了解决这个问题，请按照以下步骤操作。

< 步骤 2> 单击游戏选项卡，然后单击场景选项卡。

这样就好了。现在游戏屏幕中的细方框是正确的了。

查看右上角的下拉菜单。它应该是 Layout，但如果之前做过实验，它可能会显示着其他内容。它有 4 个选项：4 分割，默认，高，宽。我们要自定义布局，如下所示。

< 步骤 3a> 选择"高"布局。

< 步骤 3b> 将层级选项卡向左向下拖动，直到它变成一个长长的垂直面板。

< 步骤 3c> 直接向下拖动游戏选项卡，直到看到与图 5.2 类似的游戏面板。

< 步骤 3> 调整 5 个面板的大小，使之与图 5.2 大致相符。

< 步骤 3e> 单击 Unity 窗口右上方的 Tall，保存布局，并使用"2 by 3"作为名称。

从现在开始，我们将使用这个布局。以前的 Unity 版本自带这种布局，但由于某种原因，Unity 放弃了它。2 乘 3 布局可以同时显示场景和游戏面板，这很不错。再一次将窗口与图 5.2 进行比较。

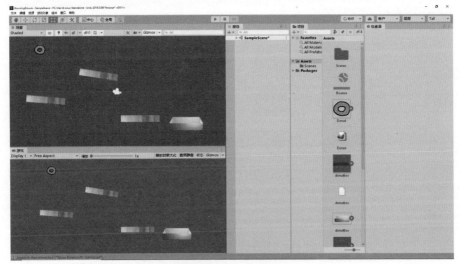

图 5.2　2×3 布局

你可能会注意到，游戏面板恢复到了自由长宽比的设置。我们的项目想要的是 16 ∶ 9 的长宽比，所以必须再次设置。

< 步骤 4> 在游戏面板中，将"Free Aspect"改为 16:9。

< 步骤 5> 在场景面板中，滚动鼠标滚轮，以便完整地看到游戏屏幕中的方框。

< 步骤 6> 在层级面板中展开 SampleScene。

这可以通过单击层级面板中的"SampleScene"字样左边的三角形来实现。

我们会再次看到场景中的游戏对象：Main Camera、Donut、3 个 WoodPlank、donutbox 和 donutbox_front。将窗口与图 5.3 进行比较。

接下来，我们将探索 Unity 编辑器中的菜单和工具按钮。关键在于，我们要熟悉这些东西，知道它们在哪里，并对它们的作用有基本的了解。

< 步骤 7> 单击窗口左上角的"文件"，然后将鼠标向右移，查看 7 个下拉菜单。阅读所有菜单项，以了解其内容。看看**帮助 – 关于 Unity**（Mac 上是 **Unity – 关于 Unity**）和**帮助 – Unity 用户手册**。

单是阅读和探索这些菜单可能就需要花上几天的时间。内置的用户手册尤为有用，尽管它对初学者来说可能很难。但是没有关系，即使只了解基础知识，也可以使用 Unity。

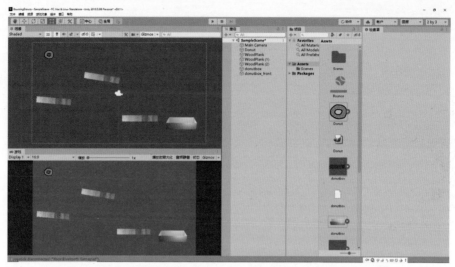

图 5.3　使用 2 乘 3 布局和 16 ：9 长宽比的 BouncingDonuts 项目

在接下来的几个步骤中，我们将在主菜单中尝试一些东西。

<步骤 8> 文件 – 生成设置 ... 将生成设置与图 5.4 进行比较。

如果使用的是 Mac，可能会看到目标平台是 Mac OS X。在开发过程的早期阶段就尝试生成游戏是个好主意。为了分享或发布游戏，我们需要先做一个 build。生成设置将取决于目标平台是 PC 还是 Mac。Unity 支持为无数设备和计算机构建游戏。本书只涉及 PC 和 Mac 的 build。

图 5.4　BouncingDonuts 的生成设置

<步骤 9> 单击"构建和运行"按钮。

<步骤 10> 新建一个文件夹来存储可执行文件，命名为 Binaries，并选择该文件夹进行构建。在 Mac 上，必须把 Binaries 文件夹设为收藏夹，才可以选择它进行构建。

请注意，我们还没有输入任何退出游戏的代码！如果你不知道如何结束执行一个程序的话，这可能是个大问题。

< 步骤 11，Windows> 按 Ctrl+Alt+Del 退出程序，运行任务管理器，选中 BouncingDonuts .exe 后单击选中"结束任务"。

< 步骤 11，Mac> 按 **Command** – **Option** – **Esc 键**退出程序，选中游戏并进行强制退出。

< 步骤 12> 关闭 Build Settings 窗口。

< 步骤 13> 保存 Unity 项目并退出 Unity。

< 步骤 14> 转到刚刚在步骤 10 中创建的 Binaries 文件夹。

< 步骤 15> 双击 BouncingDonuts。

这是另一种运行游戏的方式。

< 步骤 16> 使用步骤 11 的方法退出游戏。

< 步骤 17> 用 BouncingDonuts 项目再次启动 Unity。接下来，使游戏以窗口模式运行。

< 步骤 18> 文件 – 生成设置 – 玩家设置 ...

这将弹出 Project Settings（项目设置）对话框，并突出显示"Player"。我们在这里控制游戏如何呈现给玩家。我们将调整 PC、Mac 和 Linux 的独立设置。

< 步骤 19> 单击"分辨率和演示"，在"全屏模式"边上，选择"窗口化"。默认屏幕宽度设置为 1600，默认屏幕高度为 900。在同一个 Binaries 文件夹中构建并运行游戏。

玩完游戏后，可以直接关闭窗口，退出游戏。这比强制结束进程要容易得多。

< 步骤 20> 有一个独立播放器选项是"可调整大小的窗口"。测试一下这个设置。我们越来越熟悉 Unity 了，这是件好事。在接下来的步骤中，我们将在主菜单中尝试更多功能。

< 步骤 21> 关闭窗口，停止运行游戏。

< 步骤 22> 在 Unity 中，在层级面板中选择 Donut 对象。然后选择**编辑** – **选择的帧**。

可以看到场景面板中的 Donut 对象现在被放大了。要找到场景中的对象，这是一个好方法。可以使用 f 快捷键来实现同样的操作，只要鼠标悬停在场景视图上就绪。在几个 WoodPlank 对象和 donutbox 上试试这个方法。

< 步骤 23> 选中可控制的那个木板，并进行**编辑** – **锁定视图**到选定项。然后单击**播放键**，观察摄像机是如何跟随移动的木板而移动的。再次单击播放键来停止游戏。

可以使用快捷键 <Shift>f。<Shift> f 将视角锁定在选定的物体上。需要按下

f 键来解除视图的锁定。注意，只有在鼠标悬停在场景视图上时，这些快捷键才会生效。

现在是个深入学习如何自定义工作区的好时机。这很有用，值得花时间和精力去学习。

<步骤 24> 帮助 – Unity 用户手册。Working in Unity（在 Unity 中工作）– Unity's interface（Unity 界面）– Customizing your workspace（自定义工作区）。阅读这一部分的开头，学习如何拖动标签页，分离标签页，以及创建新的标签页。

Unity 用户手册是深入了解 Unity 的绝佳资源。当有了更多经验时，你可能想把它全部读一遍。现在，我们可以用它来查找一些内容，也许可以阅读一些入门级的部分。这本手册也可以在网上通关浏览器搜索找到。

<步骤 25> 保存并退出 Unity。

在这一部分中，除了生成设置以外，我们其实没有做任何需要保存的事情。

5.2 场景视图

场景视图是进入游戏的门户。在这里可以选择对象，移动、旋转、并修改它们。举例来说，可能的游戏对象包括几何体、灯光、摄像机、音源和文本对象。场景视图类似于有另一个不同于游戏本身在使用的 Main Camera 对象的摄像机在观测场景。

场景视图看的是一个单一的场景。除了最简单的那种游戏以外，都会有多个场景。BouncingDonut 项目只有一个叫"SampleScene"的场景。场景名称列在层级面板和项目窗口中的 Scences 文件夹中。在层级窗口中，SampleScene 行的左边有一个三角形。单击这个三角形可以切换场景中的游戏对象的显示。

<步骤 1> 在 Unity 中加载 BouncingDonut 项目。单击层级面板中的 SampleScene 旁边的三角形图标。

目前 SampleScene 中的游戏对象是 Main Camera、Duonut、WoodPlank、WoodPlank（1）、WoodPlank（2）、donutbox 和 donutbox_front。

<步骤 2> 阅读用户手册的工具栏部分。可以通过 **Working in Unity – The Main Windows – The Toolbar** 找到。

我们已经用过了中间的播放按钮和右上角的 Layout 下拉菜单。接下来，我们将学习使用变换工具。

< 步骤 3 > 选择左上角手形工具，然后将鼠标悬停在其他变换工具上，查看它们的名称：
"手形工具"、"移动工具"、"旋转工具"、"缩放工具"、"矩形工具"、
"移动、旋转或缩放选定的对象"，以及"可用的自定义编辑器工具"。

< 步骤 4 > 在仍然选中手形工具的情况下，使用鼠标来平移视图。也可以使用键盘上的
方向键来上下左右地移动视图，但只有在使用手形图标单击了场景面板之后
才能这么做。

< 步骤 5 > 通过 <Alt>RMB（鼠标右键）放大或缩小视图。Mac 上是 <Option> – RMB。
一个替代方法是使用鼠标上的滚轮。必须在鼠标悬停在场景面板上时才能进
行缩放。

平移和缩放是 2D 模式下场景面板上的两个主要操作。在下一步中，请尝试一下
3D 模式。

< 步骤 6 > 单击靠近场景视图窗口左上方的 2D 图标。将场景视图与图 5.5 进行比较。

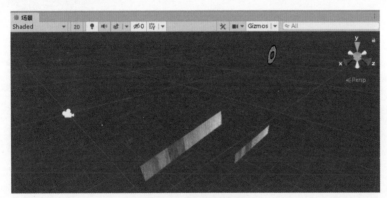

图 5.5　**3D 场景视图**

这让我们看到了 2D 场景的 3D 视图。在 2D 和 3D 视图之间进行切换是无害的，
不会改变游戏的工作方式。最初，当 Unity 刚发布的时候，是完全不支持 2D 的。
在大多数情况下，Unity 仍然是一个 3D 引擎，但它确实有着出色的 2D 支持。即
使只想开发 2D 游戏，了解一下 Unity 的 3D 功能也是很好的。

< 步骤 7 > 平移和缩放 3D 视图。使用 <Ctrl> RMB（鼠标右键）来旋转 3D 视图。完成
了 3D 视图的实验后，再次单击 2D 以回到 2D 模式。调整视图，使其与之前
的样子大致相符。

接下来，我们将尝试使用工具菜单中的其他变换工具。

< 步骤 8> 选中移动工具和 Donut 对象。

游戏对象可以通过单击场景窗口中的对象来选择，但只适用于选中手部工具以外的变换工具后的情况下。

我们总是可以通过单击层级面板中的游戏对象来选择它们。当 Donut 和移动工具被选中时，可以看到一个绿色箭头指向上方，一个红色箭头指向右侧。当把鼠标悬停在箭头上时，箭头的颜色会变成黄色，然后可以单击并沿着箭头的方向拖动对象。

< 步骤 9> 将甜甜圈移到更高的位置，让它不再出现在游戏窗口中。玩游戏。

让甜甜圈像我们刚才所做那样一开始在屏幕外是合理的。

< 步骤 10> 选中最左边的木板。选择旋转工具，与图 5.6 进行对照。

这个工具实际上是一个 3D 工具，它有着不同的工作方式，取决于我们拖动哪一部分的圆圈。

< 步骤 11> 拖动蓝色的圆圈来做 2D 旋转。<Ctrl> Z 可以撤销。在 Mac 上是 <command> Z。

< 步骤 12> 拖动红线，沿红线做 3D 旋转。<Ctrl> Z 撤销。

< 步骤 13> 拖动黄线，沿黄线做 3D 旋转。然后 <Ctrl>Z。

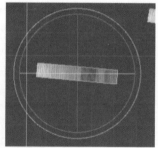

图 5.6　选择了旋转工具

< 步骤 14> 在蓝色圆圈内单击并拖动，做自由 3D 旋转。<Ctrl> Z。接下来，我们将探索缩放工具。

< 步骤 15> 用同一块木板尝试使用缩放工具。要取消缩放时，单击 <Esc> 而不是放开鼠标按钮。

有三种可用的缩放功能：红色方框、绿色方框或中心白色方框。中心框沿两个轴缩放，这是我们通常想用的。可以在检查器中观察缩放函数的效果。

现在你已经有了一个基本的概念，请继续自行尝试使用其余的工具。

5.3　层级窗口

层级窗口中列出了项目中的场景和游戏对象。在这个窗口中，可以使用几个可用的菜单之一创建和删除场景和游戏对象。注意，左上方有一个带下拉菜单的"+"图标，另外在 SampleScene 标签页右边有一个带三个垂直点的特定场景下拉菜单。另外，在游戏对象上单击右键会弹出一个特定对象的菜单。

<步骤 1> 看看 + 菜单，SampleScene 的下拉菜单，以及 Donut 对象的弹出菜单。

我们这样做只是为了了解这些菜单的位置。在 Unity 窗口中还有很多下拉菜单。为了额外进行一些探索，请按照后续步骤操作。

<步骤 2> 单击所有其他带有三个竖点的图标的下拉菜单。

如你所见，每个面板的右上角都有一个这样的图标。这些下拉菜单都有一个实用的"最大化"选项。

接下来，我们将探索游戏对象之间的父子关系。可以将对象以父子树结构联系在一起，以便更容易地将这些对象作为一组来操作。

<步骤 3> 将 donutbox_front 对象拖到层级面板中 donutbox 对象上。

层级面板现在应该看起来与图 5.7 一致。

图 5.7　donutbox_front 是 donutbox 的一个子对象

这样做时，场景视图中并没有什么明显的变化。使 donutbox_front 成为 donutbox 的子对象所带来的影响是：对 donutbox 进行变换时，也会对其子代进行同样的变换。

<步骤 4> 选择移动工具，然后选择 donutbox，然后在场景面板中把它向上移动一点。

可以看到，donutbox_front 对象也随之移动。如果查看检查器中的变换部分，可以看到当移动父对象时，donutbox_front 的位置坐标并没有改变。子对象的位置坐标总是相对于父对象而不是场景原点的。例如，donutbox_front 的 X 坐标现在是 0，而在它成为 donutbox 的子对象之前，X 坐标是 7 左右。Z 坐标现在是 -2，这是从 -1 到 1 的正确相对偏移。

5.4　项目窗口

项目窗口显示着项目中当前可用的资源和包。它通过分层显示资源和包来做到这一点。图 5.8 显示了 BouncingDonuts 项目的当前项目窗口。

在下面的步骤中，我们将尝试使用一些菜单项，以熟悉项目窗口。

< 步骤 1> 单击项目面板右上角的三点式菜单图标，打开项目面板的下拉菜单。下拉菜单如图 5.9 所示。

< 步骤 2> 选择单栏布局。然后再回到两栏布局。单栏布局为我们提供了项目窗口的另一种视图。

< 步骤 3> 在下拉菜单中选择最大化。

项目面板占整个 Unity 窗口，在处理大量资源时，这个功能很实用。

< 步骤 4> 在窗口仍然最大化的情况下，把右下角的滑块拖到最左边，然后拖到最右边。然后把滑块拖回中间。

这个尺寸调整滑块可以调整资源窗口中的图标的尺寸。当滑块在最左边时，图标会被一行接一行的文字所取代。

< 步骤 5> 取消勾选"最大化"。

可以在《Unity 手册》中的 Working in Unity - The Main Windows - The Project window 一节中进一步了解项目窗口和如何使用搜索与筛选功能。

图 5.8　当前的项目窗口

图 5.9　项目窗口的下拉菜单

5.5　检查器窗口

　　检查器窗口通常称为检查器，显示着当前选中的游戏对象的所有组件。一般来说，检查器允许我们检查和更改 Unity 编辑器中的大多数项目的属性和设置，包括游戏对象、资源和偏好。

<步骤 1> 选择 Donut 游戏对象。

　　　　我们通常可以在场景窗口或层级面板中这样做。但现在甜甜圈还在屏幕外，所以我们需要在层级面板中选择它。项目窗口的资源面板中也有两个 Donut 图标。这些资源不是游戏对象，因而在检查器中会有不同的显示方式。图 5.10 展示了 Donut 游戏对象在检查器中的显示方式。

　　　　应该在检查器中看到 Donut 游戏对象的以下组件：Transform、Sprite Renderer、Rigidbody 2D、和 Circle Collider 2D。每个组件在其面板的右上角都有一个下拉菜单。组件下方是 Sprites-Default 和一个"添加组件"按钮。如果想看到它们的话，可能需要向下滚动，这取决于显示器的分辨率和窗口大小。

<步骤 2> 向下移动甜甜圈，使其在场景面板中可见。取消勾选 Sprite Renderer 组件，然后再次勾选它。

　　　　这一步关闭了 Sprite Renderer，但它仍然在运行。我们可以用它来在游戏中创建一个看不见的木板。

<步骤 3> 取消勾选第三个木板的 Sprite Renderer，然后按**播放**。再次按下播放键，停止游戏，然后勾选 Sprite Renderer，使木板再次可见。

图 5.10　**检查器中的 Donut 游戏对象**

< 步骤 4> 在仍然选中第三个木板的前提下，将鼠标悬停在 Transform 组件的位置部分
的字母 Y 上。鼠标应该会变成一个双箭头。拖动鼠标来实时调整木板游戏对
象的 Y 位置。松开鼠标后，按 <Ctrl>Z 键来撤销所做的调整。

　　游戏对象的所有组件都可以被移除，但 Transform 组件除外。可以按以下方
法撤消组件的移除。

< 步骤 5> 使用 Sprite Renderer 的下拉菜单中的 "移除组件" 选项删除甜甜圈的 Sprite
Renderer。然后键入 <Ctrl> Z 把它加回来。

　　这样做的时候，我们仍然会看到 donutbox_front 对象。请注意，移除一个组
件是永久性的（除非撤销这个操作），而取消勾选该组件只是使其失效。移除与
取消勾选的效果是一样的。

< 步骤 6> 在资源面板中选择甜甜圈资源。使用图标看起来像甜甜圈的那个。

　　检查器中显示了各种导入设置。Unity 会自动导入这种图形文件。可以使用
检查器来调整 Unity 如何进行导入。一个有趣的实验是改变 Pivot 的设置。

< 步骤 7> 将轴心从中心改为左上。运行游戏，停止运行游戏，然后把轴心改回中心。

　　一定要单击应用，使轴心的改变生效。

　　应该会看到甜甜圈的旋转变得非常奇怪。有时有必要调整轴心，这取决于在
导入的精灵是什么。

　　在这一节中，我们没有对项目做任何永久性的更改，所以没有必要保存。

< 步骤 8> 退出 Unity，不保存。

　　我们已经探索了 Unity 中的主要窗口。接下来，我们要了解渲染。

5.5　渲染：材质和着色器

　　渲染是 Unity 用来在游戏中显示游戏对象的过程。渲染使用材质、着色器和纹理。
本节将涵盖这些主题的基础知识。请不要把它与 Blender 中的渲染相混淆，尽管两者
的作用非常相似，都是将内部数据结构变成图像。Unity 中的渲染是实时进行的，而
Blender 中的渲染是一个独立的过程，它可以创建图像和动画，存储在操作系统文件中，
之后可以使用独立的显示程序查看。

　　首先，我们要创建一个 Sphere 对象和简单的灯光，这样可以实验的对象了。

< 步骤 1>　打开 BouncingDonut 项目。

< 步骤 2>　**游戏对象 – 3D 对象 – 球体。**

　　　　　是的，尽管这本书都是关于 2D 的，但在制作 2D 游戏时，使用一点点 3D 仍
　　　　然是非常有用的。这个对象看起来还不像是个球体。首先，让我们来更改 Z 坐标。

< 步骤 3>　在检查器中，如果有必要的话，将 Transform 中的位置改为（0, 0, 0）。然后
　　　　　用移动工具移动球体，避免它与附近的木板重叠。

　　　　　Unity 创建物体时生成的 Transform 位置是不可预测的，所以最好检查一下，
　　　　并手动设置为合理的位置。

< 步骤 4>　**游戏对象 – 灯光 – 定向光。**把它从与之重叠的对象上移开。

< 步骤 5>　**编辑 – 选定的帧**（或在场景面板中键入 F），选定球体。

　　　　　球体对象应该看起来和图 5.11 一致。

　　　现在 Sphere 对象看起来像一个真实渲染的球体
了。我们接下来要做的是改变球体的颜色。为此，
我们需要创建一个材质。

< 步骤 6>　在项目窗口中，单击 + – **材质**，立即输
　　　　　入新的名称"Blue Material"，然后单击
　　　　　回车键。

< 步骤 7>　在检查器中的 Main Maps 部分，单击反
　　　　　射率旁边的颜色，将其变为蓝色。

图 5.11　带有定向光的 Sphere 对象

　　　　　Blue Material 的图标现在看起来像是一个蓝色的球体，但是场景和游戏窗口
　　　　中的球体仍然是白色的。

< 步骤 8>　从 Assets 面板中把 Blue Material 向左拖动，拖到层级面板中的 Sphere 上面。

　　　　　现在我们的场景中有了一个蓝色的球体。看看检查器中的 Sphere 对象。可以
　　　　看到底部现在有一个 Blue Material 组件。也可以通过在场景面板中把材质拖动到
　　　　游戏对象上面来给它们分配材质。

< 步骤 9>　在场景面板中拉远视图，以便看到所有的游戏对象。将 Blue Material 拖到木板、
　　　　　甜甜圈盒和甜甜圈上，不要松开鼠标。然后在鼠标悬停在背景上时放开。

　　　　　可以看到，当我们在这些游戏对象上面拖动材质时，它们会暂时变成蓝色的，
　　　　向我们展示分配材质的效果。

　　　　　材质的作用远不止是改变物体的颜色。在接下来的步骤中，我们将尝试为

Blue Material 设置一个不同的着色器。

<步骤 10> 在项目窗口的 Assets 面板中选中 Blue Material。

<步骤 11> 在检查器中，将 Shader（着色器）从 Standard（标准）改为 Sprites – Default。

球体现在有着平坦的蓝色，看起来更像是一个圆盘。另外，Blue Material 的图标现在变成了一个蓝色的矩形。

<步骤 12> 撤销对着色器的更改。

<步骤 13> 保存项目。

正如我们迄今为止看到的那样，Unity 中有相当多的内置着色器。当然，你也可以自己制作着色器。Unity 手册中有关于如何做的信息和教程。请注意，着色器编码是一个有趣但复杂的主题，不在本书讨论范围内。

5.6　灯光

在上一节中，我们添加了一个定向光。灯光可以对游戏产生巨大的影响。20 世纪 70 年代和 80 年代的经典 2D 游戏没有任何灯光。这些精灵只是按原样显示。是的，它们有颜色查找表，但那完全是另一回事了。

在 Unity 中，可以把一个或多个灯光放到场景中，实现一些非常好的照明效果。

<步骤 1> 加载 BouncingDonuts 项目。

<步骤 2> 将定向灯重命名为 “Main Light”。

想要重命名层级面板中的对象时，请选择对象，等待至少半秒，然后单击名称，用键盘编辑名称。也可以在检查器中重命名。

<步骤 3> 选择旋转工具，用鼠标来调整 Main Light 的旋转。同时，尝试在检查器中调整 X 和 Y 旋转。注意对球体的影响。

通过调整 Main Light 的旋转，可以移动球体上的高光。

<步骤 4> 把 Main Light 的强度调整为 0.7。

球体上的高光会变小，亮度变低。

<步骤 5> 把 Light 的类型设置为 “点”。将 Z 位置设置为 –2，范围 20，强度 1。

然后使用移动工具将灯光移到球体附近。

这让我们了解到了点光源是如何工作的。请随意在检查器中试验灯光设置。

在创建 3D 游戏时，灯光可能是一个非常复杂且高度技术性的主题。对于 2D 游戏来说，实现良好的灯光效果是相对容易的。在这一小节中，我们学会了如何将灯光添加到场景中，以及对它们进行一些基本的调整。

在纯 2D 游戏中，所有的图形都由精灵组成，灯光是使用专门的 2D 灯光技术完成的。Unity 最近引入了 LWRP，即 Light Weight Rendering Pipeline（轻量级渲染管线），其中包括为精灵照明的 2D 灯光。因为这个功能很新，并且是试验性的，所以本书不会涉及到它，但是如果对它感兴趣的话，可以尝试通过在网上搜索教程来了解并使用它，看看它的实际效果。

甜甜圈和球体之间的碰撞没有起效。下一小节将会解决这个问题。

5.7 碰撞：甜甜圈与球体

< 步骤 1> 从 Sphere 中移除 Sphere Collider。

　　　　这需要使用检查器中的组件下拉菜单中的"移除组件"选项来完成。我们需要先选择 Sphere，以查看 Sphere Collider。创建 Sphere 对象时，Sphere Collider 会被自动创建。该碰撞器是一个 3D 碰撞器，与游戏中的 2D 碰撞器不兼容。

< 步骤 2> 添加组件 – 2D 物理 – 2D 圆形碰撞器。然后播放游戏。

　　　　现在，甜甜圈与球体碰撞时应该会真实地弹起。

< 步骤 3> 保存项目。

　　　　我们刚刚在场景中添加了一个球体，使游戏变得更有趣了。

5.8 摄像机

Unity 中的摄像机向玩家显示场景。一个场景中可以有多个摄像头，并可以快速地从一个切换到另一个，甚至可以同时显示多个摄像头。例如，一个赛车游戏中，可能有一个俯视的地图视图、一个驾驶员视角的主视图和一个后视镜视图。

本节中，我们将对 Main Camera 做一些简单的调整，还将看看其他一些摄像机的设置，并对它们进行试验。

<步骤 1> 如果需要的话，加载 BouncingDonuts 项目。

<步骤 2> 选择 Main Camera。

注意场景窗口中的摄像机预览。在这个项目中，游戏窗口显示的是 Main Camera，所以预览应该与游戏窗口一致，尽管它小了不少。

将摄像机预览与图 5.12 进行比较。

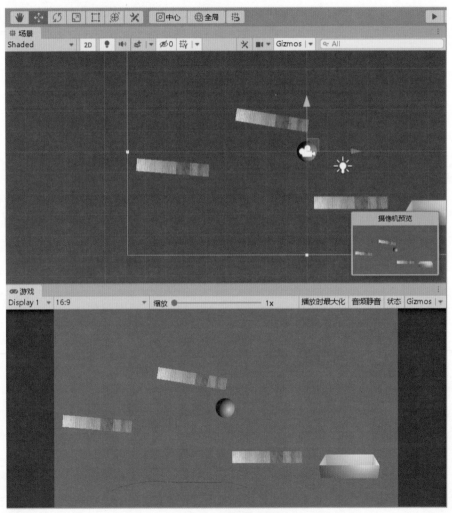

图 5.12　摄像机预览

可以像对其他游戏对象所做一样，使用移动和旋转工具移动摄像机。还可以在检查器中输入或调整 Transform 中的位置和旋转。

< 步骤 3>　调整 Main Camera 的位置、旋转和缩放，注意其效果。完成实验后，把位置设为（0，0，–10），旋转设为（0，0，0），缩放设为（1，1，1）。

改变 X 和 Y 位置可以水平移动摄像机。改变 X 和 Y 旋转可以水平和垂直地旋转摄像机。改变 Z 旋转可以使视图倾斜。改变摄像机的缩放对摄像机生成的视图没有影响。为了缩放视图，我们需要调整"大小"设置。

< 步骤 4>　大小目前设置为 5。调整大小，看看会发生什么。然后将设置恢复到 5。

"大小"设置上方的是"投影"下拉菜单。我们目前使用的是正交投影，这是我们在 2D 中处理精灵时想要的。在 3D 项目中，当想要获得 3D 场景的真实视图时，我们将会使用透视投影。

除了想有一个不同的背景颜色外，我们将保留其他默认设置。

< 步骤 5>　在检查器中，把"背景"颜色设置为深紫色。

这只是一个为了解如何调整背景色而进行的简单实验。接下来，我们将使用天空盒来代替纯色。Unity 中有一个默认的天空盒，请根据以下步骤来看看天空盒的效果。

< 步骤 6>　窗口 – 渲染 – 照明设置。选择 Default Skybox 作为天空盒材质。

我们还无法在游戏面板中看到天空盒。为此，我们还需要更改摄像机的清除标志。

< 步骤 7>　在检查器中，将摄像机的"清除标志"设为天空盒。

将游戏视图与图 5.13 进行比较。

可以在网上搜索更高级的天空盒，看看它们是什么样子的。

这个默认天空盒是一个不错的占位符。

< 步骤 8>　保存并退出 Unity。

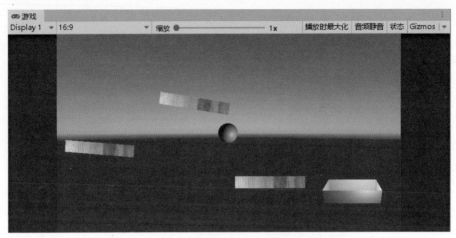

图 5.13　BouncingDonuts 中使用的默认天空盒

　　我们刚刚大致了解了 Unity 界面的基础知识。这个可视化的界面对我们布置场景、进行实验和调试提供了很大的帮助。

第 6 章 《弹跳甜甜圈》的 2 号原型

在本章中，我们将进一步开发《弹跳甜甜圈》的原型。我们将实现基本的游戏结构，包括计分、标题界面和游戏结束界面。将有 5 个关卡，这对一个早期原型来说是比较合适的。每个关卡都将是一个单独的 Unity 场景。我们将能够使用 Unity 编辑器来布置每个关卡。在这个过程中，我们将了解预制件以及如何显示文本和数字。这仍将是一个原型，但它将可以被发布给测试人员，以获得宝贵的早期反馈。

6.1 标题界面

我们将从最简单的着手，创建一个作为占位符的标题界面，它具有最终版本的标题界面的基本功能，但图形更简单。就目前而言，一个静态的、无动画的界面就可以了。在开发过程中，游戏的名称往往会发生变化，因此，当标题界面以后有被改变的可能时，只花最少的精力制作标题界面往往会更有效率。就像制作电影时一样，把"弹跳甜甜圈"这个名称视为暂定名称。当发布给几个钦点的测试人员时，是可以使用暂定名称的。但临近公开发布时，就需要确定游戏的真正名称了。

这个占位标题界面的目标是显示"Bouncing Donuts"文本和两个按钮：一个 Play 按钮和一个 Exit 按钮。

< 步骤 1> 加载 BouncingDonuts 项目。

< 步骤 2> 双击 Assets 面板中的 Scenes 文件夹。

< 步骤 3> 在项目窗口中，单击 + – 场景。

< 步骤 4> 将新场景命名为"Title"。

< 步骤 5> 将 SampleScene 重命名为"Game"。在提示时重新加载场景。

为 Unity 对象重命名的过程对不熟悉的人来说可能有些不便。需要选择对象，然后单击名称，等待大约半秒钟，然后输入新的名称。当完成了两个场景的设置后，项目窗口应该与图 6.1 相似。

图 6.1 项目面板中的两个场景

<步骤 6> 双击 Assets，选择 Scenes 面板中的 Title 场景。

　　新创建的 Title 场景只有 Main Camera 对象，没有其他内容。

<步骤 7> 游戏对象 – UI – 文本。

　　我们刚刚创建了一个 Text 对象，并附带创建了 Canvas 和 EventSystem。

<步骤 8> 在层级面板中选择 Text 对象，并把鼠标悬停在场景面板中，键入 f 键将其放大。

　　将场景和游戏面板与图 6.2 进行比较。

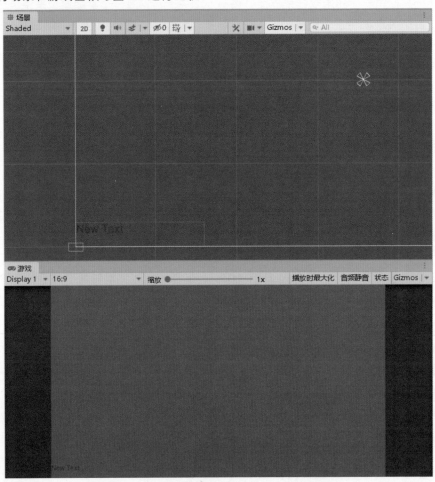

图 6.2　场景面板和游戏面板中显示 "New Text"

不太明显，"New Text"这两个字非常小，而且它位于游戏面板的左下角以及文本框的左上角。

< 步骤 9> 在检查器中，将"New Text"改为"Bouncing Donuts"，这两个词分别在不同的行中。

< 步骤 10> 在层级面板中选择 Canvas 对象，键入 f 键。然后用鼠标的滚轮使画布（Canvas）的轮廓变大。

< 步骤 11> 选中 Text 对象，使用矩形工具将文本框变大并位于画布的上半部分居中的位置。使场景窗口看起来与图 6.3 相似。

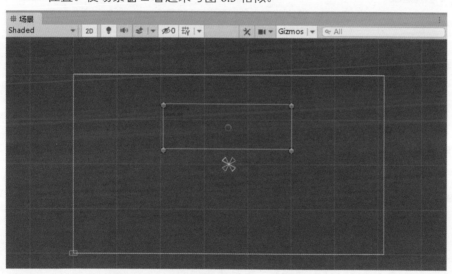

图 6.3　"Bouncing Donuts"标题的文本框

背景中的网格线可能与你的屏幕不太一致。

< 步骤 12a> 在检查器中，将字体大小改为 60，字体样式为粗体，段落对齐方式为"居中"，水平和垂直方向都是如此。

< 步骤 12b> 在检查器中拖动"字体大小"文本可以调整字体大小。

我们的目标是使标题变大，但仍在文本框的范围之内。到目前为止还不错，但我们不想要深蓝色作为背景颜色。

< 步骤 13> 选择 Main Camera。在检查器中，将清除标志设为"纯色"，背景设为浅粉色。将游戏面板中的标题和图 6.4 相比较。

图 6.4　游戏窗口中的"Bouncing Donuts"标题

接下来，我们要添加 Play 按钮。

< 步骤 14> **游戏对象 – UI – Button**。

< 步骤 15> 使用移动工具将按钮移动到画布的下半部分。

< 步骤 16> 在层级面板中，展开 Button 对象以显示 Text 子对象，并选择"Text"。

< 步骤 17> 在检查器中，将文本从"Button"改为"Play"。

< 步骤 18> 在层级面板中选择 Button 对象，并使用矩形工具使按钮变大一些。将放大后的按钮与图 6.5 进行比较。

　　在使用矩形工具调整按钮大小时，可以拖动中间的小圆圈，它会卡在中心线上，这使得它更容易居中。请查看 Rect Transform 中的位置 X 的坐标。当居中时，这个数字恰好为 0。

　　文字太小了，所以请按照下面的步骤把它放大。

< 步骤 19> 在层级面板中选择 Button 的 Text 子对象，然后使字体变大，字体样式使用粗体。

图 6.5　**在标题屏幕中添加 Play 按钮**

< 步骤 20> 在 Play 按钮下面再创建一个按钮，文本设为"Exit"，同样用较大的字体和加粗的样式。

< 步骤 21> 玩这个游戏。注意按下按钮时会怎样。

　　按下按钮时，按钮会变暗。这些颜色和按钮的其他各种属性可以在检查器中调整。

　　这些按钮还没有任何作用。要使它们像我们想要的那样运作，需要写一点代码。

< 步骤 22> 保存项目。

< 步骤 23a> 选择层级面板中的 Canvas 对象。

< 步骤 23b> 在检查器的最下方，单击**添加组件 – 新建脚本**。给脚本命名为 TitleMenu。

< 步骤 24> 双击资源窗口中的 TitleMenu。

Visual Studio 现在应该会打开，让我们编辑新脚本。密切注意新的 using 语句和以下步骤中的 public 字符串。

< 步骤 25> 如下编辑 TitleMenu 脚本：

```
using System.Collections;
using System.Collections.Generic;
using UnityEngine;
using UnityEngine.SceneManagement;

public class TitleMenu : MonoBehaviour
{
    public string GameScene;
    // Start is called before the first frame update
    void Start()
    {

    }
    // Update is called once per frame
    void Update()
    {

    }
    public void PlayGame()
    {
        SceneManager.LoadScene(GameScene);
    }
    public void ExitGame()
    {
        Application.Quit();
    }
}
```

< 步骤 26> 在 Visual Studio 中保存你的编辑。

你会经常这样做，所以请记下 Visual Studio 中保存的键盘快捷键：PC 上是 <Ctrl> S，Mac 上是 <command> S。

我们需要为 SceneManagement 添加一个新的 using 语句，因为这对于

PlayGame 函数中的 LoadScene 函数调用而言是必要的。Application.Quit() 函数只在构建游戏时起作用，在 Unity 内部游玩时则不会起作用，所以测试时需要注意这点。

<步骤 27> 回到 Unity 中，单击层级面板中的 Canvas 对象，然后在底部的检查器中寻找 Title Menu（脚本）部分。在 Game Scene 文本框中输入"Game"。像往常一样，确大小写正确。举例来说，"game"是行不通的。

　　　　如果没有看到 Game Scene 文本框，你可能忘记在 Visual Studio 中保存脚本了。在 Visual Studio 中保存时，Unity 会自动重新加载脚本并更新检查器的文本框。

　　　　我们还没有把新功能分配给各个按钮，所以这就是下一步要做的。为了避免混淆，我们需要先重命名一下。

<步骤 28> 层级面板中有两个按钮，它们的名字都是"Button"。选择第一个，并将其重命名为"PlayButton"，另一个则为"ExitButton"。层级面板应该看起来和图 6.6 一致。

　　　　一般来说，用有意义的标识符来为对象命名，是一个很好的游戏开发实践。通常，Blender 和 Unity 等工具会为我们创建非常通用的标识符，但当项目变得太大、对象太多、并且都有着同一个名字时，我们很容易迷失方向。

<步骤 29> 选择 PlayButton 对象，在检查器中找到"鼠标单击 ()"部分。单击加号。将 Canvas 对象从层级面板中拖入"鼠标单击 ()"的对象框中，这个框目前显示为"无"。用 TitleMenu.PlayGame 替换"No Function"。"鼠标单击 ()"部分现在应该看起来和图 6.7 一致。

图 6.6　层级面板中显示着两个重命名后的按钮

图 6.7　PlayButton 的"鼠标单击 ()"部分

<步骤 30> 选择 ExitButton 对象，单击"+"，像上一步那样把 Canvas 对象拖到"鼠标单击 ()"部分。在函数（Function）框中选择 TitleMenu.ExitGame。

就快完成了。我们还需要将 Title 场景添加到构建设置中，以便 LoadScene 函数能够工作。

< 步骤 31> 将 Title 和 Game 场景添加到"文件 – 生成设置"中的"Build 中的场景"部分。只需要单击"添加已打开场景"就可以做到这一点。

< 步骤 32> 确保 Title 场景在 Build Settings 的场景列表中排在第一位。可以通过用鼠标拖动来为场景重新顺序。

< 步骤 33> 双击项目窗口的 Assets/Scenes 文件夹中的 Title 场景。

这最后一步可以保证我们已经选择了 Title 场景。

< 步骤 34> 玩游戏，然后单击播放按钮。停止游戏。

现在 Play 按钮应该可以工作了。如前文所述，Exit 按钮在这里不会有任何作用，但当我们构建游戏并在 Unity 环境之外运行它时，它应该就可以工作了。

< 步骤 35> 构建并测试 Exit 按钮。

< 步骤 36> 保存并退出 Unity。

你的 Unity 技能正在得到快速的提升，但从这本书的厚度可以看出，这才只是刚刚开始。接下来，我们将投入到计分中。

6.2 计分

大多数早期的经典街机电子游戏都有计分功能，分数通常会在左上角醒目地显示出来。这种做法可以追溯到弹珠。弹珠台总是显示着每个玩家的分数，并且弹珠游戏的目标是获得尽可能高的分数。

时过境迁，现代电子游戏中的计分功能在不同的游戏和不同的类型中有着很大的差异。有些游戏根本没有计分功能，而另一些游戏则有复杂的计分功能，包括硬币、点数、现金、木材、钻石等，数不胜数。在这个《弹跳甜甜圈》原型中，我们会简单地在玩游戏的过程中显示分数。当甜甜圈撞到木板时，玩家将获得 10 分，当甜甜圈跳进甜甜圈盒子时，玩家将获得 100 分，而撞到球体时，玩家将获得 50 分。

我们将使用 Unity GUI 类来显示分数。

< 步骤 1> 在 Unity 中加载 BouncingDonuts。

< 步骤 2> 选择 Game 场景。

< 步骤 3> 游戏对象 – 创建空对象。

这将创建一个新的空的 GameObject。注意，它并不真正是空的，因为它有一个 Transform 属性。这个对象不会被直接显示出来，所以不会用到 Transform。

< 步骤 4> 将新创建的 GameObject 重命名为 Score。

< 步骤 5> 为 Score 添加一个脚本组件，并命名为 "Scoring"。

< 步骤 6> 在 Scoring 类中添加以下代码并保存下来。

```
private void OnGUI()
{
    GUI.skin.box.fontSize = 30;
    GUI.Box(new Rect(20, 20, 140, 50), "Test");
}
```

< 步骤 7> 在 Unity 窗口单击 Play。查看左上角，与图 6.8 进行对比。

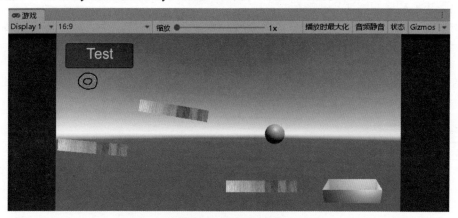

图 6.8　测试 GUI 框

这张图是在 1080P 分辨率的显示器上截屏的。在 4K 分辨率的显示器上，文本将是图 6.8 中的文本大小的二分之一。这只是一个测试。它看起来并不完美，但对于原型来说，已经足够好了。我们现在准备显示分数而不是 "Test" 这个文本。同样，这个计分框的大小取决于游戏屏幕的分辨率。代码中的坐标是以像素为单位的，所以，如果发现文字对显示器来说太大或者太小了，可以调整它们以及字体大小。在向公众发布这个游戏之前，我们需要在各种显示器上进行测试，以确保分数在所有支持的分辨率上都被恰当地显示。

< 步骤 8> 用这段代码替换 Scoring 类：

```
public class Scoring : MonoBehaviour
{
    public static int gamescore;
    // Start is called before the first frame update
    void Start()
    {
        gamescore = 0;
    }
    // Update is called once per frame
    void Update()
    {
        gamescore++;
    }
    private void OnGUI()
    {
        GUI.skin.box.fontSize = 30;
        GUI.Box(new Rect(20, 20, 200, 50), "Score: " + gamescore);
    }
}
```

在运行这段代码之前，试着去理解它，看看是否能预测它的作用。我们添加了一个名为 gamescore 的公共静态 int 变量。它在 Start 函数中被初始化为 0，然后在每次调用 Update 时递增。显示屏应该显示着 "Score:" 文本，其后是得分。注意 Box 语句中的加号。不，我们不是在添加字符串 "Score:" 和得分，而是在连接（concatenate）两个字符串，在连接之前，gamescore 会自动从一个 int 转换为一个字符串。连接是一种常见的字符串操作，其作用是把两个字符串一个接一个地放在一起

计分框的尺寸太小了，宽度只有 140 像素，所以我们把它增加到了 200。这有点像一个猜谜游戏。Unity 使我们能够轻松地尝试各种不同的尺寸，直到满意为止。

< 步骤 9> 运行游戏并与图 6.9 进行比较。

可以看到，分数在迅速增加。如果为它计时的话，假设帧率为 60，每秒应该会增加约 60 分。举例来说，如果在帧率为 60 的情况下运行游戏 10 秒，应该得到 600 分左右。你的系统中的帧率可能会比 60 fps（每秒帧数）快。可以用这个项目来估算帧率，方法是运行游戏若干秒，然后用得到的分数除以经过的时间。

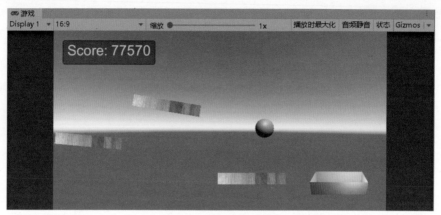

图 6.9　测试显示分数

　　　　我们的下一个目标是显示有意义的分数，而不是稳定地增加分数。首先，我们要删除更新函数中的语句。

< 步骤 10> 在 Scoring.cs 中，删除 Update() 中的 "gamescore++;" 那行。

　　　　这将使分数不再自动快速增加。接下来，我们要添加在甜甜圈撞上木板时让分数增加 10 的神奇语句。

< 步骤 11a> 在 Donut 游戏对象中添加一个名为 donut.cs 的脚本。

< 步骤 11b> 在 donut.cs 中，给 donut 类添加以下函数：

```
private void OnCollisionEnter2D(Collision2D collision)
{
    Scoring.gamescore += 10;
}
```

　　　　继续并测试它。它还没有完全实现我们想要的效果，因为每当甜甜圈撞到任何东西，包括球体或甜甜圈盒子时，分数都会增加 10。顺带一提，本书的作者（也就是我）打错了一个字母，在这个函数的名称中使用了小写的 d。我没有输入 2D，而是输入了 2d。结果导致这个函数根本没有被调用，因为只有当函数的拼写正确时，Unity 才能找到它并执行它。犯下这种错误时，不会得到错误提示。你可以尝试一下，看看会发生什么。

　　　　避免这种错误的一个好方法是使用 Visual Studio 中高效的自动补完功能。当我们开始输入一个长标识符时，Visual Studio 通常会猜测我们想输入什么。然后，我们可以从列出的选项中选择想要的标识符，而不是输入全部内容。

回到计分问题，在 OnCollisionEnter2D 函数中，我们需要访问甜甜圈碰撞的对象，并检查它是一个球体、一个木板还是一个甜甜圈盒子。我们将按以下步骤进行。

< 步骤 12> 如下修改 donut.cs 中的碰撞函数：

```
private void OnCollisionEnter2D(Collision2D collision)
{
    if (collision.gameObject.name == "WoodPlank")
        Scoring.gamescore += 10;
}
```

我们很容易忽视碰撞测试语句中有两个等号。如果在那里只输入一个等号，会出现编译器错误。请记住，两个等号用于测试是否全等，一个等号用于赋值。测试的时候，你会发现，现在只有当甜甜圈撞到其中一块木板时，分数才会递增。能猜到这是为什么吗？没错，只有其中一块木板名为"WoodPlank"。其他的木板的有不同的名称，所以要按以下方法解决这个问题。

< 步骤 13> 把其他 WoodPlank 对象的名字改为"WoodPlank"。

不知道你注意到了没有，游戏对象是可以重名的。现在，我们只需要为与球体和甜甜圈盒的碰撞添加额外的 if 语句即可。

< 步骤 14> 如下修改 donut.cs 中的碰撞函数：

```
private void OnCollisionEnter2D(Collision2D collision)
{
    if (collision.gameObject.name == "WoodPlank")
        Scoring.gamescore += 10;
    if (collision.gameObject.name == "Sphere")
        Scoring.gamescore += 50;
    if (collision.gameObject.name == "donutbox")
        Scoring.gamescore += 100;
}
```

像往常一样，在继续下一步之前先进行测试。这种增量式的软件开发方法远远优于写完所有代码后再进行测试的替代方法。

需要注意的是，这段代码中对 gamescore 变量的引用要使用 Scoring. gamescore 的全称。这是一种从一个类中访问另一个类中的变量的方法。在这个例子中，我们从 donut 类中引用了 Scoring 类的 gamescore 变量。

如果你是一位经验丰富的 C# 程序员的话，可能会反对这个函数的不良编码风格。if 语句应该有大括号。我们很快就会解决这个问题。

< 步骤 15> 在 if 语句中添加大括号，如下所示：

```
private void OnCollisionEnter2D(Collision2D collision)
{
    if (collision.gameObject.name == "WoodPlank")
    {
        Scoring.gamescore += 10;
    }
    if (collision.gameObject.name == "Sphere")
    {
        Scoring.gamescore += 50;
    }
    if (collision.gameObject.name == "donutbox")
    {
        Scoring.gamescore += 100;
    }
}
```

你可能想知道为什么这样做会更好。毕竟，这占用了更多空间。原因在于，这种代码更容易阅读和维护。当使用增量方法来开发软件时，代码会随着时间的推移而被更改。如果团队中有多个程序员，那么这些更改可能是由其他人来完成的。

这就引出了编码标准（coding standard）这个主题。编码标准是一个规则的集合，旨在使代码更具可读性和可维护性。附录 5 中可以找到本书的编码标准。你可以自行决定是遵循该标准，还是遵循另一个标准，又或者是随心所欲。请注意，许多专业的软件团队都有编码标准，如果团队成员想保住自己的饭碗，就必须严格遵守。

6.3　游戏结束

告诉玩家游戏结束的传统方式是在屏幕上醒目地显示"Game Over（游戏结束）"的字样，并播放悲伤的背景音乐，然后回到游戏主菜单，提供再玩一次的机会。在显示"游戏结束"信息时，虽然玩家不能再玩游戏了，但场景仍在显示，让玩家看到刚刚发生了什么。为了实现这一点，我们将引入一个游戏状态变量。为了保持简单，我们将只设置两个游戏状态：gamePlay（游戏中）和 gameOver（游戏结束）。

< 步骤 1> **游戏对象** – 创建空对象并将其重命名为"GameState"。

< 步骤 2> 为 GameState 对象新建一个脚本，命名为"GameState"，并添加以下代码：

```
using System.Collections;
using System.Collections.Generic;
using UnityEngine;

public class GameState : MonoBehaviour
{
    public static int state;
    public const int gamePlay=1;
    public const int gameOver=2;

    // Start is called before the first frame update
    void Start()
    {
        state = gamePlay;
    }
}
```

这两个状态都是整数，只要它们彼此不同即可，具体的数值是什么其实并不重要。Start 函数将状态初始化为 gamePlay。我们删除了默认的 Update 函数，因为我们知道这个类不需要它。接下来，我们将把甜甜圈碰到甜甜圈盒子时的状态改为 "gameOver"。

< 步骤 3> 用以下代码替换 donut.cs 中的 OnCollisionEnter2D 函数：

```
private void OnCollisionEnter2D(Collision2D collision)
{
    if (collision.gameObject.name == "WoodPlank")
    {
        Scoring.gamescore += 10;
    }
    if (collision.gameObject.name == "Sphere")
    {
        Scoring.gamescore += 50;
    }
    if (collision.gameObject.name == "donutbox")
    {
        Scoring.gamescore += 100;
        GameState.state = GameState.gameOver;
    }
}
```

我们加了一行代码，当甜甜圈与甜甜圈盒子碰撞时，将状态改为 "gameOver"。

不能只使用 state = gameOver，因为我们现在是在一个不同的类中。

现在，状态对游戏还没有影响，所以如果现在测试游戏的话，不会有什么可见的变化。下一步是在 gameOver 状态下关闭玩家控制。

< 步骤 4> 在 woodplank.cs 中，如下修改 Update 函数：

```
void Update()
{
    if (GameState.state == GameState.gamePlay)
    {
        if (Input.GetKey("w"))
        {
            transform.Translate(0, 5 * Time.deltaTime, 0);
        }
        if (Input.GetKey("s"))
        {
            transform.Translate(0, -5 * Time.deltaTime, 0);
        }
    }
}
```

在执行控制代码之前，会先测试状态是否为 gamePlay。现在再测试游戏的话，会发现当甜甜圈跳进甜甜圈盒子时，w 和 s 键无法再控制木板了。

现在是时候进行测试了。为了更便于测试，请按以下步骤操作。

< 步骤 5> 将甜甜圈盒移到左边，使游戏难度大大降低。

可能的布局如图 6.10 所示。

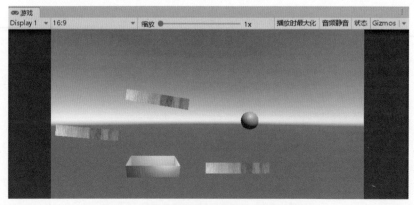

图 6.10　甜甜圈盒子在左边，被用于测试

<步骤 6> 测试游戏。

当甜甜圈跳进甜甜圈盒子时，我们就无法控制木板了。

当然，还有更多事情要做。当甜甜圈跳进甜甜圈盒子时，它应该停止移动。以下代码不仅可以做到这一点，还有更多作用。

<步骤 7> 在 donut.cs 中，用以下代码替换 Update 函数：

```
void Update()
{
    if (GameState.state == GameState.gameOver)
    {
        gameObject.SetActive(false);
    }
}
```

<步骤 8> 再次测试游戏。

这不仅停止了甜甜圈的移动，还让它消失了！幸好，这实际上看起来还不错。我们可以直接把 SetActive 函数调用放到碰撞代码中，但这种方式也是可行的。与其说是顺其自然，不如说我们是在做原本想做的事情。

<步骤 9> 注释掉对 SetActive 函数的调用。新的 Update 函数如下所示：

```
void Update()
{
    if (GameState.state == GameState.gameOver)
    {
        //          gameObject.SetActive(false);
    }
}
```

测试时，甜甜圈又一次从甜甜圈盒子里弹了出来。"注释掉"的意思是，把受影响的代码放在注释里面，从而让我们以后再需要时可以轻松地把代码加回来。

<步骤 10> 在 donut 类中添加以下代码：

```
public Rigidbody2D rb;
```

把这一行放在类的开头括号后，Start 方法之前。

<步骤 11> 如下修改 Start 方法：

```
void Start()
{
    rb = GetComponent<Rigidbody2D>();
```

```
    }
```

这样就把 rb 局部变量初始化成了 donut 游戏对象的 2D 刚体（RigidBody2D）组件。请注意输入尖括号和圆括号。它们对于访问甜甜圈的速度属性而言是必要的。

< 步骤 12> 如下修改 Update 方法：

```
void Update()
{
    if (GameState.state == GameState.gameOver)
    {
        //          gameObject.SetActive(false);
        rb.velocity = Vector2.zero;
    }
}
```

这段代码在 gameOver 状态下持续地将甜甜圈的速度矢量设置为零。进行测试时，甜甜圈如果和甜甜圈盒子相撞，它就会定住。

< 步骤 13> 将 gameOver 状态与图 6.11 进行对比。

有点奇怪的是，当甜甜圈撞到木板时，它能以完美的弹性反弹，但当它撞到甜甜圈盒子时却不能。我们要忍受这一点，因为，这只是一个原型游戏，它不需要非常逼真，只需要一定程度上合理即可。当甜甜圈的动作定格时，它还会继续旋转一段时间，虽然这也违背了物理学规则，但看起来相当不错。

图 6.11　**在 gameOver 过程中定格的甜甜圈**

这里其实有一个 bug，不知道你有没有遇到过。如果甜甜圈撞到了甜甜圈盒子的边缘，它看起来会很奇怪。请看图 6.12 所展示的 bug。

图 6.12　**甜甜圈与甜甜圈盒子碰撞的 bug**

这是一个可以留到以后修复的 bug。如果更改了甜甜圈盒子或甜甜圈的图形，又或者两者都改变了，这个 bug 可能会自己消失。留着这个 bug 向公众发布游戏大概是不可行的，所以需要把这个 bug 添加到 bug 列表中，这样就不会忘记它了。

< 步骤 14> 创建一个 bug 清单，并将甜甜圈与甜甜圈盒子的 bug 添加进去。

一个妙招是在 Assets 文件夹中创建一个 Docs 文件夹，然后在操作系统中创建一个文本文件，添加以下内容：

甜甜圈对甜甜圈盒的碰撞没有正常工作

优先级：中等

可发布：否

当然，还可以添加其他信息，比如 bug 是什么时候发现的，是什么时候被修复的，等等。

如果喜欢使用电子表格的话，可以使用电子表格而不是文本文件。开发人员很多的大型项目会使用 bug 追踪软件。但是，请记住，处理 bug 追踪的最好方法是从一开始就限制现存 bug 的数量！有几百个甚至几千个 bug 的项目往往会崩溃，所以请尽可能地不要让这种情况发生在你的项目上。

游戏结束的实施还没有完成。在游戏结束状态下，游戏需要显示"Game Over"文本。

< 步骤 15> 在 Scoring.cs 中，用以下代码替换 OnGUI：

```
private void OnGUI()
{
    GUI.skin.box.fontSize = 30;
    GUI.Box(new Rect(20, 20, 200, 50), "Score: " + gamescore);
    if (GameState.state == GameState.gameOver)
    {
        GUI.skin.box.fontSize = 60;
        GUI.Box(new Rect(Screen.width / 2 - 200, Screen.height / 2 - 50,
        400,100),
        "Game Over");
    }
}
```

GUI.Box 的调用参考了屏幕的宽度和高度，将 Game Over 信息放在了屏幕中心附近。设置字体大小是为了使文本更大一些。进入预生产阶段时，处理字体和字体大小可能是一项大工程，尤其是在需要支持许多不同的设备、分辨率和语言的情况下。现在，我们只需要支持英语和我们用来开发原型的特定电脑即可。

6.4 改进甜甜圈盒子的碰撞

幸运的是，我们现在想到了一个修复甜甜圈和甜甜圈盒子之间的碰撞 bug 的简单方法。我们将创建两个盒状碰撞器，分别与甜甜圈盒子的左右两边对齐。下意识地，你可能会想把这两个碰撞器添加到 donutbox 对象中。然而，这并不可行。能猜出原因吗？在继续阅读之前，请试着想一想为什么这不可行。

是的，一旦甜甜圈撞到其中一个碰撞器，游戏结束状态就会被触发。因此，我们将创建两个无形的屏障，如下所示。

< 步骤 1> **游戏对象** – 创建空对象，命名为"DonutBoxLeftWall"。

< 步骤 2> 添加一个盒状碰撞器 2D 组件，如图 6.13 所示。

图 6.13 甜甜圈盒子的左侧碰撞器

< 步骤 3> 对右侧重复步骤 1 和 2，并进行测试。

测试时，试着让甜甜圈从盒子的两侧弹开。

< 步骤 4> 在层级面板中，将这两个 Wall 对象拖到 donutbox 子对象上。

这使得它们成为了 donutbox 对象的子对象，下一步的工作更容易进行了。

donutbox_front 对象也是 donutbox 的子对象，所以现在 donutbox 有三个子对象。

< 步骤 5> 复制 donutbox 对象，并向右移动它，使其不再与之前的 donutbox 对象重叠，并将它的名称从 donutbox (1) 改为 donutbox。测试一下。

现在有两个甜甜圈盒子了。甜甜圈停在任何一个甜甜圈盒子上都应该会触发游戏结束状态。

通过前面的学习，大家的 Unity 基本技能已经在稳步提升，所以书中对一些步骤的说明不像前几章那样详细了。

6.5 预制件

预制件是游戏对象的模板。目前，当我们想要数个除了位置以外的属性都相同的游戏对象时，都采取的是复制并移动它们的方式。这样做固然可行，但想对所有副本进行修改时，我们必须依次选择每个副本并分别进行修改，这非常枯燥繁复。如果使用预制构件的话，就可以只对预制件进行一次修改，然后这个修改会立刻被应用在预制件的所有实例上。本节中，我们将为 donutbox 制作一个预制件，然后用它把多个甜甜圈盒子放到场景中。

Unity 手册中的一个章节介绍了预制件。

< 步骤 1> 在 Unity 手册中找到 Prefabs 部分，阅读介绍和创建 Prefabs 部分。

< 步骤 2> 保存项目。

友情提醒一下，请经常保存工作。开发过程中是很容易犯错的，有时修复神秘 bug 的最好方法就是从最后一次保存的地方重新开始。

制作预制件非常容易，只需将对象从层级面板中拖到 Assets 文件夹中即可。

< 步骤 3> 从层级面板中把一个 donutbox 对象拖到 Assets 文件夹中。

现在 Assets 文件夹里有一个预制件了。

< 步骤 4> 删除层级面板中的另一个 donutbox。

这样做是因为那个 donutbox 并没有与预制件相关联。

< 步骤 5> 重新创建刚刚删除的 donutbox，将 donutbox 预制件拖回到场景中，把它移动到之前的位置。

< 步骤 6> 在层级面板中将 donutbox (1) 重命名为 donutbox。

这一步有必要，因为碰撞代码要求甜甜圈盒子的名字是 "donutbox"，而非 "donutbox (1)"。

现在，我们已经把两个甜甜圈盒子都与 Assets 文件夹中的预制件相关联了。

< 步骤 7> 测试并保存。

这里的改动并不是玩家肉眼可见或可测试的。游戏的表现和以前完全一样。这样做的好处是，现在我们可以把预制件拖到场景中，轻松地添加更多甜甜圈盒子了。但是为了让碰撞代码起效，请务必记得重命名。此外，还可以对预制件进行修改，这些修改将影响所有预制件实例。

6.6　重构

重构（refactoring）是一个比较好听的说法，指的是在不改变行为的情况下更改代码。重构的目的是使代码更容易阅读和 / 或更容易维护。有时，重构会对性能产生影响，但这通常非我们所愿。使代码执行得更快或占用更少的内存的这个过程称为"优化"（optimization）。这里只会简单地提一下优化，因为它对本书中的项目而言是不必要的。

　　在上一节中，我们重构了 donutbox 对象，我们不再将 donutbox 创建为独立的游戏对象，而是使用了预制件。本节中，我们将继续重构，以使代码组织更容易处理。可以看到，Assets 文件夹中已经塞满了各种内容。首先，我们将把所有这些资源放到不同的文件夹里。

< 步骤 1> 为项目进行备份！

　　是的，现在是时候备份了。下一步有一定风险，所以为了防止出现意外，不妨备份一下，就当是个便宜又安心的保险。找一个不错的云服务进行备份，或者使用其他存储设备。

< 步骤 2> 在项目面板中创建以下四个文件夹：Prefabs、Materials、Scripts 和 Sprites。然后在 Unity 编辑器中通过拖放将资源移入相应的文件夹。

　　除了这些新文件夹以外，还有 Docs 和 Scenes 文件夹。资源面板中现在共有 6 个文件夹。请确保在 Unity 编辑器中而不是在操作系统中移动这些资源，以便 Unity 在运行游戏时能够找到它们。我们的目的是随着项目的进展保持同一文件夹结构。这使事情变得有点复杂，但总比把所有的文件都堆在一起要好得多。

< 步骤 3> 测试！

　　是的，理论上讲，测试在这里是不必要的。然而，在实际情况下，移动文件时可能会出大的问题，所以最好看看游戏是否还能运行，而不是在之后抱怨文件缺失或某个地方出现编译器错误。

　　我们的下一次重构是将 donutbox 对象和预制件的名称改为 DonutBox。这貌似不是特别必要，但其实是一个很好的练习，它让我们项目符合了附录 5 中的编码标准。我们命名时需要使用帕斯卡命名法（PascalCasing）。帕斯卡命名法是一种命名惯例，每个词的首字母都要大写，并且这些词要连在一起，中间没有空格或下划线。

< 步骤 4a> 将 donutbox 预制件的名字改为"DonutBox"。

　　不幸的是，这只是改变了预制件本身。

< 步骤 4a> 在层级面板中把两个 donutbox 对象都重命名为"DonutBox"。

< 步骤 5> 在 donut.cs 中，将文件末尾处的碰撞代码中的"donutbox"改为"DonutBox"。

如果忘记最后这一步，碰撞代码将不再产生游戏结束状态。

< 步骤 6> 再次测试。试着让"Game Over"字样出现。

　　　　游戏的表现应该和以前一样，但我们现在有了一个看起来更美观的层级面板，所有对象都以大写字母开头。正是这种对细节的重视使得项目不容易出错，同时更易于维护。

　　　　接下来，我们要使用 Visual Studio 内置的重构功能来改变 donut.cs 中一个局部变量的名称。

< 步骤 7> 通过在新的 Scripts 文件夹中找到该脚本并双击它来打开 donut.cs。

　　　　你可能已经注意到，在这堆代码中，我们使用了一个语焉不详的变量名"rb"，而我们真正要用的是 rigidBody 这样的名字。

< 步骤 8> 选中第 7 行的 rb，只需单击一下即可。

　　　　这样做的时候，这个变量应该高亮显示。

< 步骤 9> 在 Visual Studio 中，进行**编辑 – 重构 – 重命名**（Mac 上是**编辑 – 重命名**）。

　　　　如果出现了一个弹出窗口，请不要更改其中的设置。先不要单击"应用"。

< 步骤 10> 在文件中把三个 rb 中的一个改为"rigidBody"。

< 步骤 11> 在上述弹出窗口中单击"应用"。在 Mac 上，则是按键 <return>。

< 步骤 12> 保存并测试。

　　　　Visual Studio 使得重构名称变得很容易，即使这些名称出现在多个文件中。

　　　　在本节结束之前，我们将再进行一次重构：把 WoodPlank 变成预制件。这有些困难，因为只有一块木板有脚本，其他两块没有。

< 步骤 13> 使用最右边的木板创建一个预制件，这是一块没有脚本的木板。

< 步骤 14> 删除其他两块木板。

< 步骤 15> 用预制件重新创建被删除的木板。

　　　　可以把它们拖到场景中，旋转左边的木板，然后把 WoodPlank 脚本拖到中间的木板上。

< 步骤 16> 重命名新创建的木板，使三个木板的名称都是相同的"WoodPlank"。

< 步骤 17> 测试并保存。

　　　　重构并不仅限于改变名称、移动文件或添加预制件。如果代码变得笨重冗长，或者单纯是比较丑陋，那么就是时候重构了。

6.7 第 2 关

我们希望先增加一个关卡，然后再增加几个。上一节中的重构将使这件事变得更容易了。每个关卡都将是独立的场景。我们将从复制游戏场景开始。

< 步骤 1> 单击 Unity 项目面板上的 Scenes 文件夹。

文件夹中应该仍然只有那两个场景：Title 和 Game。

< 步骤 2> 单击 Game 场景的图标。

这将突出显示带有蓝色圆角方框的名称。

< 步骤 3> **编辑 – 复制**。

现在我们有了第 3 个名为"Game 1"的场景。

< 步骤 4> 将新场景重命名为"Level 2"。

为场景重命名的方法有两种。可以右键单击图标，得到一个弹出菜单，选择"重命名"，然后输入新名称，接着按回车键。也可以小心地左键单击名称，等待大约半秒钟，然后输入新的名称。但这样做并不意味着新复制出来的场景是当前激活的场景。在层级面板的顶部，可以看到"Game"仍然是当前激活的场景。

< 步骤 5> 双击 Scenes 文件夹中的 Level 2。

第 2 层现在是激活的场景了。移动一下木板，使之成为一个稍微有些不同的关卡。

< 步骤 6> 测试第 2 层。

我们需要确保新关卡仍然是可玩的。如果不行，再调整一下 WoodPlank 对象，再试一次。这不一定是个优秀的关卡，甚至不一定很有趣，仅仅需要让它可玩，能够把甜甜圈送到它的目的地即可。

目前，当通关第 1 关时，游戏就进入了游戏结束状态。我们将要创建一个新的状态，其名为"level complete"（关卡完成），这样玩家就可以完成一个又一个关卡，只有当甜甜圈到达最后一个关卡的最后一个甜甜圈盒子时才会进入游戏结束状态。游戏目前也没有处理甜甜圈跳出屏幕后就此消失的情况。当这种情况发生时，也应该触发游戏结束状态。这似乎有些过火了，但现在玩家只有一条命。以后，我们将支持多条命。

< 步骤 7> **文件 – 保存**。

< 步骤 8> 单击 Scripts 文件夹，然后编辑 GameState 脚本。

<步骤 9> 在 gameOver 声明后立即插入以下代码：

```
public const int levelComplete=3;
```

我们的目的是：当甜甜圈到达甜甜圈盒子时，会短暂地向玩家显示 "Level Complete" 这样表示过关的信息，然后要么进入下一关，要么进入 gameOver 状态。实现这个功能的代码将被添加到 donut 文件中。

<步骤 10> 如下编辑 donut.cs 文件：

```
using System.Collections;
using System.Collections.Generic;
using UnityEngine;

public class donut : MonoBehaviour
{
    public Rigidbody2D rigidBody;
    float levelCompleteTimer;
    // Start is called before the first frame update
    void Start()
    {
        levelCompleteTimer = 5.0f;
        rigidBody = GetComponent<Rigidbody2D>();
    }

    // Update is called once per frame
    void Update()
    {
        if (GameState.state == GameState.levelComplete)
        {
            //           gameObject.SetActive(false);
            rigidBody.velocity = Vector2.zero;
            levelCompleteTimer -= Time.deltaTime;
            if (levelCompleteTimer < 0.0f)
            {
                GameState.state = GameState.gameOver;
            }
        }
    }
    private void OnCollisionEnter2D(Collision2D collision)
    {
        if (collision.gameObject.name == "WoodPlank")
```

```
        {
            Scoring.gamescore += 10;
        }
        if (collision.gameObject.name == "Sphere")
        {
            Scoring.gamescore += 50;
        }
        if (collision.gameObject.name == "DonutBox")
        {
            Scoring.gamescore += 100;
            GameState.state = GameState.levelComplete;
        }
    }
}
```

这已经是个相当长的文件了。总结一下它与之前的版本的不同之处。我们添加了一个名为 levelCompleteTimer 的变量，并声明它是一个浮点数。我们在 Start 函数中把它初始化为 5.0f。在 Update 函数中，我们用 Time.deltaTime 内置变量减少了这个变量来让定时器倒数五秒。当计时器达到 0 或低于 0 时，状态就转为 gameOver。文件的末尾是当甜甜圈与 DonutBox 对象相撞时，会进入 levelComplete 状态。

< 步骤 11> 测试并保存。

我们还没有把"Level Complete"信息放到项目中，所以游戏和以前一样，只不过在显示"Level Complete"信息之前有 5 秒钟的延迟。

< 步骤 12> 用以下代码替换 Scoring 中的 OnGUI() 函数：

```
private void OnGUI()
{
    GUI.skin.box.fontSize = 30;
    GUI.Box(new Rect(20, 20, 200, 50), "Score: " + gamescore);
    if (GameState.state == GameState.gameOver)
    {
        GUI.skin.box.fontSize = 60;
        GUI.Box(new Rect(Screen.width / 2 - 200, Screen.height / 2 - 50,400, 100),
        "Game Over");
    }
    if (GameState.state == GameState.levelComplete)
```

```
        {
            GUI.skin.box.fontSize = 60;
            GUI.Box(new Rect(Screen.width / 2 - 200, Screen.height / 2 - 50,400, 100),
            "Level Complete");
        }
    }
```

快速完成这一编辑的方法是复制并粘贴 Game Over 部分，然后进行一些修改。

<步骤 13> 测试。

可以看到，显示出来的"Level Complete"周边的方框太小了。

<步骤 14> 扩大 Scoring.cs 中"Level Complete"的方框。

把"400"改成"500"就可以了。为了使方框居中，请将"-200"改为"-250"。

<步骤 15> 测试并保存。

接下来，我们将处理甜甜圈掉出屏幕下方的情况。

<步骤 16> 在 donut.cs 的 Update 函数的开头添加以下代码：

```
if (GameState.state == GameState.gamePlay)
{
    if (transform.position.y < -10.0f)
    {
GameState.state = GameState.gameOver;
    }
}
```

这段代码检查甜甜圈的 y 位置，如果它小于 10.0f 单位，游戏就会进入 gameOver 状态。

<步骤 17> 运行游戏并让甜甜圈掉出屏幕底部，以这种方式来进行测试。

接下来，我们将添加代码，当 levelCompleteTimer 为负数时，将进入第 2 关而不会结束游戏。首先，要在 GameState.cs 中添加一个 level（关卡）变量。

<步骤 18> 在 GameState.cs 中插入以下代码：

```
public static int level = 1;
```

把这行代码放在 state 变量声明之后。我们需要将 Level 2 场景添加到生成设置中。

<步骤 19> 在 Scenes 文件夹中双击 Level 2 场景，选中它，然后**文件 – 生成设置 ...**，单击"添加已打开场景"。

<步骤 20> 用以下代码替换 donut.cs 中的 Update 函数：

```
void Update()
{
    if (GameState.state == GameState.gamePlay)
    {
        if (transform.position.y < -10.0f)
        {
            GameState.state = GameState.gameOver;
        }
    }
    if (GameState.state == GameState.levelComplete)
    {
        //          gameObject.SetActive(false);
        rigidBody.velocity = Vector2.zero;
        levelCompleteTimer -= Time.deltaTime;
        if (levelCompleteTimer < 0.0f)
        {
            if (GameState.level == 1)
            {
                GameState.level = 2;
                SceneManager.LoadScene("Scenes/Level 2");
            }
            else
            {
                GameState.state = GameState.gameOver;
            }
        }
    }
}
```

这段代码将加载第 2 关，而不是进入 gameOver 状态。它检查当前 level 是否为"1"，如果是，就将 level 变量设置为"2"，然后加载第 2 关。

为了使其起效，我们还需要修改文件顶部的 using 部分。

<步骤 21> 如下修改文件顶部的代码：

```
using System.Collections;
using System.Collections.Generic;
using UnityEngine;
using UnityEngine.SceneManagement;
```

就像 TitleMenu 脚本一样，我们需要添加对 SceneManagement 的访问。

<步骤 22> 选择 Game 场景并测试。

我们可以从第 1 关进入第 2 关，但随后分数会被重置，这可能不是我们想要的。原因是，当加载第 2 关时，所有东西都会被重新初始化，所以代码认为它处于第 1 关，并且分数为 0。以下步骤可以解决这个问题。

<步骤 23> 在 GameState.cs 的 Start 函数前插入以下函数：

```
private void Awake()
{
DontDestroyOnLoad(gameObject);
}
```

Awake 是一个 Unity 内置函数，在其场景被初始化时被调用。这个函数在加载新场景时保留了 state 和 level 变量。分数仍然会被重置，所以请继续完成下一步。

<步骤 24> 在 Scoring.cs 中插入相同的 Awake 函数。同时，将对 gamescore 的初始化移到声明中，就像在 GameState.cs 中对 level 变量所做的那样。

<步骤 25> 测试并保存。

哇，成功了！游戏看起来和玩起来越来越像一个真正的电子游戏了。只不过还有一个问题。这个游戏太简单，简直不够玩了。下一节中，我们将增加一些关卡，并重做前两关。

6.8 5 个关卡

前两关是实验性的，目的是测试运行游戏的基本软件。在这一部分中，我们将继续扩展游戏并增加功能。首先，最好能显示当前的关卡数。这不仅可以帮助玩家，也可以帮助我们进行开发和测试。

<步骤 1> 在 Scoring.cs 中，在 OnGUI 的第一个 GUI.Box 调用后插入以下代码：

```
GUI.Box(new Rect(Screen.width - 200, 20, 200, 50),
        "Level " + GameState.level);
```

尽管这是两行代码，但它其实只是单条语句。

<步骤 2> 测试。

现在，关卡名水平地显示在右上角，不过有些太靠右了。

< 步骤 3> 将"-200"改为"-220",再测试一次。

这就把文本框向屏幕边界的左边移动了 20 个像素,实现了与分数框的对称。

这段代码包含魔数(magic number),这应该尽可能地避免。在计算机编程的背景下,魔术数字指的是一个不加解释地直接插入代码中的数字字面值。在创建原型代码时,存在魔术数字是可以接受的,但要注意,我们打算在预生产编码过程中仔细检查代码,用常数替换大部分魔术数字。

现在,我们要为自己设置 5 个关卡。我们将一次性新建 3 个关卡,然后再考虑如何让它们变得有趣。

< 步骤 4> 在 Assets > Scenes 面板中选中 Level 2 场景,然后**编辑 – 复制** 3 次。

令人惊讶的是,Unity 自动把新场景命名为 Level 3、Level 4 和 Level 5,这正是我们想要的。

< 步骤 5> 进入生成设置,添加新的关卡场景。

可以通过依次打开场景并"添加已打开场景"来完成这个任务。Build Settings 中现在应该有 6 个场景:Title、Game、Level 2、Level 3、Level 4 和 Level 5。这不是很整洁,所以我们要把 Game 场景重命名为"Level 1"。

< 步骤 6> 在 Scenes 面板中,将 Game 场景重命名为"Level 1"。

不幸的是,这样重命名时,Unity 不会自动更新代码。你可能还记得,TitleMenu 的代码加载了 GameScene 字符串,而 GameScene 又引用了第 1 关。

< 步骤 7> 用以下代码替换 TitleMenu.cs:

```
using System.Collections;
using System.Collections.Generic;
using UnityEngine;
using UnityEngine.SceneManagement;

public class TitleMenu : MonoBehaviour
{
    public void PlayGame()
    {
        SceneManager.LoadScene("Scenes/Level 1");
    }
    public void ExitGame()
    {
        Application.Quit();
    }
```

```
}
```

我们使 LoadScene 的调用与代码中其他加载场景的地方兼容了。更重要的是，现在应该能够对游戏进行测试了。

< 步骤 8> 使 Title 成为当前激活场景，然后测试。

仅仅新添加一些关卡，并不意味着它们就被加到游戏中了。首先，让不同关卡看起来有所不同。

< 步骤 9> 通过移动每个关卡的木板或球体，使第 3 关、第 4 关和第 5 关各不相同。也可以添加更多球体或更多甜甜圈盒子。

我们之后将以更多样化的方式编辑这些关卡。现在，只要有区别就够了。

< 步骤 10> 在 donut.cs 中，用以下代码替换 levelCompleteTimer 部分：

```
if (levelCompleteTimer < 0.0f)
{
    if (GameState.level == 1)
    {
        GameState.level = 2;
        SceneManager.LoadScene("Scenes/Level 2");
    }
    else if(GameState.level == 2)
    {
        GameState.level = 3;
        SceneManager.LoadScene("Scenes/Level 3");
    }
    else if(GameState.level == 3)
    {
        GameState.level = 4;
        SceneManager.LoadScene("Scenes/Level 4");
    }
    else if(GameState.level == 4)
    {
        GameState.level = 5;
        SceneManager.LoadScene("Scenes/Level 5");
    }
    else
    {
        GameState.state = GameState.gameOver;
    }
```

```
}
```

这段代码不是最美观的，但它能起作用。这是对使用 C# 中的 if 和 else 的一个很好的练习。请务必阅读这段代码并尝试理解其背后的逻辑。它基本上就是在检查当前关卡是第几关，将其递增，然后加载下一关卡。你能想到写这段代码的更好方式吗？目前，我们要让它保持原样并测试它。

< 步骤 11> 双击 Scenes 文件夹中的 Title 场景并测试。

这可能说起来容易做起来难。你需要把全部的 5 个关卡都玩一遍，并在每个关卡上把甜甜圈弄到甜甜圈盒子里。如果觉得太难了的话，只需要将甜甜圈移到一个甜甜圈盒子的正上方即可。这会使关卡变得过于容易，但我们现在只是想测试一下，看看是否能通过这 5 个关卡，并最后得到一个有效的分数，然后在游戏结束后得到"Game Over"信息。

< 步骤 12> 保存。

我们现在要改进这 5 个关卡，让它们更有趣，并逐步提升从第 1 关到第 5 关的难度。第 1 关应该是超级简单的。当然，有很多方法可以实现这一点。

< 步骤 13> 选择 Level 1 场景，并使其与图 6.14 相匹配。

图 6.14　改进后的新第 1 关

现在只有两块木板和一个甜甜圈盒子了。我们去掉了球体，重新布置了木板，使得以下情况将会发生：如果玩家什么都不做，甜甜圈就不会跳进甜甜圈盒子，并很快就会显示"游戏结束"。如果玩家将木板向上移动,那么甜甜圈就会弹跳到甜甜圈盒子里,玩家就会进入第 2 关。

我们的目标是把这个游戏分享给朋友和家人,让他们在没有我们的帮助下玩这个游戏。这意味着,游戏需要在某处说明控制方法。印刷版游戏指南的时代已经成为了历史,所以要靠我们来让游戏向玩家阐明控制方法。如果使用键盘上的方向键的话,会比较方便解释。

< 步骤 14> 在 woodplank.cs 中,将"w"为"up","s"改为"down"。测试一下。这很简单。向玩家说明这一点几乎同样简单。

< 步骤 15> 选择标题场景,使其看起来像图 6.15 那样。

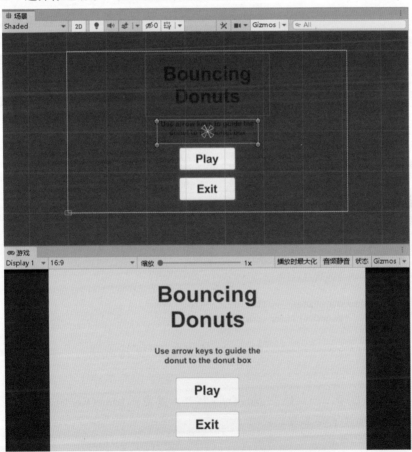

图 6.15 带有提供给玩家的游戏说明的 Title 场景

为了做到这一点，请创建一个新的 UI 文本对象，输入"Use arrow keys to guide the donut to the donut box"（使用方向键帮助甜甜圈到达甜甜圈盒子），并调整布局和字体大小，使其与标题界面相匹配。

一个更好的设计是把游戏说明放在对应的场景中，但这可以留到以后完成。对于一个小型原型而言，现在已经很好了。

< 步骤 16> 测试游戏，假装你是第一次玩。

希望玩家能自然而然地知道需要用鼠标单击 Play 或 Exit，而不需要我们特地告知。这个游戏目前还不经常需要用到鼠标，所以也许为只用键盘的玩家提供支持也不错。

< 步骤 17> 在"Bug 清单"文档的底部添加一个注释：在 Title 场景中仅支持键盘。优先级：低。可发布：是。

这只是一个提醒。如你所见，随着 bug 的增多，你可能想要有一个比简易的文本文件更好的系统。我们以后会重新回顾这个话题。

在玩游戏的时候，我们注意到了一个非常严重的问题。这个问题其实从一开始就有了。游戏会卡在 Game Over 状态。现在，是时候解决这个问题了。我们将用与 Level Complete 状态相同的方式来处理这个问题。我们将使用一个计时器。

< 步骤 18> 在 donut.cs 中，为 gameOverTimer 添加一个声明。

把它添加到 levelCompleteTimer 声明之后。

< 步骤 19> 将计时器初始化为 5.0f。

这要在 Start 函数中完成。

< 步骤 20> 在 Update 函数的末尾、levelComplete 部分之后插入以下代码：

```
if (GameState.state == GameState.gameOver)
{
    gameOverTimer -= Time.deltaTime;
    if (gameOverTimer < 0.0f)
    {
        SceneManager.LoadScene("Scenes/Title");
    }
}
```

这很直观。如果处于 gameOver 状态，就更新 gameOverTimer，当它变成负数时，就加载 Title 场景。

< 步骤 21> 测试一下！

好吧，这起作用了，只不过游戏结束的信息仍然显示在屏幕中，而且当再次开始游戏时，分数没有被重置。

< 步骤 22> 在 donut.cs 加载 Title 场景之前插入以下代码：

```
GameState.state = GameState.gamePlay;
```

< 步骤 23> 在 TitleMenu.cs 中，在加载第 1 关之前插入以下几行：

```
Scoring.gamescore = 0;
GameState.level = 1;
```

< 步骤 24> 再次测试并保存！

哇，现在这感觉就像是一个真正的游戏了。当然，还是没有音频，而且只有第 1 关是我们想要的样子。现在，我们终于可以开始开发第 2 至第 5 关了。

这前 5 个关卡应该都是入门级的，难度从非常简单到还算简单不等。

< 步骤 25> 重新布置第 2 关，如图 6.16 所示。把第一块木板的 Z 旋转设置为"–10"，然后测试游戏。

图 6.16   《弹跳甜甜圈》第 2 关

第 2 关比第 1 关略难，并引入了第三块木板。第一块木板的角度很关键。如果它太陡，甜甜圈在关卡中的移动速度就会过于快。如果它太平，甜甜圈的速度则会非常慢。"-10"左右的 Z 旋转的效果很不错。

接下来，我们要在第 3 关引入球体。你的第 3 关中可能没有 Sphere 对象，所以为了以防万一，请把 Sphere 对象做成预制件，如以下步骤所示。

< 步骤 26> 找到一个带有 Sphere 的场景。将 Sphere 拖到 Prefabs 文件夹中。

< 步骤 27> 修改第 3 关，如图 6.17 所示。

请自由地尝试球体的不同 Y 位置。在这一关中，球体是一个障碍物。

如果它太低了的话，甜甜圈就很容易从它上方越过。如果太高了，则会从下方略过。

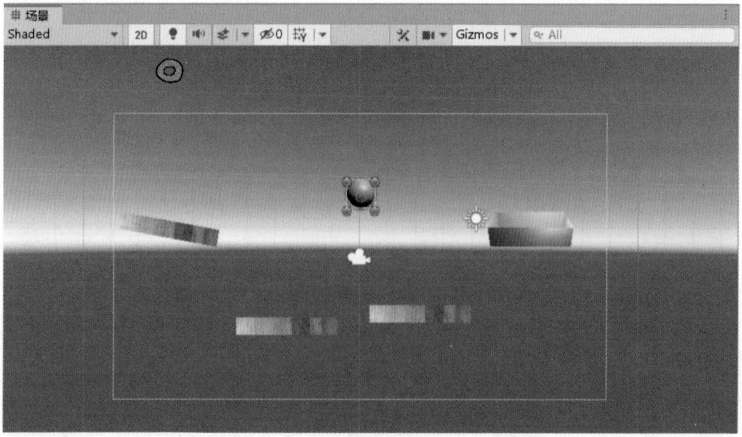

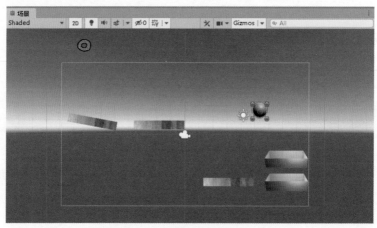

图 6.17 《弹跳甜甜圈》第 3 关

< 步骤 28> 参照图 6.18 和图 6.19 修改第 4 关和第 5 关。测试并保存。

图 6.18 《弹跳甜甜圈》第 4 关

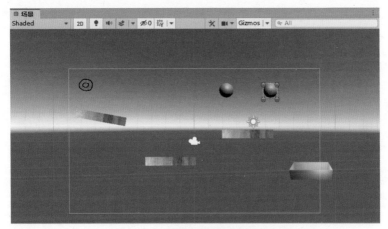

图 6.19　《弹跳甜甜圈》第 5 关

第 4 关引入了第二个甜甜圈盒子，第 5 关则是一个更难的挑战。

在测试这些关卡时，请确保你能稳定地通关。如果不能，请对游戏对象的位置做一些小调整，使关卡更简单，但注意不要过于容易了。

游戏几乎已经做好向早期测试人员发布的准备了。

6.9　发布：《弹跳甜甜圈》的 2 号原型

在这个版本中，我们将邀请朋友和家人来玩这个游戏，并向提供我们急需的反馈。在这之前，我们需要解决任何会给测试人员带来困难的明显问题。我们还需要找到一种方法，将游戏传给测试人员。

我们的第一个原型并没有被发布给任何人。我们仅仅是为了自己而创造它的。它对于发布而言实在是太早了，即时对测试人员也是如此。我们现在的目标是以类似于以让他们获取真正的产品的方式将游戏发送给测试人员。我们不能假设他们安装了 Unity，而特地让他们安装 Unity 也不太合理。发布的第一步是构建游戏，然后将构建出来的游戏复制到另一台电脑上。

本节将假设你使用的是 Windows 而不是 Mac。如果你在使用 Mac 进行开发的话，除了 Mac 之外，你可能还希望以 Windows PC 做目标平台。现实情况是，Windows 在电脑游戏方面拥有 90% 的市场份额，因此，如果为 Windows 发布，而不仅仅是 Mac 的话，可以接触到更多玩家。你仍然可以在使用 Mac 的情况下遵循本节的步骤进行操作，只是可能需要做一些调整。

< 步骤 1> 确认长宽比是 16 : 9。

可以在游戏面板中进行确认。我们将假设测试人员的显示器可以处理 16:9 的长宽比。

< 步骤 2> 文件 – 生成设置 ...

随后会出现 Build Settings 窗口。

< 步骤 3> 检查并确保 6 个场景都在 "Build 中的场景" 中。

< 步骤 4> 选择 "PC, Mac & Linux Standalone" 平台。

< 步骤 5> 目标平台选择 "Windows 或 Mac OS X"，取决于具体所安装的是什么。

< 步骤 6> 对于 Windows 平台，架构请选择 "x86"。

这一设置使得游戏可以在旧的 32 位电脑上运行。这个游戏相当简单，不会大到需要 64 位电脑。至少理论上是这样。在公开发布之前，可能需要重新审视这个设置。

< 步骤 7> 单击玩家设置并查看这些设置。

作者选择了窗口化模式，默认宽度为 "1600"，高度为 "900"。

< 步骤 8> 关闭玩家设置窗口，单击 "生成"。

< 步骤 9> 新建一个文件夹，命名为 "TestRelease"。

< 步骤 10> 选择 TestRelease 文件夹。

选择之后会开始构建。构建应该需要一到两分钟来完成，这取决于电脑的速度。

< 步骤 11> 双击 TestRelease 文件夹中的 BouncingDonuts 文件来玩这个游戏。继续玩一段时间并做笔记。

在发布之前，你很可能自己就会发现许多不足之处。这很正常。把想要改进的地方记下来。尽管你可能迫不及待地想现在就修复它们，但除非游戏完全不能玩，否则不妨先发布给几个测试人员。我们不仅仅是在测试游戏本身，也是在测试如何将它发布给测试人员。

这就要提一下如何将 TestRelease 文件夹发送到另一台电脑上了。有许多方法可以做到这一点。下面的步骤只是其中之一。

< 步骤 12> 把 TestRelease 文件夹打包成一个压缩文件，并将它重命名为 "BouncingDonuts

Test.zip"。

　　你可能已经知道如何创建压缩文件了。Windows 10 和 Mac OSX 中都有内置程序。如果不了解压缩文件的话，可以在网上搜索创建压缩文件的教程。

　　你可能会发现，用电子邮件发送压缩文件是个坏主意，因为电子邮件系统往往不允许这样做。另外，这些压缩文件可能相当大，所以电子邮件并不可行。

< 步骤 13> 使用自己最喜欢的云存储服务，让公众可以访问压缩文件。

　　一些云存储的例子包括 Dropbox、Google Drive 和 Microsoft OneDrive。所有这些都是免费的，有足够的存储空间可供使用。

< 步骤 14> 将链接发到自己的另一台电脑上，并在那台电脑上测试游戏。

　　你可能有一台笔记本电脑，它不像你用来开发游戏的系统那样强大。将它作为首选很不错。如果能方便地使用多台电脑的话，请在所有电脑上都测试一下。

< 步骤 15> 将链接和一些说明一起通过电子邮件发给一位测试人员。

　　是否要为测试人员提供说明完全取决于你。下面是作者在编写本书时向一位 Windows 用户发送的略经编辑的电子邮件（在这里稍有修改）：

　　嗨，苏珊，

　　谢谢你自愿参与《弹跳甜甜圈》的测试。这封邮件的底部有一个压缩文件的链接。请为这个游戏创建一个文件夹，随便取个名字，把压缩文件放进去，然后解压。在选中压缩文件时，应该可以在 Windows 资源管理器窗口的顶部看到一个解压框。

　　游戏解压后，运行 BouncingDonuts.exe 文件并尝试玩游戏。请记录你的体验，你可能遇到的任何技术问题以及想告诉我的其他事情。

　　这个版本还没有音频。游戏应该不会崩溃或挂起，但如果这种情况发生了，请写下你在崩溃前做了什么，然后重新启动电脑。如果可能的话，请尝试复现崩溃的情况。

　　这很可能不会是一个商业游戏，而是我关于游戏开发的新书的教程的一部分。

　　请告诉我你所使用的电脑的情况。我想知道以下信息：

- 操作系统版本（可能是 Windows 10）
- 屏幕分辨率：例如，1920 × 1080

- 显卡或图形处理器

谢谢您。不着急的，慢慢来。有 5 个关卡，如果你设法完成全部 5 个关卡，游戏将显示游戏结束。游戏中你只有一条命，这个问题我很快就打算解决，特别是在有了更多关卡之后。

游戏开始时的说明应该显示着 "Use the up and down arrow keys（使用上下方向键）……" 左右方向键没有任何作用。

虽然有计分功能，但它还并不完善，所以你完全可以忽略分数。

:＜此处插入链接＞

这是游戏开发中最激动人心的部分之一。我们终于向毫无戒心的小白鼠展示了我们的杰作。尽可能少向测试人员透露游戏的信息，这非常重要。你可以说这是《弹跳甜甜圈》游戏，是一个益智游戏，是一个早期原型。不要为游戏的糟糕或不完整找借口。只要求人们玩游戏并征求诚实的反馈即可。虽然能够从陌生人那里得到更好的反馈，但我们还没有完全做好准备，因为游戏毕竟还只是一个原型。

最好先只向一个测试者发布，以确保发布方式没有什么大的问题。

＜步骤 16＞ 将游戏发给另外几个测试人员。5 个测试人员是个不错的数字。得到人们的反馈后，请感谢他们所提供的帮助，并礼貌地告诉他们，在接下来的开发中，你会将他们的反馈纳入考量。然后，请至少记下他们的名字，并记得在游戏最终发布时免费送他们一份。

在等待测试人员反馈的同时，我们将开始处理音频的问题，这是目前最明显的一个遗漏。

第 7 章　用 Audacity 制作音效

本章中，我们将学习使用 Audacity 为游戏制作音效。然后，我们将把一些音效导入《弹跳甜甜圈》（Bouncing Donuts）这个 Unity 项目，并编写 C# 代码来播放它们。

7.1　游戏中的音频

音频在游戏开发中经常被忽视，主要原因是在多数情况下，都可以在没有音频的情况下制作一个原型，并把音频留在项目收尾时再考虑。音频可以对游戏所体现的感觉和情绪造成极大的影响，但对许多游戏来说，它并不直接影响游戏性。商业项目会使用专业的音效设计师和作曲家来创造定制的音效和音乐。无论你的预算或团队规模如何，学习如何自己制作音效和音乐都是一个好主意。这样你就可以了解到音频是如何工作的，以及如何和与你合作的音频专家沟通。

在大多数现代电子游戏中，音频都是用 .mp3 或 .wav 等声音格式（sound format）存储的，然后在游戏执行过程中播放。举例来说，Unity 支持 .wav、.aif、.mp3 和 .ogg 声音格式。在当前的项目中，我们将创建简短的音效，并将其以 .wav 文件的形式存储中。至于音乐，我们将使用 .mp3 格式。Wav 文件是未经压缩的，因此会占用更多的空间，但它们的质量更好。对于音乐来说，为了节省内存，mp3 格式是一个不错的选择。

对于我们的简单益智游戏《弹跳甜甜圈》而言，音效的设计相当简单。我们将为甜甜圈与木板的碰撞创建一个音效，为甜甜圈与球体的碰撞创造另一个音效，然后再为与甜甜圈盒子的碰撞创建音效。在下一章中，我们将为关卡完成、游戏结束和游戏通关创作简短的音乐。你还将创作两段较长的音乐：背景音乐和主菜单音乐。

7.2　安装 Audacity

Audacity 是免费、开源、跨平台的音频软件。它是一款多轨音频编辑和录音软件，适用于 Windows、MacOS 和其他操作系统。请先访问 www.audacityteam.org，以获取

Audacity 的最新版本。本书使用的是 2.3.0 版本的 Audacity。如果想按照本章所提供的步骤进行，请同样使用 2.3.0 版本，以保证兼容性。Audacity 多年来一直很稳定，所以未来的 Audacity 版本可能也与本书兼容，只不过菜单结构可能有所不同。

对 Mac 用户的特别说明：Audacity 2.3.0 不能在 Mac OS 的 Catalina 版本下运行，因为它是个 32 位的应用程序，而 Catalina 并不对此提供支持。最好的办法是转而使用 Audacity 2.3.3。即便如此，也需要用其他办法来使用麦克风录音。如果感兴趣的话，可以在网上搜一下有哪些其他方法。不过，在这本书中，我们不会直接在 Audacity 里录音，所以可以暂时忽略这个问题。作者在运行 Catalina 和 Audacity 2.3.3 的 Mac 上和运行 Audacity 2.3.0 的 Windows 10 上都对本书进行了测试。

Audacity 除了音频编辑器这一主要用途外，还包括了许多从头生成音效的方法。

谈到音效，创建它们的基本技术有两种：使用合成音生成软件，比如 Audacity；或使用录音机来记录真实的声音。对于《弹跳甜甜圈》，我们将主要使用合成方法。因为《弹跳甜甜圈》是一个相当抽象的游戏，所以没必要为它准备真实的音效，有什么用什么就行。

7.3　用 Audacity 制作音效

为游戏添加音效的方法有许多种。举例来说，可以自己录制音效，使用音效库，或者使用音频创作软件（如 Audacity）来创建音效。在接下来的三个小节中，我们将分别尝试这三种方法。根据情况，我们还将使用 Audacity 对音效进行后期处理，并将其转换为 .wav 格式。首先，我们将直接使用 Audacity 来制作"嘣嘣"这样的音效，它将用在甜甜圈弹到什么东西上时。

< 步骤 1> 在《弹跳甜甜圈》（Bouncing Donuts）里的 Assets 文件夹中创建一个 Audio 子文件夹。

我们将把所有的音频文件存储在这里，无论是音效还是音乐。

< 步骤 2> 打开 Audacity。

< 步骤 3> 文件 – 保存项目 – 项目另存为 ... 将其保存在新建的音频文件夹中，命名为 "BoingA"。

在还没有做任何事情的时候就保存项目，这样做可能看起来有些傻。然而，这是一个需要养成的好习惯。这样，你以后就不会把作品保存在错误的位置了。

< 步骤 4> 轨道 – 增加新轨道 – 单声轨道。

这个音效不需要是立体声，因为它定位在甜甜圈的碰撞所发生的地方。Unity 会自动为我们生成立体声的位置。与在这个过程中就使用立体声相比，这么做可以为我们节省一点存储空间。

< 步骤 5> 生成 – 拨弦声 ...，拨弦 MIDI 音高为 40，淡出类型为"渐变"，持续时间 1.0 秒。如果在菜单中看到了两个 Pluck，一定要使用其中的第一个。

可以在音轨面板上看到拨弦声的波形。现在的 Audacity 窗口应该看起来与图 7.1 保持一致。

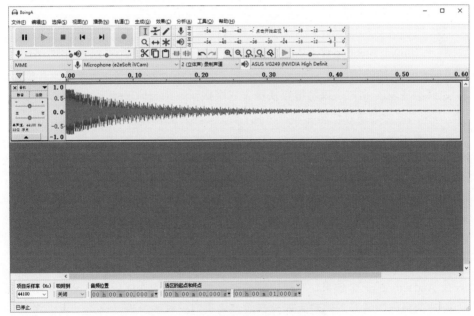

图 7.1　Audacity 显示着一个拨弦声

< 步骤 6> 单击绿色的播放图标，或敲击 < 空格 > 键来播放声音。如果没有听到任何声音，请对电脑进行测试，确保启用了声音输出功能。

一个测试声音的好方法是播放在线音乐视频。确保打开了扬声器，或者插上了耳机，而且最好知道在哪里控制电脑音量。

如果想使声音循环播放，可以按<Shift><空格>开始循环，再按空格即可停止。

<步骤 7> 效果 – 相位器 ... 单击管理 – 出厂预设 – 默认值。

恢复出厂默认值这一步可能不是必要的，但最好知道如何操作，因为 Audacity 会记住你对这些设置所做的任何改变，即使这发生在几年前。所以，如果想从合适的设置开始，最好恢复出厂默认值。

<步骤 8> 应用并关闭。

波形改变了，声音也有些不同了。

<步骤 9> 撤销相位器命令，听听之前的声音，然后重做相位器命令。

可以通过使用**编辑 - 撤销相位器**，播放，**编辑 - 重做相位器**来完成。也可以用键盘快捷键 <Ctrl>Z、<空格>、<Ctrl>Y 来实现。

两种方法都试试。记住这些键盘快捷键是很有用的，特别是在它们同样适用于 Unity、Blender 和 GIMP 的情况下。Mac 用户需要注意的是，Mac 上的 Audacity 中的快捷键是 <command>Z 和 <shift><command>Z。在本节的其余部分，如果你是 Mac 用户，请将键盘快捷方式中提到的 <Ctrl> 改为 <command>。

<步骤 10> 用鼠标选择波形的尾部，从 0.4 秒到结束，然后按删除键。

如此一来，效果就会变短。为了要再次看到波形，我们需要做以下工作。

<步骤 11> 选择 – 全部（<Ctrl>A），视图 – 缩放 – 缩放至选区大小（<Ctrl>E）。

<步骤 12> 效果 – 哇哇声 ...，管理 – 出厂预设 – 默认值，应用并关闭。

<步骤 13> 效果 – 标准化 ... – 确定。

将波形与图 7.2 进行比较。

现在我们有了一个有趣的"嘣嘣"声，它完全是在 Audacity 中被创造的。我们在创作过程的最后阶段做了标准化处理。在默认设置下，"标准化"（Normalize）是 Audacity 的一个效果，它可以调整选区的音量，使峰值振幅被设置为刚好低于削波的良好的值。我们对大部分音效都将进行这样的处理。之后，我们将有机会在以后的 Unity 中调整音效的相对音量。Unity 也可以进行标准化，但我们更倾向于在 Audacity 中这样做，以便使用最大音量测试音效。

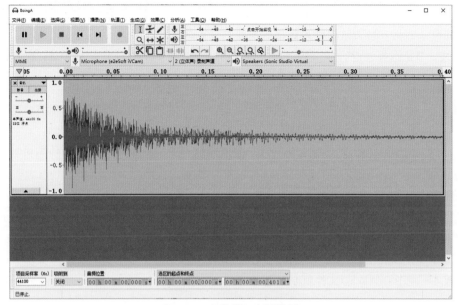

图 7.2 "嘣嘣"声的波形

< 步骤 14> 导出到 BingA.wav，使用 16–bit PCM，并输入元数据。使用在步骤 1 中创建
那个 Audio 文件夹。

元数据设置允许你在 wav 文件中添加你的名字或你公司的名字，以及其他的
一些信息。元数据是为了记录而存在的，并不会影响到音频文件的播放效果。

< 步骤 15> 保存项目。

扩展名为 .aup 的项目文件允许我们以后继续处理这个项目。它无法被 Unity 使用，
但有被显示在 Assets 面板上。它与 GIMP 和 Blender 的项目文件有相同的功能。

现在，你将用你选择的录音设备录制一个"嘣嘣"声，然后使用 Audacity 对它进行
后期处理。这说起来容易做起来难，不过可以带来很多乐趣。

7.4 录制音效

为了录制音效，你需要有一个录音设备。如果很重视声音质量的话，需要使用实地
录音机（field recorder），这在网上可以买到，价格也很合理。也完全可以直接使用手机。

不过要确保使用一个可以生成 mp3 或 wav 文件的应用程序，这样录音就可以轻松导入 Audacity 了。另一种方法是使用连接到电脑的麦克风。

这一节是选择性进行的，所以如果想的话，可以只使用上一节中的 Audacity 技术制作一个稍微有些不同的"嘣嘣"声。

< 步骤 1> 拿起便携式录音设备。然后到处走走，录下开关门、敲打厨房用具、用手指敲桌子等时的短促声音。

这件事可以花上好几个小时，但请克制一下，只记录一两分钟的随机且短促的声音。如果想的话，以后随时可以重新做的。

< 步骤 2> 在 Audio 文件夹中，创建一个子文件夹，命名为"MySoundEffectsLibrary"。

我们决定创建自己的音效库。所有音效和它们的源材质都将被保存在在这个新创建的文件夹中。

< 步骤 3> 将 BingA.aup 文件和 BingA_Data 文件夹移到上一步创建的音效库文件夹中。

< 步骤 4> 把 BingA.wav 文件复制到音效库中。

我们的目的是让 wav 文件存在于 Audio 文件夹和音效库这两处。辅助文件，比如 .aup 文件，将只存在于库中。

< 步骤 5> 把录音复制到库中。

请确保录音是 Audacity 可以导入的格式。MP3 和 WAV 都可以。但是举例来说，如果录音直接来自 iPhone 的语音备忘录，可能是不兼容的格式，比如 m4a。必须转换这个文件的格式，或者最好找到一个可以直接录制成 MP3 或 WAV 声音格式的应用程序。

< 步骤 6> 打开 Audacity 并导入录音。

< 步骤 7> 用鼠标选择其中一个音效。

在选择之前，可能需要缩放和滚动界面。

< 步骤 8> 效果 – 标准化，听一下音效。如果不喜欢它的话，就回到步骤 7 然后重复。

< 步骤 9> 文件 – 导出 – 导出选择的音频 ...

文件格式使用 .wav，在音效库文件夹中给它命名为"BoinB"。

< 步骤 10> 在音效库文件夹中保存项目，命名为"BoinB.aup"。

< 步骤 11> 退出 Audacity，将库中的 .wav 文件复制到 Audio 文件夹中。

你的音效可能听起来不太像"嘣嘣"声，但没关系，这只是个名字。自己录制音效是一个耗时但有趣的过程。当游戏进展到一定程度时，可能需要重新录制一些音效。

7.5　使用互联网上的音效

为获取游戏音效的一个相对容易的方法是通过互联网。无论预算是多是少还是为零，互联网都能满足你。freesound.org 是一个不错的开始。该网站上的所有音频都有知识共享许可协议（Creative Commons license）。你很有可能在那里找到想要的音效。作为练习，我们将从 freesound.org 获取一个音效，把它导入 Audacity，标准化并剪辑，使它可用于我们的游戏项目。

< 步骤 1>　前往 freesound.org。

< 步骤 2>　搜索"boing"（嘣嘣声）。

< 步骤 3>　点开几个音频听一听，然后选择 jawharp_boing.wav。

< 步骤 4>　按照下载说明进行操作。你将需要创建一个 freesound.org 账户。

< 步骤 5>　把文件复制到 Assets/MySoundEffectsLibrary 文件夹。文件在下载文件夹中的名称是 188869 __ plingativator __ jawharpboing.wav。截至 2020 年 5 月 3 日，这个音效已经被下载了 28 074 次。看来不是只有你在用！

< 步骤 6>　打开 Audacity 并导入 .wav 文件。

< 步骤 7>　保存项目，命名为"BoingC"。

< 步骤 8>　选择第 5 个"嘣嘣"声，用鼠标框选它。如果想的话，也可以选择其他的。将屏幕与图 7.3 进行比较。

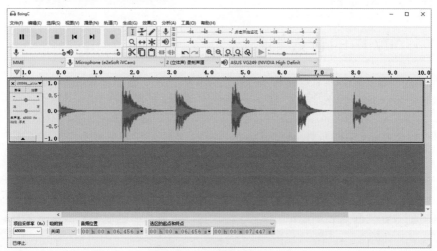

图 7.3　选择第五个 Boing

< 步骤 9> 效果 – 标准化 ...，单击"确定"。

< 步骤 10> 文件 – 导出选择的音频 ...，命名为"BoinC.wav"，保存到音效库文件夹。

< 步骤 11a> 把项目保存到音效库文件夹中。

< 步骤 11b> 从库中把 BoingC.wav 复制到 Audio 文件夹的顶层。

在继续下一步之前，需要先检查一下这个声效的许可协议。它是使用知识共享署名许可协议提供的。这意味着，你必须恰当地注明来源，提供许可协议的链接，并指出是否做了修改。事实上，我们确实做了一些小改动，也就是对音效进行了标准化和剪辑。

< 步骤 13> 在 bug 清单中，输入发布后的音效署名的相关信息。

请记下许可证的链接：https://creativecom-mons.org/licenses/by/3.0/。

根据该许可证的条款，我们需要有版权声明、许可证声明、免责声明、创作者的名字以及更改清单。freesound.org 网站声明不需要注明来源，所以这一项可以跳过。

这是使用互联网上的资源的一个小缺点，即使对免费资源而言也是如此。追踪所有这些资源的许可协议可能很麻烦。即使这不是必须的，但通过在适当的地方注明来源，给予其他创作者应有的尊重，感觉也不错。

我们刚刚用三种不同的方法成功地创建了三种不同的碰撞音效。现在，我们将要把这些音效导入游戏项目中。

7.6 Unity 中的音效编程

为游戏创建音效并将其存储在 Assets 文件夹中之后，我们还需要告诉游戏在什么时候和什么条件下播放它们。Unity 让这一切变得十分轻而易举。

< 步骤 1> 在 Unity 中打开 BouncingDonuts 项目。

你可能会注意到，这次打开项目需要的时间相当长。这是为什么呢？如果留意的话，可以看到加载过程中显示着如图 7.4 所示的信息。原来，MySoundLibrary 里面有相当多大文件。Unity 在第一次看到它们时，会处理所有这些文件，并为它们制作 .meta 文件。我们将来可能需要重新考虑这个文件夹的布局。

< 步骤 2> 在项目面板中选择 Assets > Audio。

应该会看到 4 个项目，如图 7.5 所示。

图 7.4　Unity 在加载 MySoundEffectsLibrary

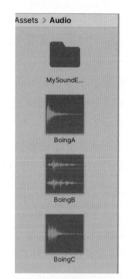

图 7.5　音效库文件夹

< 步骤 3> 单击选择 BoingC。

< 步骤 4> 听一下音效，然后采取以下步骤：把鼠标移到最下面，直到鼠标指针变成垂直箭头的形状，然后单击以打开检查器最下面的波形面板。

检查器中的 BoingC 的波形应该和图 7.6 一致。

图 7.6　BoingC 波形面板

< 步骤 5> 单击波形，播放。检查它听起来是否和 Audacity 中一样。

也可以通过单击面板右上角附近的播放图标来播放它。

< 步骤 6> 在 Assets > Audio 面板中单击 BoingA 和 BoingB。

设置好了波形面板后，只需要单击 Assets 文件夹中的其他音频文件，即可播放它们。你可以通过进入 MySoundEffectsLibrary 文件夹，单击其中的一些其他音频文件进行实验，比如你的原始录音，或是从网上下载的音频文件。

接下来，我们将通过向 Donut 游戏对象添加三个音频源组件来触发这些音效。然后，当甜甜圈与某些东西碰撞时，donut.cs 脚本将播放相应的音频源。

在开始之前，需要注意关卡中的 Donut 对象不是预制件。我们在 5 个不同的场景中有 5 个 Donut 对象。你可以分别给每个 Donut 对象添加三个音频源组件，但最好还是硬着头皮先创建一个 Donut 预制件，然后把 5 个甜甜圈都变成该预制件的实例。

< 步骤 7> 保存项目和场景。

< 步骤 8> 将第 1 关作为当前场景。

< 步骤 9> 将 Donut 拖到预制件面板中。

现在我们有了一个 Donut 预制件，第 1 关的 Donut 是它的一个实例。不幸的是，这使得第 2 关到第 5 关的甜甜圈成为了独立的对象，而不是 Donut 预制件的实例。

< 步骤 10> 保存第 1 关。

< 步骤 11> 使第 2 关成为当前场景。

< 步骤 12> 在场景面板中把 Donut 预制件拖到 Donut 对象上。

可以看到会注意到，现在场景中有两个甜甜圈，即 Donut 和 Donut (1)。我们的计划是删除 Donut 对象并将 Donut (1) 对象重命名为 Donut。为了保持甜甜圈的位置不变，请执行以下操作。

< 步骤 13> 记下 Donut 对象的 X 和 Y 位置。

< 步骤 14> 设置 Donut (1) 的 X 和 Y 位置，使之与 Donut 对象的位置一致。

< 步骤 15> 删除 Donut。

< 步骤 16> 将 Donut(1) 对象重命名为 Donut。

嗯，这有些乏味，但它是值得的。现在，Donut 是 Donut 预制件的一个实例了，就像我们想要的那样。

< 步骤 17> 对第 3 关、第 4 关和第 5 关重复上述步骤。

现在是时候全部测试一下了。

< 步骤 18a> 测试游戏，并确保所有关卡都能正常工作。

< 步骤 18b> 文件 – 保存项目。

现在我们可以对 Donut 预制件进行修改，并让这些修改反映在 5 个不同场景的所有 5 个实例中了。

< 步骤 19> 选择 Donut 预制件。

< 步骤 20> 单击"打开预制件"。

< 步骤 21> **组件 – 音频 – 音频源**。

< 步骤 22> 在检查器中，向下滚动以查看音频源部分。

音频源部分如图 7.7 所示。

如你所见，音频源有相当多的设置。我们将在以后的工作中尝试更改这些设置。现在，使用默认设置是一个不错的选择。

< 步骤 23> 选择 Assets 中的 Audio 文件夹，将 BingA 拖入 AudioClip 文本输入框。

因为"唤醒时播放"复选框被启用，所以我们会在 Donut 实例每次被唤醒时听到 BingA 的声音，通常是在关卡的开始处。这对于测试目的或音频剪辑来说是个很好的功能，但对于我们的音效而言，需要禁用。

< 步骤 24> 取消勾选"唤醒时播放"。

< 步骤 25> 对 BingB 和 BingC 重复步骤 21 ～ 24。

全部完成之后，应该有三个音频源组件被

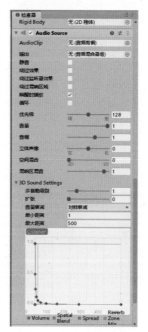

图 7.7　Donut 预制件的音频源部分

用于 Donut 预制件。接下来，我们要更改 donut.cs 中的代码，以实际播放音效。

< 步骤 26> 选择 Scripts 文件夹，双击 donut。

< 步骤 27> 在文件顶部附近的 gameOverTimer 声明后插入以下三行：

```
AudioSource boingA;
AudioSource boingB;
AudioSource boingC;
```

< 步骤 28> 在 Start 函数的末尾插入以下几行代码：

```
AudioSource[] audios = GetComponents<AudioSource>();
boingA = audios[0];
boingB = audios[1];
boingC = audios[2];
```

audios 变量是 AudioSource 对象的一维数组，由内置的 GetComponents 传递。我们初始化了三个音效，而这只需要在 Start 函数中完成一次即可。

接下来，我们将添加代码，根据碰撞的类型来播放这些声音。

< 步骤 29> 在 OnCollisionEnter2D 中插入三个 .Play 调用，如下所示：

```
private void OnCollisionEnter2D(Collision2D collision)
{
    if (collision.gameObject.name == "WoodPlank")
    {
        Scoring.gamescore += 10;
        boingA.Play();
    }
    if (collision.gameObject.name == "Sphere")
    {
        Scoring.gamescore += 50;
        boingC.Play();
    }
    if (collision.gameObject.name == "DonutBox")
    {
        Scoring.gamescore += 100;
        boingB.Play();
        GameState.state = GameState.levelComplete;
    }
}
```

注意，用 BingA 来处理木板碰撞，用 BingC 处理球体，用 BingB 处理甜甜圈盒子。

< 步骤 30a> 在 Visual C 中保存该代码。

< 步骤 30b> 播放游戏，并听一下音效。

< 步骤 31> 保存项目。

现在，你已经拥有了足够多的知识，可以用本节的步骤所演示的技术在游戏中添加额外音效了。举例来说，当甜甜圈撞到甜甜圈盒子但没有落到盒子里面的时候，最好能有一个音效。用键盘移动木板时有个音效也是很不错的。这还只是一个原型，所以最好把这些想法留到以后再实现，现在先添加背景音乐。

第 8 章　使用 MuseScore 创作音乐

　　这一章中，我们将探索电子游戏中的音乐。具体来说，我们将使用 MuseScore 来创作一段简短的音乐并将其输出到 Unity 项目中。音乐在电子游戏中的重要性不亚于它在电影和电视中的重要性。没有了音乐的电影是不正常的，电子游戏也是如此。音乐是游戏氛围和感觉的重要组成部分，尽管对于大多数游戏来说，在不听音乐的情况下也是可以玩游戏的。特别是对于手机游戏而言，当玩家在嘈杂的环境中游玩而没有戴耳机时，往往是听不到音乐的。

　　你需要接受过一些音乐培训才能完全理解这一章。如果对音乐不感兴趣或没有受过音乐培训的话，可以不用自己创作，而是跳过本章的大部分内容，直接下载音乐文件。不过，你仍然需要添加播放音乐的代码。最后一节中将会解释这一部分。

8.1　电子游戏中的音乐

　　音乐在电子游戏中有很多用途，比如在标题和菜单界面作为背景音乐，在过场动画以及游戏过程中作为配乐。在一些游戏中，音乐会随着游戏过程而变化。电子游戏的音乐可以是授权使用的，可以是由公有领域的音乐改编而来的，也可以是专门为游戏编写的。

　　电子游戏音乐史发端于 20 世纪 80 年代，当时的电子游戏音乐通常由廉价的声音合成器制作。随着技术几十年来的发展，电子游戏音乐逐渐演变成了交响乐编曲和流行音乐的全保真录音。在维基百科上可以找到非常详尽的电子游戏音乐史。

　　早期，电子游戏音乐的制作非常简单，仅仅是为每条轨道输入音符，分配乐器并设置音量。与当年相比，我们已经取得了长足的进步。在大多数情况下，现代游戏中的音乐都是使用与电影和电视配乐相同的工具和技术制作的，还会加入一些自适应技术。

　　电子游戏音乐中的自适应技术的例子是重新编曲，其中独立音轨的混合是动态变化的，以响应玩家的操作。更简单的做法是，在一个高潮迭起的战斗场景中，提高背景音乐的音量并加快节奏。

　　本章中，我们将使用 MuseScore 来创建一个简短的、原创的背景音乐循环，然后将其整合到游戏中。本章的一部分内容是在假设读者接受过音乐培训的前提下撰写的，如果你对音乐创作不感兴趣的话，可以选择直接跳过带星标的小节。

8.2　安装 Musecore

MuseScore 是一个用于 Windows、macOS 和 Linux 的乐谱编写器。和本书中使用的许多其他工具一样，MuseScore 是开源的，并且完全免费。请在 musescore.org 下载最新版本的 MuseScore。

< 步骤 1>　用自己惯用的浏览器访问 musescore.org。

< 步骤 2>　下载最新版本的 MuseScore。

本书使用的是 MuseScore 3.2.3。你应该也能够顺利地使用最新的版本，但要注意，如果使用其他版本的 MuseScore 的话，本章中的截图可能会与你的屏幕不一致。如果想完全按照本章的步骤进行操作，应该可以在 MuseScore 网站找到一个 3.2.3 版本或者比较接近的版本的链接。

< 步骤 3>　在 musescore.org 创建一个 MuseScore 账户。

有了这个免费账户，你可以访问成千上万的乐谱，并任意用于自己的游戏中。

请注意，MuseScore 上的音乐可能不属于公有领域，所以一定要检查从 musescore. org 或任何其他网站获取的所有音乐的许可情况。有些人是专职审核电影、电视和电子游戏中使用的音乐。如果你供职于一家游戏公司，这将是一个很好的时机，可以向管理层询问公司的音乐审核政策。如果你是一位独立游戏开发者，可能负担不起流行歌曲的音乐授权，所以或许直接雇用作曲家来编写原创音乐，并让演奏者来演奏，这样做比较好。如果预算真的很低的话，可以寻找公版的音乐和 / 或公版音乐的录音。如果自己用钢琴弹奏已经有 200 年历史的贝多芬《月光奏鸣曲》并录音的话，完全可以随意使用。

即使不是一个专业的音乐家，一点点的音乐培训也能起到很大的作用。请不要对深入探索这一领域感到害怕，创作自己的音乐吧。

8.3　创作自己的乐谱（选读）

在这一节中，我们将创建一个简短的八小节乐谱。本节内容是选读的，可以自行决定是否需要跳过本节。本节将假定你了解一些基本的音乐理论。如果你上过几年的钢琴课，就可以直接开始。

< 步骤 1>　打开 MuseScore。

可以看到两个窗口，即启动中心和 MuseScore 主窗口。将主窗口视图与图 8.1
进行比较。

图 8.1　**启动时的 MuseScore 主窗口**

我们不能马上进入主窗口。首先，我们需要在启动中心做些什么。

< 步骤 2>　在启动中心中，单击"新建乐谱"。

这是在中心面板上可能有的几个矩形中的第一个。

< 步骤 3>　输入这首歌的标题"Donut Theme"（甜甜圈主题曲）。可以把副标题留空。

< 步骤 4>　输入作曲家。就用你自己的名字吧！

< 步骤 5>　输入版权。输入你的名字和当前年份。

< 步骤 6>　单击"下一步"。

< 步骤 7> 双击"选择乐器"。

< 步骤 8> 键盘 – 钢琴。

< 步骤 9> 添加。

< 步骤 10> 单击"下一步"。

< 步骤 11> 将调（key signature）保留为 C 大调。

< 步骤 12> 勾选"速度"框，将"拍 / 分钟"设为 120。

120 将速度设置为每分钟 120 拍。我们以后可以改，以放慢或加快音乐的播放速度。

< 步骤 13> 单击"下一步"。

< 步骤 14> 把小节个数改为 4。

< 步骤 15> 完成。

将乐谱与图 8.2 进行比较。

图 8.2　MuseScore 初始设置中的"Donut Theme"

请把你自己的名字写在右上角，而不是我的名字。

< 步骤 16> 在 BouncingDonuts/Assets/Audio 中，创建一个名为 Music 的文件夹。

< 步骤 17> 文件 – 另存为 ...，保存在新建的 Music 文件夹中，并使用 Donut Theme.mscz 作为名字。

现在你已经做好了为作品输入音符的准备了。作曲可能是一个需要多年训练的职业。你的作品可能不如专业人员所创作的好，但它将是属于你自己的，这很令人有成就感。请记住，存在着很多新手作曲家创作出热门歌曲的真实案例。

你的作品中还没有任何音符，所以作为一种学习方式，你将输入王尔德·怀特（Wilder White）创作的 *Bouncing Through* 中的音符。王尔德是我的一个钢琴学生。他在 2019 年写下了这首曲子，作为一个简单的作曲练习。图 8.3 展示了这首四个小节的作品。

我们的目标是在不更改 MuseScore 文件的情况下输入这个作曲。

图 8.3　王尔德·怀特的《Bouncing　Through》

<步骤 18> 文件 – 另存为 ......，命名为 "Bouncing Trough"。

<步骤 19> 双击作曲家的名字，将其改为 "Wilder White"。

<步骤 20> 双击乐曲名称，将其改为 "Bouncing Trough"。

接下来，我们要在低音谱号（最下面一行）中输入音符。

<步骤 21> 单击低音谱号中的第一小节。现在的屏幕与图 8.4 是一致的。

<步骤 22> 输入字符 "n7dcdc<Esc>"。

我们进入了音符输入模式，为音符时值（7）选择了全音符，然后输入了四个音符：DCDC。输入音符时，我们还可以听到这些音符。按下 Esc 键，退出音符输入模式。可以看到，C 调的音调低了一个八度。将屏幕与图 8.5 相比较。

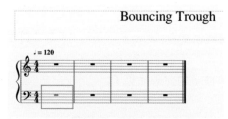

图 8.4　选择低音谱号的第一小节

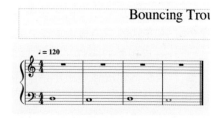

图 8.5　C 调过低时输入的低音音符

现在我们将通过向上移动 C 调来进行调整。

<步骤 23> 单击第二小节的 C，然后按 12 次上箭头。

此时，可以听到钢琴演奏半音阶的声音，同时这个音符被上移到它的预定位置——中央 C。

<步骤 24> 对第 4 小节重复上一步骤。

你的基线应该与原谱一致。接下来，我们将输入高音谱号的音符。

<步骤 25> 选择高音谱号中的第一小节。

这个小节上应该会出现一个蓝框，和之前选择低音谱号的第一小节时一样。

< 步骤 26> 输入 "n400agfe5d"，我们刚刚输入了第一小节的音符。

< 步骤 27> 输入 "4ee5ded"。

数字 4 是选择八分音符，5 是选择四分音符。而字母是音符的名称。

< 步骤 28> 输入 "4a"。

输入的 a 低了一个八度。我们可以按以下方法快速调整。

< 步骤 29> <Ctrl>< 上箭头 >。

按住 Control 键（Mac 上的 command 键），然后在按住的同时，按上箭头键。这应该会把音符上移一个八度。

< 步骤 30> 输入 "gfe5d3eee0"。

这有点难，不过我们成功地输入了第三小节的音符。

然后轮到最后一个小节了。

< 步骤 31> 输入 "0d4dc"，<Ctrl>< 上箭头 >6c4d<Esc>。

在 Mac 上使用 <command> 而不是 <Ctrl>。搞定了！

< 步骤 32> 单击播放图标，或直接按空格键来播放。

哦，我们忘了让它反复了。

< 步骤 33> 选择最后一小节的无论哪个谱号。

< 步骤 34> 在左边的调色板上单击 "反复与跳转记号"。双击左下角的 "反复" 符号（冒号后跟着双竖杠）。

现在，你应该有王尔德•怀特这首曲子的完美拷贝了。

< 步骤 35> 保存文件。

接下来，我们需要把它导出为 Unity 能够使用的格式。我们将使用 MP3 格式，它很适合游戏中的音乐。我们之前使用的是 .wav 格式的音效，因为这种格式的音效很纯净，但代价是文件比较大。

< 步骤 36> 文件 – 导出。使用 mp3 格式并保存到 Music 文件夹中。这在系统中可能需要花费 10 秒钟。在导出过程中，MuseScore 不能做其他事，所以只能等待这个过程结束。

本书中的这一乐曲是在知识共享许可协议 3.0 下发布的。这意味着，如果你在某个项目中使用这首曲子，需要记得在合适的地方署上王尔德•怀特的名字。

要想进一步了解这个许可协议，请访问 creativecom-mons.org。

< 步骤 37> 退出 MuseScore。

< 步骤 38> 运行 MuseScore，选择之前保存的 Donut Theme 文件。

你又一次有了一个空白的作品。这一次，你要制作自己的歌曲。

< 步骤 39> 按照创建 *Bouncing Through* 的步骤来创作音乐，但改变一些音符和休止符。

实验一下，直到自己满意为止，给它起个名字，把作品保存在 Music 文件夹中。这里有一些如何创作乐曲的提示。

- 保持低音谱号中的音符与 *Bouncing Through* 相同或类似。
- 在旋律线中，以任意顺序使用 DEFGA 音符。
- 在旋律线中只使用四分和八分音符。
- 在网上观看一些 MuseScore 的介绍性教程视频，以获得更多的灵感。

现在你已经尝到了创作音乐的滋味，是时候看看替代方案了。如你所见，即使只用一台钢琴来演奏非常简单的旋律和更简单的基调伴奏，也是很费工夫的。想象一下，如果要为一支完整的管弦乐队作曲，得有多麻烦！作曲并不简单，而且需要多年的训练和音乐天赋来学习如何创作出吸引人的复杂乐曲。幸运的是，我们有互联网。在下一节中，我们将尝试获取第三方音乐。

8.4　使用第三方音乐

我们要保持简单，在 freesound.org 中搜索免费音乐。还有很多其他网站中有免费和低价的音乐曲目可供选择。freesound.org 是一个开始搜索的好地方，尤其是在我们已经创建了一个账户的情况下。

< 步骤 1> 进入 freesound.org，如有必要，请登录。

如果最近为了获取音效而登陆过该网站的话，那么 freesound.org 将记住这一点，让你直接登录。

< 步骤 2> 搜索"video game music"（电子游戏音乐）。

你会得到数以百计的结果，这意味着有足够的选择空间。为了减少麻烦，请选择"Creative Commons 0"许可，这将使可用的曲目数量减少到大约 70 个。

< 步骤 3> 选择 Playground Runaround，听一听，然后下载它。

这是一个相当长的 MP3 文件，使用了大约 5.5 兆字节的存储空间。了解这些文件的大小是个好习惯，以防需要限制游戏的大小。

< 步骤 4> 听一听其他音乐,再下载自己喜欢的一两首曲目。

　　　　　　如你所见,这是件小事。当然,由于这只是个原型,在以后的开发中,音乐可以很容易地进行替换。

< 步骤 5> 把下载的文件移动到项目的 Music 目录下。

8.5　将音乐导入 Unity

　　只需将音乐文件存储在 Unity 项目的 Assets 文件夹中,就可以在游戏中使用这些音乐。如果音乐文件是从网上下载件,请不要忘了跟踪许可协议的情况。

　　在下面的步骤中,我们将导入 Bouncing Through 音轨和 Playground Runaround 音轨。我们还将设置 Unity 项目,让它在适当的时候播放这些曲目。如果希望的话,请随意使用其他音轨,最好是你自己的作品。

< 步骤 1> 打开 Unity,加载 Bouncing Donuts 项目。

< 步骤 2> 进入 Assets 面板中的 Music 文件夹,测试你想使用的两个音轨。

< 步骤 3> 如果还没有选择 Title 场景的话,请选择。

　　　　　　可以通过查看层级面板的顶部来判断哪个场景是当前场景。

< 步骤 4> 在 Main Camera 上添加一个音频源组件。

< 步骤 5> 把 Bouncing Through.mp3 文件拖到检查器中的 AudioClip 文本输入框中。

　　　　　　检查器中的音频源部分应该和图 8.6 一致。

　　　　　　注意,"唤醒时播放"被勾选,而"循环"则没有。这是默认设置。

< 步骤 6> 勾选"循环"复选框。玩游戏,停留在标题界面上听一听。

　　　　　　我们希望这个音乐在菜单激活时可以循环播放。可以听到四小节主题曲播放了两次,然后短暂地停顿了片刻,又循环播放了下去。这不是很完美,我们可能应该剪辑一下 MP3 文件,但现在这样也足够了。如果要剪辑的话,可以在 Audacity 中进行。

< 步骤 7> 在 Scenes 文件夹中双击 Level 1 场景,选择它。

　　　　　　因为我们没有保存对 Title 场景的修改,所以,Unity 会提醒我们进行保存。

< 步骤 8> 在 Main Camera 上添加一个音频源组件。

< 步骤 9a> 单击 AudioClip 文本框右边的小圆圈图标。这将弹出一个窗口,其中显示了所有可用的可播放音频剪辑。

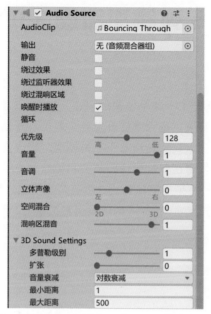

图 8.6　Title 场景中 Main　Camera 的音频源部分

< 步骤 9b> 选择你在上一节下载的 Playground Runaround 音频剪辑。

这将开始播放该音轨。可以通过关闭弹出窗口来停止播放。

< 步骤 10> 在第 1 关中测试音频。

在玩第 1 关的时候，应该可以听到音效和背景音乐。音效与这段背景音乐不是很协调，但这可以留到以后打磨。问题在于，音效的音高应该与音乐相协调，而现在却并非如此。对于一个原型而言，目前这样已经很好了。

< 步骤 11> 为第 2–5 关重复步骤 7 到步骤 10。

这有点乏味，但比为摄像机制作一个预制件要容易。

现在，我们有两条音轨和一些音效了，这是一个不错的开始。我们打算在项目的后期对音频进行改进和补充。你已经学会了为 Unity 项目创建音轨的基本知识。你尝试了自己作曲，并学会了如何在网上寻找免费的音乐。至于游戏本身，我们只选择了在每个关卡的开始启动一首背景音乐。在更复杂的游戏中，我们 需要在一个关卡内改变音轨，并可能根据玩家在关卡中的行动来调整音乐。我们将在本书的第 II 部分中再次回顾这些主题。

第 9 章　《弹跳甜甜圈 1.0》

在本章中，我们将完成这个小型原型项目。我们将从回应测试人员的反馈开始。然后，像所有原型一样，我们需要决定是否继续开发这个原型，开始生产，还是搁置它。这里先剧透一下：我们将搁置它。其实这也算不上是剧透，因为几乎所有原型都注定要被搁置。大多数专业的游戏开发者在开始制作时都会扔掉原型中的所有东西，用全新的代码和资源重新开始。被搁置的原型有可能给生产项目带来灵感，甚至是在多年以后。偶尔，原型会被原封不动地被公开发布，这样做的结果通常很糟糕，不过当然也有例外，比如《飞扬的小鸟》（*Flappy Bird*）[①]。

9.1　BUG 修复

测试人员已经做出了回应，你已经收到了一些评论、改进建议和 bug 报告。最大的问题是游戏时间太短，而且玩家只有一条命，这让人玩起来很有挫败感。还有一个关于甜甜圈盒子碰撞的错误。如果甜甜圈从甜甜圈盒子下面撞到盒子，代码会认为甜甜圈在盒子里面，并结束游戏。

本节中，我们将修复这个碰撞错误。你可能会问，如果要搁置这个项目，还值得花时间修复这些 bug 吗？嗯，也许吧。请把这个原型看作是一种学习经验。修复一两个简单的 bug 是值得的，也许还可以尝试一下更多的想法。就算之后要把它束之高阁，你至少可以对自己已经尽到了最大的努力而感到满足。

修复碰撞错误是相当简单且有趣的。我们要在甜甜圈盒子原型的底部放上一个隐形的屏障。

<步骤 1> 打开 Bouncing Donuts 项目。

<步骤 2> 选择 Level 1 场景。

<步骤 3> 在 Assets/Preabs 中，双击 DonutBox。

　　　　　这将打开 DonutBox 资源。这与单击并在检查器中单击打开预制件是一样的。

<步骤 4> 单击 DonutBoxRightWall，右击弹出的快捷菜单，单击"复制"。

[①] 译注：2013 年开发的像素游戏，由越南河内的独立游戏开发者阮河东开发。

<步骤 5> 在层级面板上单击右键，单击"粘贴"。

<步骤 6> 把 DonutBoxRightWall (1) 重命名为 DonutBoxBottom。

<步骤 7> 在检查器中，单击编辑碰撞器图标。

<步骤 8> 在场景面板中调整碰撞器以便与图 9.1 保持一致。

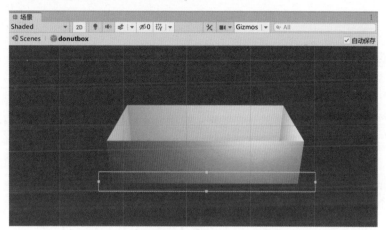

图 9.1　调整底部的 Donut　Box 碰撞器

<步骤 9> 测试。

测试的最好方法是暂时移动第 1 关的甜甜圈盒子，如图 9.2 所示。

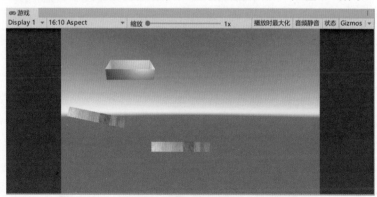

图 9.2　测试甜甜圈盒子的碰撞 bug 的修复

可能需要多尝试几次，把甜甜圈盒子放在一个位置，让甜甜圈勉强不碰到甜甜圈盒子，垂直下落，然后在弹跳后击中甜甜圈盒子的底部。可以通过禁用

DonutBoxBottom 游戏对象来复现这个 bug。

确保第 1 关的 DonutBox 已经被替换掉。

< 步骤 10> 保存。

你现在可能很想添加更多的关卡，实现生命值系统，并继续开发，但在这之前，是时候对目前为止所做的事情进行回顾了。

9.2 搁置还是继续

在游戏开发中，就像任何创造性的工作一样，总是存在着放弃一切，继续做其他项目的可能性。在大大小小的游戏工作室中，经常有项目因为各种原因被取消。那些非常棒的游戏由于财务或商业原因被高级管理层取消的时候，则更是悲惨。如果你是一位独立开发者，那么虽然你可能没有大型工作室的资源，但至少你可以自己做决定。

所有原型都应该遵循原型设计的首要原则：要有一个问题，而原型可以快速且实惠地解答这个问题。当你有了答案之后，就可以停下来，然后继续下一步了。那么，原型所要回答的问题是什么呢？比如，这个问题怎么样：在控制环境元素而不是不控制甜甜圈本身的情况下，让一个甜甜圈弹跳到一个甜甜圈盒子里是否有趣？当然，这是一个非常主观的问题。归根结底，这是你对游戏的印象和你所做的判断。对于一个原型而言，这是一个不错的游戏，但它非常短，而且只暗示了一些可能的潜力。真正优秀的游戏原型是非常有趣的，它会好玩到让你停止继续开发游戏，连续几个小时地玩它。而这种情况并没有发生在《弹跳甜甜圈》上，所以是时候忍痛搁置它了。

这并不是一个彻头彻尾的失败，而是恰恰相反！你在 Unity 中创建了一个游戏，其中包含许多真正的商业游戏里存在的功能。你学到了很多关于音效、音乐、2D 甚至一点点 3D 图形的知识。你做了一些实际的 C# 编码，亲身体验了创建电子游戏的过程。

我们换个话题吧。其实，"Bouncing Donuts"（弹跳甜甜圈）这个名字存在着一个问题。它已经有人使用了。在苹果应用商店里有一款免费的独立游戏就叫"Bouncing Donut"，它的作者是保罗·博蒂格利罗（Paolo Bottigliero）。不，不可以只在一个现有产品的名称上加一个 S，就声称它不一样。

名字的问题其实相当容易解决。原型本就应该有暂定名称，尽管往往暂定名称最终变成了正式名称。当然，如果你不打算发布游戏的话，那么不妨只为自己保留这个名字。不过要记住，如果要将这个游戏投入生产的话，请一定要把名字改成其他的。

搁置一个项目是一回事，放弃它是另一回事。考虑到我们能投入的时间和精力，我们真的不希望放弃这个项目。在下一节中，你将把这个游戏，包括未修复的问题在内，发布给你自己！没错，你不会向公众发布这个游戏，但最好以某种可发布的形式拥有它，这样就可以向朋友、家人或潜在的雇主展示它了。

9.3　发布：《弹跳甜甜圈 1.0》

称之为“发布”其实有点名不副实，因为我们并不会真正向公众发布它。不过，作为练习来体验发布游戏的一些技术方面的问题是一个不错的主意。你可能会学到一些东西，在发布下一个游戏时，这些经验会派上用场的。首先，需要再测试一次游戏，测试人员就是你自己。

< 步骤 1> 在 Unity 里面从头到尾地玩一遍这个游戏，直到第 5 关通关。

　　　　在测试或修复 bug 时，很容易破坏一些东西。例如，在之前测试那个 DonutBox 的 bug 时，可能会忘记把 DonutBox 放回原来的位置。

< 步骤 2> 修复任何已知的 bug，如果修复不了，就把它们记录下来。接着，再次测试游戏。

< 步骤 3> 构建游戏，并将构建的游戏存放在 Release 文件夹而非 TestRelease 文件夹中。

< 步骤 4> 记下所有帮助过你的人的名字。

　　　　这对于未来的发布来说是很重要的，因为需要署他们的名字。

< 步骤 5> 列出所有并非你自己创建的资源：在 freesound.org 上找到的 boing 音效，或同样来自 freesound.org 的背景音乐。

< 步骤 6> 列出在公开发布游戏之前仍需完成的游戏基本部分。

　　　　这包括版权声明、游戏发布版本的标题以及游戏的网页或网站等等。还有一个安装程序，以及可能的目标平台列表，比如 PC、Mac、Linux、WebGL、游戏机。

下一节中，我们要进行事后分析。事后分析是学习游戏开发过程的一个重要部分。

9.4　事后分析

事后分析（postmortem，也称“复盘”或“验尸”）是对游戏开发过程的回顾，通常由开发团队在发布后举行。在事后分析中，至少需要回顾在这个过程中哪些地方做对了、哪些地方做错了以及学到了什么，下次又该如何改进。

　　"postmortem"一词源自拉丁文"post"，意思是"之后"，而"mortem"的意思是死亡。医生们经常回顾已死亡病人的治疗情况，试图了解发生了什么，是否犯了错误。

　　对于这个项目，我们的目标是使用 Unity 和其他各种图形和音频工具一起制作一个小型的、可玩的游戏。我们已经成功了，并且对成果感到满意，尽管我们已经决定将其搁置了。对于一个原型来说，这个游戏看起来相当不错。玩起来很有意思，但在这 5 个关卡中，游戏性不是很高。

　　这个游戏有时非常让人有挫败感。玩家不得不重玩之前已经通过的关卡，这是很不应该的。这意味着我们需要保存玩家的进度。我们还没有实现这个功能，因为作为开发者，我们可以从 Unity 里面的任何关卡开始游戏。

　　一个真正的商业游戏的事后分析会更详细、规模更大。对于这个小小的原型而言，本节只是让你大致体验一下事后分析的氛围。在网上观看一些"经典的游戏事后分析"视频可能是很有趣的。游戏开发者大会提供了很多这样的视频。本书的作者在 2012 年制作了一个《水晶城堡》个人复盘视频，这个游戏是雅达利公司在 1983 年发布的。

　　现在，我们已经准备好开始下一个项目了。

第 II 部分
2D 游戏开发：从概念到发布

本书的第 I 部分介绍了游戏开发的基础知识，帮助大家了解了如何使用各种工具，包括 Unity、Blender、GIMP、Audacity 和 MuseScore。我们创建了一个 2D 游戏的原型，它的暂定名称为《弹跳甜甜圈》。我们决定搁置这个游戏，转而做另一个项目。

我们将再次使用第 I 部分中的软件工具来建立一个更大型的游戏，其中含有动画精灵、瓦片贴图、粒子系统，当然还有音效和音乐。可以提前翻一下本书后面的内容，了解一下游戏大概是什么样子。但不要提前看得太多。在不太确定最终结果的情况下逐步操作，体验构建这个游戏考验的磨难，会更加有趣和贴近实际。

我们会在第 11 章开始构建新的项目。现在，我们要深入研究 Unity 的 2D 工具。

第 10 章　Unity 中的 2D 工具 ▮

在 Unity 的早期阶段，它被称为"Unity3D"，被设计用来制作 3D 游戏。但即使是在它的名字还是 Unity3D 的时期，它也可以被用来制作 2D 游戏。不过在 2013 年，当 Unity 发布了一个更新后的 2D 工具集时，这个过程变得更加容易了。从那时起，Unity 一直在增加新的 2D 工具和支持，包括 2D 物理引擎、瓦片地图和 2D 动画功能。

我们在第 II 部分的目标是创建一个 2D 迷宫游戏，其灵感来自于 20 世纪 80 年代初的大部分 2D 迷宫街机游戏。那些早期的迷宫游戏使用当时所谓的 stamp 硬件来显示游戏画面。20 世纪 80 年代的 stamp 现在更多地被称为"瓦片"。瓦片是固定尺寸的矩形图形元素，以网格形式排列。与瓦片相反，移动的角色是用运动对象硬件显示的，现在这被称为"精灵"。如今，硬件已经改头换面了，而且它们大多隐藏在几个软件层后面。开发人员可以在不了解硬件的情况下使用游戏引擎。瓦片和精灵的逻辑概念仍然可以通过游戏引擎获得。

在潜心设计我们的新游戏之前，我们要对 Unity 的 2D 功能和工具进行试验，以便更好地了解瓦片和精灵的可能性。

10.1　Unity 2D 设置

在本书第 5 章中，我们简单地尝试了一下 3D 场景视图。那之后，我们一直在使用 2D 场景视图。了解 Unity 中的 2D 和 3D 设置很重要。不熟悉的人可能会感到困惑，事实上，Unity 中有两个独立的 2D 设置：项目设置和场景视图设置。在下面的步骤中，你将尝试使用这些设置。

< 步骤 1> 打开 Unity Hub。
< 步骤 2> 单击"新建"，选择"2019.3.0f6 版本"。
　　　　　在这里，可以选择新项目要使用哪个版本的 Unity。
< 步骤 3> 选择"2D 模板"。
　　　　　这是我们把项目设置为 2D 模式的地方。这个设置与场景视图的 2D 设置有很

大的不同。下文中将详细地进行说明。

< 步骤 4> 给项目命名为"2Dvs3Dsettings"。

　　本节的项目是一个为了帮助你学习 2D 和 3D 设置的效果而进行的小实验。

< 步骤 5> 创建。

　　大约一分钟后，新项目在一个单独的窗口中创建好。

　　我们刚刚使用 2D 模板创建了一个新项目。这使项目进入了 2D 模式。

< 步骤 6> 在新项目中，**执行帮助 –《Unity 手册》**。

　　手册应该会出现在一个单独的窗口中。

< 步骤 7> 在手册窗口中，搜索"2D and 3D mode settings（2D 和 3D 模式设置）"。

　　现在应该会看到手册中讲述 2D 项目模式和 3D 项目模式的区别的部分。

< 步骤 8> RTFM。

　　好吧，这是个老梗了。"Read the Freaking Manual"（阅读那本该死的手册）。是的，这句话就是 RTFM 这个缩写的和谐版。几十年前，在 YouTube 视频教程和真正的好书（比如本书）出世之前，程序员可以从两个地方获得帮助：同事和手册。如果你问了同事一个通过阅读手册就能轻松找到答案的问题，你的同事会微笑着说："RTFM。"

　　在 21 世纪，这通常不是最好的建议，但随着个人经验的增加，《Unity 手册》绝对值得一读。

　　你可能还没有做好阅读手册的全部内容的准备，但请先读一下关于 2D 与 3D 模式设置的部分。

　　现在，我们要对一些最重要的不同之处进行测试。

< 步骤 9> 单击层级面板中的 SampleScene。

< 步骤 10> 单击层级面板中的 Main Camera。

　　现在可以在检查器中看到 Main Camera 了。

< 步骤 11> 检视 Main Camera，它的大小是 5，位置是（0，0，–10）。

< 步骤 12> 检查 Main Camera 的投影是否被设置为"正交"。

　　正交意味着无论对象的 Z 坐标是多少，其大小都不会改变。

< 步骤 13> 查看场景视图顶部的 2D 图标。它应该是被高亮显示的。

　　这意味着除了处于 2D 项目模式外，我们还在使用 2D 场景视图。

< 步骤 14> 单击 2D 图标。

我们会立即看到一个完全不同的场景视图。我们的项目仍然处于 2D 项目模式，但场景视图被设置为 3D 了。注意，Main Camera 没有任何变化，它仍然在使用正交投影。现在，2D 图标不再被高亮显示。

< 步骤 15> 再次单击 2D 图标。

现在，我们又回到了使用 2D 场景视图的状态。

这可能很令人惊讶，但我们随时能将项目模式在 3D 和 2D 之间切换。现在就来试试吧。我们将按照手册上的指示执行以下步骤。

< 步骤 16> 编辑 – 项目设置 ...

< 步骤 17> 在项目设置面板中选择"编辑器面板"。

< 步骤 18> 默认行为模式 – 3D。

好了，我们的项目现在是 3D 模式了。注意，场景视图仍然是 2D 模式，Main Camera 根本没有变化。这是因为更改默认行为模式只会在摄像机和场景视图被创建时对它们产生影响。

< 步骤 19> 文件 – 新建场景。

现在，我们可以在场景面板中看到一个新的场景，它还配有一个天空盒。在 3D 模式下，新场景会自带默认的天空盒。不过，场景视图仍然是 2D 模式。

< 步骤 20> 单击 2D 图标，禁用 2D 模式。

< 步骤 21> 选择 Main Camera，在检查器中查看它。

可以看到这是一个透视摄像机，这正是我们在 3D 项目模式下所期望的。

另外，在层级面板中，可以看到一个 Directional Light 对象。在 3D 项目模式下，创建一个新场景时，默认会创建一个 Directional Light。

< 步骤 22> 双击项目面板中的 Scenes 文件夹，然后双击 SampleScene。现在，我们回到原来的 2D 场景中。不过场景视图仍然是 3D 的。我们在步骤 19 中创建的 New Scene 已经消失了。Unity 没有警告我们会丢失那个场景，因为我们没有在那个场景中做出任何更改。

如果觉得这一切看起来有点难以理解的话，请重复这些步骤。即使你打算在项目中坚持使用 2D，对 2D 和 3D 的设置有一定的了解也是有益无害的。许多 2D 项目一开始用的是 2D，但最终却迁移到了使用 3D 技术，以便获得更好的灯光和更真实的视角，即使游戏玩法仍然是 2D 的。

< 步骤 23> 保存项目。

可以动手创建一些游戏对象、精灵和灯光，并对 2D 和 3D 设置做一些更深入的试验。

10.2　精灵

精灵（Sprite）是矩形的 2D 图形对象。可以把精灵看成是一个像素矩阵。每个像素都有一个颜色，还可以更改控制像素透明度的 alpha 值。在 20 世纪 70 年代和 80 年代，雅达利内部把精灵称作"运动对象"。这是一个很不错的替代名称。精灵的目的是相对于背景和场景中的其他精灵进行移动。

Unity 中的精灵是一种纹理，它们所具备的特殊技术和工具可以让我们有效地管理它们。本节中，我们将尝试使用 Sprite Creator 和 Sprite Editor，这是两个为 Unity 中的精灵量身定做的内置工具。我们还将探索 Sprite Renderer 并学习打包精灵。

<步骤 1> 使用 Unity Hub 在 Unity 中创建一个 2D 项目，命名为"SpriteTest"。

<步骤 2> 选择"默认"布局。

我们要用默认布局而不是 2×3 布局。

<步骤 3> 在项目面板中，+ – Sprites – 正方形。

<步骤 4> 按回车键完成创建。

<步骤 5> 将 Square 拖入场景面板。

<步骤 6> 仔细观察精灵的检查器。

可以趁此机会了解检查器中的一些设置。有时候，即使一些很有用的功能就在眼前，开发人员也可能会多年来一直不知道它们的存在。

<步骤 7> 检查器标签下方有一个立方体的透视图，底部有一个小三角形，单击它。

这允许我们在 Sprite 显示在场景面板上时为它附加一个图标。

<步骤 8> 选择红色的椭圆形图标。然后在检查器中单击其他地方，关闭弹出的图标面板。

<步骤 9> 选择移动工具，移动正方形，但不要移动椭圆形的图标。

图标随着精灵移动，我们可以看到精灵的名字。这在调试复杂的场景时非常有用。

<步骤 10> 创建一个圆形精灵，并把它也拖进场景中。

<步骤 11> 为圆形精灵选择一个小的绿色圆形图标。

<步骤 11> 把圆形精灵变成黄色。

可以通过在检查器里的 Sprite Renderer 设置颜色来做到这一点。

< 步骤 13>　拖动圆形，使其与正方形交叠。

将场景面板与图 10.1 进行对比。

可以看到，圆形精灵在正方形精灵后面。精灵的绘制顺序由三个条件决定：Z 坐标、排序图层和排序顺序。我们通常会把所有精灵的 Z 坐标设置为 0 或其他固定值。可以设置指定的排序图层，举例来说，可以让所有敌人都在一层中，所有子弹都在另一层

图 10.1　场景面板中的圆形和方形

中。然后就可以重新排列这些层以应对排序需要了。

< 步骤 14>　创建名为 Circles 和 Squares 的排序图层。

在检查器中的附加设置下，单击排序图层下拉菜单，选择 Add sorting layers...（添加排序图层）后单击 +，添加这两个新排序图层。完成后，单击场景面板中的圆形精灵，退出排序图层对话框。

< 步骤 15>　将 Circles 排序图层分配给圆形精灵，将 Squares 排序图层分配给正方形精灵。

< 步骤 16>　重新安排圆形和正方形排序图层的顺序。

可以通过单击"添加排序图层 ..."来打开排序图层面板，然后按住鼠标，根据需要向上或向下拖动它们。在切换排序图层的顺序时，可以在场景面板中实时地看到效果。

我们还可以使用"图层中的顺序"设置来影响一个排序图层内的排序顺序。

接下来，我们将使用 Sprite Editor，这样就知道如何找到这个设置了。

< 步骤 17>　单击 Assets 面板中的 Circle。注意，Circle 的检查器看起来有很大的不同。

< 步骤 18>　在检查器中单击 Sprite Editor。

< 步骤 19>　把 sides（边）的数量改为"16"。

< 步骤 20>　单击"应用"并关闭窗口。

< 步骤 21>　在场景视图中选择 Circle 精灵，并键入 f 来放大它。可以看到，它不再是一个圆形，而是一个 16 边的多边形了。这是因为我们把边数改成了 16，它比较小的时候看起来仍然像是个圆形。Sprite Creator 工具是为原型项目制作精灵的快速手段，但它有相当大的局限性，因为它只能制作具有 3 到 128 条等长边的纯色多边形。

< 步骤 22> 保存并退出 Unity。

请随意浏览《Unity 手册》中对 Sprite Editor 的说明。它主要用于识别一个图像中包含的多个精灵。现在，我们完全可以先不研究这方面的细节。

10.3　瓦片

本节中，我们将学习有关瓦片的知识。在 20 世纪 80 年代，街机游戏开发的早期阶段，瓦片有时被称为"邮票"（stamp）。正如这些名字所暗示的那样，瓦片不重叠，彼此相邻，就像瓦片地板上的瓦片，或一整版邮票中的邮票一样。就 Unity 而言，瓦片实际上就是精灵，只不过有一个额外的规定，就是它们会被布置在一个网格或几个重叠的网格中。

为了简单起见，我们将为一块被泥土包围的草地制作 9 块瓦片。我们将用 GIMP 来创建瓦片，然后用 Unity 来铺设瓦片，以制作一篇更大的草地。

< 步骤 1> 打开 GIMP。

< 步骤 2> 把背景色设为"棕色"，前景色设为"黑色"。

想要设置颜色时，请找到工具箱下方的两个重叠的矩形，单击下面的那个矩形，然后使用选色器面板来选择背景色。接着，对另一个矩形重复一遍上述过程。最后的结果应该与图 10.2 一致。

图 10.2　在 GIMP 中把前景色设为黑色，背景色设为棕色

< 步骤 3a> 编辑 – 首选项 – 默认网格。将间距设为"32×32 像素"。线条样式为实线。

< 步骤 3b> 单击"确定"。退出 GIMP 并再次启动 GIMP。

对于保存 GIMP 2.10.14 中的默认网格间距而言，这一步是必要的。这可能是仅存在于该版本中的一个 bug，所以如果你使用的是另一个版本，这个步骤可能就没有必要了。

现在，我们已经做好创建瓦片的准备了。

< 步骤 4> **文件 – 新建**，将图像尺寸设置为 "128×128 像素"。

在输入该图像的尺寸时要格外留意。它们必须正好是 128×128。

< 步骤 5> **视图 – 缩放 – 400%**。

你可能希望放得更大，这取决于显示器的分辨率。一个快速放大和缩小的方法是使用数字键盘上的 "+" 和 "-" 键。GIMP 窗口的底部显示着当前的缩放百分比。

< 步骤 6> **视图 – 显示网格**。

应该可以看到 16 个棕色的方框，中间被细细的黑色网格线分割。这些网格线实际上并不是图像的一部分。它们是为了帮助指导你绘图而存在的，这样你就知道瓦片之后将如何切分了。与图 10.3 进行对照。

现在，我们已经做好绘制瓦片的准备了。

< 步骤 7> 使用铅笔，将画笔大小设置为 "3"。

< 步骤 8> 画一个椭圆形，如图 10.4 所示。

< 步骤 9> 把前景色改为 "绿色"。

只要是绿色就可以，无论深浅。

< 步骤 10> 用绿色的前景色填充椭圆的内部。

你可能已经知道了，可以通过选择油漆桶工具并单击椭圆内的任意处来进行填充。结果应该和图 10.5 一致。

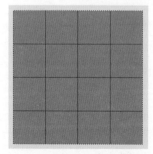 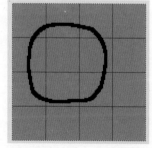 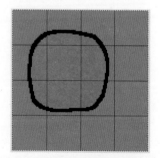

图 10.3　**GIMP 中的 16 块瓦片**　图 10.4　**GIMP 中的椭圆线图**　图 10.5　**GIMP 中创建的简单瓦片**

是的，我们刚刚在 GIMP 中创建了一个非常小的瓦片组。

< 步骤 11> 最小化 GIMP，创建一个新的 2D Unity 项目，命名为"MyUnityTiles"。我们其实应该在开始这项 GIMP 工作之前就创建 Unity 项目，但是我们可以通过暂时离开 GIMP，然后在创建好 Unity 项目之后将工作保存在新创建项目的 Assets 文件夹中，迅速弥补这一失误。

< 步骤 12> 在 GIMP 窗口中，将项目保存在 MyUnityTiles 项目的 Assets 文件夹中。为其命名为"MyTiles.xcf"。

< 步骤 13> 将 GIMP 图像导出为 MyTiles.png，也放到 Assets 文件夹中。

< 步骤 14> 关闭 GIMP 窗口。

< 步骤 15> 使用 Unity 中的默认布局。

< 步骤 16> 在 Assets 面板中选择 MyUnityTiles。

Assets 面板中有两个 MyTiles 图标。一如既往地，我们将选择带有预览图的图标，而不是 GIMP 项目的图标。我们要的是 .png 文件，而不是 .xcf 文件。

< 步骤 17> 在检查器中，将 Sprite 模式改为"多个"，每单位像素数改为"32"。

< 步骤 18a> 单击 Sprite Editor。

我们会得到一个警告，提示说存在未应用的导入设置。这是因为我们在检查器中做了修改，但没有应用它们。继续单击"应用"来弥补这一遗漏。

Sprite Editor 应该会在一个很大的弹出式窗口中显示我们的瓦片集，如图 10.6 所示。

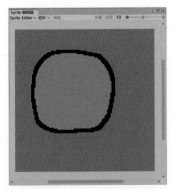

图 10.6　Sprite Editor 中的 MyTiles

好吧，这里有一个小问题。在绿色椭圆的边界上可能会有一些游离的像素。

它们是从哪里来的？这不太显而易见，但罪魁祸首是 Unity 在导入时进行的压缩。在检查器中，我们可以看到压缩被设置为"法线质量"。

<步骤 18b> 将压缩设置为"无"，然后单击"应用"。

神奇的事情发生了，游离的像素消失不见了。知晓这个问题是有好处的。如果你希望图形能有整洁的像素化外观，请关闭压缩。实际上，在这一情况下，高质量的压缩也能给我们带来完美的图形保真度，所以如果想节省一些内存的话，可以将压缩设为"高质量"。

<步骤 18c> 将压缩设为"高质量"，单击"应用"。

现在，我们做好对瓦片组进行切片的准备了。

<步骤 19> 在 Sprite Editor 中，单击"切片"，类型选择"Grid by Cell Size（按单元大小划分网格）"。

<步骤 20> 把像素大小设置为 32 乘 32，然后单击"切片"。

这应该会得到 16 个瓦片，每个都是 32 乘 32 像素。

<步骤 21> 在 Sprite Editor 中单击"应用"，然后关闭 Sprite Editor。

<步骤 22> 在 Assets 面板中展开 MyUnityTiles。

单击 MyUnityTiles 图标右边的小三角，展开它。应该可以看到 16 块瓦片，如图 10.7 所示。

图 10.7　瓦片的切片结果

我们只想要 9 块瓦片，但额外的 7 块空白瓦片是捎带来的，除了占用一点额外的内存外，这并没有什么坏处。

接下来，我们要建立一个平铺调色板，然后用它来绘制瓦片地图。

<步骤 23> 窗口 – 2D – 平铺调色板。

这将创建一个独立的浮动窗口。这是一个学习或回顾如何停放窗口的好时机。用鼠标抓住平铺调色板窗口的标签，将其拖入场景面板，直到它被放置在场景面板的右侧。现在的窗口应该看起来和图 10.8 一致。

这种布局将使我们能够通过一旁的调色板快速地在场景中绘制瓦片。

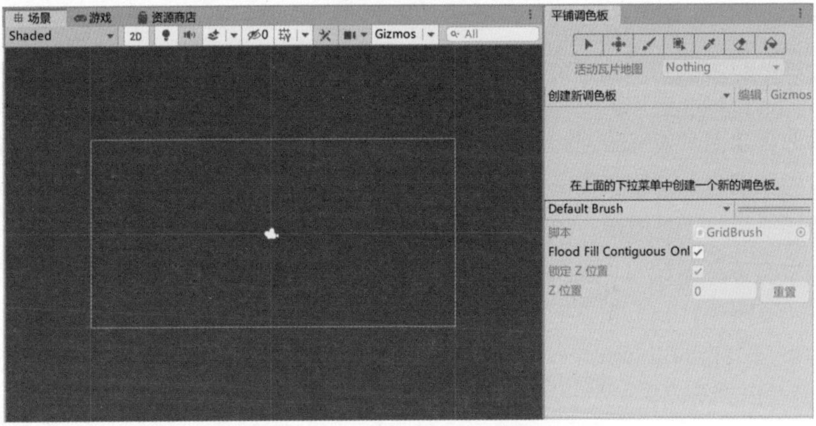

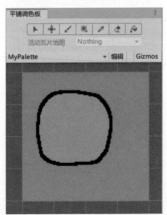

图 10.8　**平铺调色板停放在 Unity 的场景面板旁边。**

< 步骤 24> 在平铺调色板面板上，单击"创建新调色板"。

< 步骤 25> 将调色板命名为"MyPalette"，单元格大小为"自动"，然后单击"创建"。

< 步骤 26> 我们按要求选择一个用来存储调色板的文件夹。在 Assets 文件夹中创建一个名为 Tiles 的新子文件夹，并使用该文件夹。

< 步骤 27> 将 MyTiles 从 Assets 面板拖到平铺调色板中。当弹出新窗口时，再次选择 Tiles 文件夹。

　　　　　　将平铺调色板窗口与图 10.9 进行对照。接下来，我们将创建瓦片地图。

图 10.9　**有着 16 个瓦片的平铺调色板窗口**

< 步骤 28> 选择层级面板中的 SampleScene。

< 步骤 29> **游戏对象 – 2D 对象 – 瓦片地图。**

这将在场景中创建 Tilemap 游戏对象。但是它还没有显示在层级面板中，因为 SampleScene 还没有展开。

< 步骤 30> 展开 SampleScene，然后在层级面板中展开 Grid。选中 Grid。按 f 键聚焦于它。现在，我们可以在 Scene 面板中看到网格了，如图 10.10 所示。

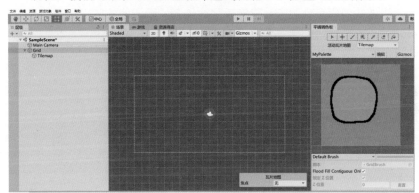

图 10.10　**场景面板中的瓦片地图**

我们现在有了一个瓦片地图，所以接下来，我们将用瓦片来填充平铺调色板。

< 步骤 31> 尝试按照以下步骤绘制瓦片：查看平铺调色板顶部的工具栏。可以使用这些工具来绘制场景面板中的网格。

选择画笔，单击平铺调色板中的瓦片，然后将鼠标悬停在场景面板中。

按下鼠标就会画出当前的瓦片。可以用 <Ctrl>Z（Mac 上为 <command>Z）撤销。

< 步骤 32> 绘制一个大的矩形区域，如图 10.11 所示。

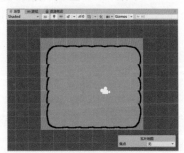

图 10.11　**使用平铺调色板绘制大型草坪**

草坪边缘的黑线衔接的不是很顺畅。如果这是个真实的项目的话，我们现在需要回到 GIMP，重新绘制椭圆形的底部，以改善外观。

可以自己尝试一下工具栏中的其他工具。

< 步骤 33> 运行游戏。

没错，这里面也有一个游戏。当然，这个游戏除了显示叠加在蓝色背景上的瓦片地图之外，并没有其他任何效果。

为游戏的代表性关卡创建背景往往是开发新游戏的第一步。

< 步骤 34> 停止运行游戏，保存并退出 Unity。

10.4　2D 精灵序列集合动画

Unity 中至少有三种创建 2D 动画的主要方式。

● 传统的手绘精灵序列集合动画。

● 由 3D 程序（如 Blender）生成的精灵序列集合。

● 骨骼动画。

本节中，我们将用 GIMP 创建的一个非常简单的动画来尝试精灵序列集合（sprite sheet）动画。下一节将会简单地讨论一下骨骼动画。使用 Blender 创建精灵序列集合的过程则将在后面的章节中讲述。

区分开动画化精灵和移动精灵是至关重要的。举例来说，弹跳的甜甜圈并不是真正的动画，因为我们只画了一个单一帧。我们仍然可以用 Unity 来移动这个精灵，而物理引擎会自动为我们创建旋转动画。

先用 GIMP 画几帧行走的角色的草图。这一次，请记得先在 Unity 中新建一个项目。

< 步骤 1> 使用 Unity Hub 新建一个 2D 项目，命名为"SpriteSheetTest"。

< 步骤 2> 使用默认布局。

< 步骤 3> 最小化窗口，或者在接下来在 GIMP 中操作时先将它移到另一个显示器上。

< 步骤 4> 打开 GIMP。

< 步骤 5> 文件 – 新建 ... 并将宽度设为"256"，高度设为"32"。

我们忘记把背景色设置为透明了，而且 256 的宽度似乎不太合适，所以我们不妨重新尝试一下。

< 步骤 6> 文件 – 关闭视图。

这将关闭当前视图。我们不再需要这个图像了。删除图像的另一个方法是单击主面板顶部的小预览图像旁边的叉。

< 步骤 7>　**文件 – 新建 ...** 宽度 "128"，高度 "32"，展开高级选项，填充选择 "透明度"。单击 "确定" 来创建新图像。

< 步骤 8>　放大图像，使它填满窗口。可以使用数字键盘上的 + 键来实现。

GIMP 窗口应该与图 10.12 类似。

图 10.12　为了制作四帧动画而设置 GIMP

< 步骤 9>　打开网格，并根据需要调整大小，就像我们在上一节做的那样。

现在我们可以看到四个透明的方块。

< 步骤 10>　选择铅笔，大小设为 "3"，前景色为黑色，在四个方格中画四个圆。

现在的图像应该与图 10.13 一致。

图 10.13　四个手绘的圆球

< 步骤 11>　保存到 SpriteSheetTest 这一 Unity 项目的 Assets 文件夹中，命名为 "Blob"。

我们其实应该早点保存的。现在我们已经准备好了，可以开始制作动画，并把它保存到正确的文件夹中。

< 步骤 12>　在各个圆圈的内部填充稍微有所不同的红色阴影。

我们的动画已经完成了，看起来应该和图 10.14 比较相似。

< 步骤 13>　以 Blob.png 为名导出。**文件 – 保存**。

< 步骤 14>　退出 GIMP。

< 步骤 15>　查看我们之前最小化的 Unity 窗口。

现在，Blob 已经在 Assets 面板中就绪了。

<步骤 16> 将 Blob 拖入场景面板，并聚焦于它。它应该看起来和图 10.15 是一致的。

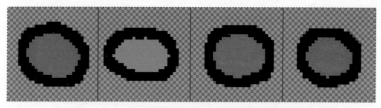

图 10.14　作为测试在 GIMP 中创建的动画化圆圈

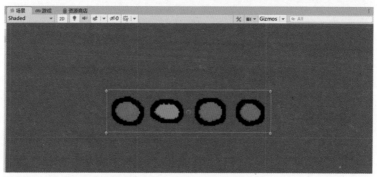

图 10.15　Unity 中的 Blob

这不是我们想要的结果。我们看到的是四个圆圈，而不是一个单一的动画化的圆圈。幸运的是，Unity 可以轻松地将这四个圆圈转换为动画。

<步骤 17> 单击资源面板中的 Blob 资源。

现在我们将在检查器中调整导入设置。

<步骤 18> 在检查器中把 Sprite 模式设置为"多个"。

<步骤 19> 把每单位像素数改为 32。

<步骤 20> 将过滤模式改为"点（无过滤器）"。

我们正在创建像素艺术，所以不希望过滤像素，因为它会导致图像模糊不清。

请随意尝试不同的设置，看看不同的过滤器都有什么样的效果。

<步骤 21> 单击应用。

Blob 游戏对象不再运作了，所以不妨按以下步骤删除它。

<步骤 22> 在层级面板中，删除 Blob 游戏对象。

<步骤 23> 使用 Sprite Editor 将 Sprite 切成四片。

若想查看这一步的操作细节，请看上一节。使用32乘32。

< 步骤24> 从Assets面板中把Blob拖动到场景面板内，就像之前做的那样。

这一次Unity要求我们提供一个存储动画的位置。

< 步骤25> 当Unity要求提供存储Blob动画的文件夹时，在Assets文件夹中创建一个Animations文件夹，然后将"BlobAnim.anim"用作新动画的名字。信不信由你，但我们现在有了一个可用的动画。

< 步骤26> 单击播放图标来播放游戏。观察动画，然后停止游戏。

可以看到一个非常简单的动画，循环播放我们在GIMP中创建的四个帧。接下来，我们将调整这个动画，让它慢下来。

< 步骤27> 双击Animations文件夹中的BlobAnim动画。

应该会弹出一个动画窗口。与图10.16进行对照。

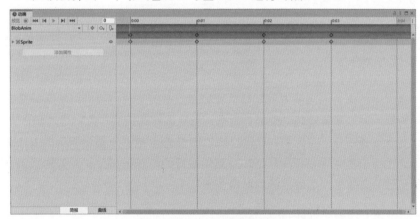

图10.16　Unity的动画窗口

这个窗口可以让我们调整刚刚创建的动画。现在有四个帧依次排列在这个名为"简报"的窗口中。

< 步骤28> 单击右上方"4"旁边的三点式菜单图标。

在弹出的动画窗口中，有两个三点式菜单图标，它们都位于窗口的右上方。选择右上角的X下面紧挨着的那个。

< 步骤29> 选择"Frames"，将采样率（sample rate）设置为"60"。

< 步骤30> 单击Sprite左边的箭头，在添加属性按钮的上方。

< 步骤31> 在现在显示着"0"的文本框中输入"40"。

这就把当前帧移到了"40"。可能需要滚动鼠标滚轮进行缩放，以看到所有帧。

<步骤 32> 单击添加关键帧图标。

<步骤 33> 移动现有的关键帧，使它们位于第 0、10、20、30 和 40 帧。

<步骤 34> 通过玩游戏，然后停止游戏来进行测试。

如你所见，这使动画变慢，产生了 40 个分散在 2/3 秒内的帧。如果把采样率设置成一个更低的值，比如 30，动画的播放速度就会更慢。这个简短的练习向我们展示了如何使用 GIMP 来制作简单的精灵序列集合动画，并使用 Unity 来显示和调整生成的动画。

<步骤 35> 保存。

10.5　2D 骨骼动画 *

在这个选择性阅读的小节中，我们将简要地探索 Unity 中的 2D 骨骼动画。2D 骨骼动画是 Unity 最近新增的一个功能。这个功能可以让我们把骨骼分配给动画对象的各个部分，然后移动骨骼来创建动画。通常情况下，使用骨骼动画比单独绘制每一帧动画（就像我们为精灵序列集合动画所做的那样）更简单。举例来说，我们可能有一个角色的腿和胳膊的骨骼，通过简单地移动腿部的骨骼，就可以快速创建一个行走动画。

但这里确实存在着一个问题。Unity 中的 2D 骨骼动画并不适合胆小的人，而且对于初学者来说也不是那么容易使用。所以，这里最好的办法是浏览一些教程视频，看看骨骼动画能实现什么效果，然后继续后面的步骤。

<步骤 1> 在网上搜索"Skeletal Animation Unity"（Unity 骨骼动画），并观看其中一些视频的开头。

这将向你展示一个很好的概览，让你知道它的大致效果，以及将来可能可以如何使用它。

<步骤 2> 如果有这个意愿的话，试着跟着一两个教程视频操作一下。如果在哪一步卡住了，或是视频与你的 Unity 版本不兼容的话，不要担心。你在本书中不会用到这种技术，所以这实际上只是一个选择性的练习，以防你想在未来的项目中使用这种技术。3D 骨骼动画有着类似的工作方式，唯一的区别是骨骼和几何体是 3D 的，而不是 2D 的。

更好地掌握了 Unity 界面的基础知识后，我们现在可以正式开始做项目了。

第 11 章　设计 2D 迷宫游戏

　　开发一个游戏很像写一本小说或剧本。它是从一张白纸开始的，或对于游戏而言，是从一个空文件夹开始的。就算你一直盯着它，其中也不会凭空出现什么内容。然而，在开始工作一段时间之后，在一些好日子里，可能真的会有下笔如有神的感觉。

　　游戏创意从何而来呢？游戏开发者经常产生这样的疑问。这是个棘手的问题。一如既往地，当有疑问时，就用谷歌搜索一下吧！你会立即搜索到数个网站、论文和关于如何产生游戏创意的各种建议。创意是比较简单的部分。你的成功主要来自于你和团队在着手制作游戏时如何处理这个创意。

　　因为本书的主题是 2D 游戏，所以合乎逻辑的第一步是看看主要的 2D 游戏类型都有哪些，并从中选择一个。2D 游戏类型包括但不仅限于以下几种：

- 三消游戏
- 平台游戏
- 迷宫
- 卷轴射击游戏
- RPG 游戏
- 塔防
- 益智游戏
- 寻找隐藏物品

　　这些类型中的每一个都有着数以百计的在商业上取得了成功的游戏，可供人们浏览和研究。就本书而言，迷宫游戏这一类别涵盖了许多基本的 2D 游戏开发技术的丰富多样的起点而脱颖而出。诸如《吃豆人》、《杜先生》、《炸弹人》、《森喜刚》和《塞尔达传说》等游戏提供了足够的灵感，让我们足以开始制作自己的迷宫游戏。

　　所以，我们的新游戏的初始概念是这样的：制作一个 2D 迷宫游戏，其灵感来自于20 世纪 80 年代和 90 年代的街机迷宫游戏。我们还会看看它们的重制版和续作。我们不会复制它们，也不会重制它们，而是会使用 Unity、Visual Studio、GIMP、Blender、Audacity 和 MuseScore 制作一个原创游戏。我们将勇于开拓创新，所以在完成之后，游戏可能看起来甚至还不太像是迷宫游戏。

11.1　著名的迷宫游戏

迷宫游戏在 20 世纪 80 年代大受欢迎，而这股热潮是从《吃豆人》开始的。《吃豆人》是如此成功，以至于自那以来，它的续作和重制版一直火遍游戏领域。这是"游戏王朝"的第一个案例。聪明的发行商知道，一个真正伟大的游戏应该得到持续的支持。好游戏是历久弥新的，就像莎士比亚的戏剧和贝多芬的交响乐一样。

除了购买和游玩迷宫游戏之外，我们了解迷宫游戏的最佳方式是搜索视频并观看它们。搜索 "maze games"（迷宫游戏）无法找到我们想要的东西。试试 "arcade maze games"（街机迷宫游戏）。

最开始的《吃豆人》极其简单：只有一个迷宫，每个都带有几帧动画的五个动画化角色，还有一些非动画的水果精灵。是的，还有一些用于三个过场动画的额外动画。

研究迷宫游戏的另一个绝佳资源是"演变"（evolution）视频。例如，搜索并浏览一个关于炸弹人的演变历程的视频，可以发现 Boss 战以及大量的 2D 精灵和动画技术的例子。

若想深入了解一个游戏，可以搜索"gameplay"（游戏玩法）+"（在此插入游戏名称）"。例如，"Bomberman NES gameplay"（《炸弹人》在 NES 上的游戏玩法）将引导我们找到展示了 NES 上的最初的《炸弹人》的基本游戏玩法的视频。

了解一下NES上的《塞尔达传说》是富有教育意义的。这其实算不上是一个迷宫游戏，但也相当接近了。《塞尔达传说》中有一个又一个带有小游戏的房间，它们用一个精心设计的故事和库存系统串联起来。你在自己的游戏中或许也可以这么做。

11.2　创建项目

现在是时候开始项目了。因为游戏的规模受这本书的篇幅和你愿意投入的时间所限制，所以我们将以一个相对较小的游戏为目标，其中只有几个关卡，一些不同的游戏玩法，以及逐渐上升的难度。我们将对游戏进行一定程度的打磨，让它看着和玩着都不错。我们自己会想玩这个游戏，并真正享受游玩的过程。我们将与陌生人、朋友和家人一起测试游戏，如果他们中至少有一部分人喜欢这款游戏，我们将向公众发布它。

我们需要一个暂定名称，所以最好选择一个不太好的名称，这样在发布时就不会想保留它了。"DotGame"怎么样？Dot 指代的是游戏主角的名字，它将是一个圆点。进一步地考虑过后，我们发现这个标题并不是很糟糕，但现在不是担心标题的时候。

< 步骤 1> 用 Unity Hub 新建一个 2019.3.0f6 版本的 2D Unity 项目，命名为"DotGame"。

可能会弹出一个警告，说有一个新的 Unity 版本可用。请仍然使用 2019.3.06f，以便按照本书的步骤说明进行操作。如果这是你第二次构建这个游戏 的话，请随意使用最新版本的 Unity。顺带一提，把技术书多翻几遍确实是能够 完全掌握书中内容的妙招。不过，最好的方法是：写一本书，然后再把它多翻几遍。

< 步骤 2> Assets 文件夹中只有一个文件夹：Scenes。请创建以下文件夹：Prefabs、 sound、art、animations、tilemaps 和 scripts。

< 步骤 3> 保存并退出。

随着这个项目的进展，我们还将添加其他文件夹，所以这只是一个开始。现在， 我们有地方存储这个游戏的资源了。我们的开发计划是在使游戏可玩之前先创建 一些资源。如果最终发现游戏不好玩的话，这种方法就有很大风险了。对于这个 游戏而言，我们愿意承担风险，因为我们不打算做什么极具革命性的游戏，而是 只想做一个看着还不错的、原创的迷宫游戏。当然，我们不会立刻开始创建许多 资源，而是将恰到好处地创建几个资源，以了解游戏大概是什么样子，并建立第 一个或前两个关卡。

11.3 玩家角色：Dottima Dot

首先，我们需要一个玩家角色。我们将从在纸上画一些简单草图开始。我们的目标 是绘制一个角色，它看起来像图 11.1 那样。

图 11.1 Dottima Dot

给它取个名字"Dottima Dot"。这个名字之后可能会改，但现在先不用管。最终，眼睛和嘴巴动画化，让角色有表情。它和正方形很搭，很适合迷宫游戏。

< 步骤 1> 在一张纸上画出你自己的 Dottima Dot 的草图。

< 步骤 2> 用手机拍一张照片，用电子邮件发送到自己的开发系统中。

< 步骤 3> 将照片储存在 DotGame 的 Art 资源文件夹中。

< 步骤 4> 把它重命名为"DottimaSketch.jpg"。

　　　　　我们不会在 DotGame 中直接使用这个照片文件。这是一张参考图片，我们在 GIMP 中进行绘制时将会用到它。

< 步骤 5> 找一个文件袋，在它的标签上写上"DotGame"这个标题，然后把纸上的草图放到文件袋中。

< 步骤 6> 把文件袋放在文件柜里，以便未来能够找到它。

　　　　　好吧，这一步并不是必须的，但有个地方来存储项目的实物资源是很不错的。如果不这样做的话，当你找不到自己的第一个游戏的第一张草图时，很可能会感到后悔。

< 步骤 7> 记得每天备份自己的工作！

　　　　　如何做备份取决于你。无论做什么，都不要指望电脑永远能好好地在那里工作。扪心自问一下：如果电脑坏了，修不好，或是不知怎的弄丢了，会发生什么？如果在这种情况下都会失去超过一天的开发进度，就说明你的做法有问题。

　　　　　接下来，我们要用 GIMP 在 1024×1024 的画布上画 Dottima Dot。画布为什么这么大呢？这是因为角色有时会在非常大的环境中显示，比如在标题屏幕上，所以一开始最好有较高的分辨率，然后可以根据需要再缩小。把尺寸缩小永远比放大更容易，效果也更好。不需要完全按照本书的要求去做，只要你的角色能很好地融入一个正方形迷宫，并且差不多是一张有眼睛和嘴巴的脸就可以了。接下来的几个步骤将展示使用部分 GIMP 内置工具在 GIMP 中绘制 Dottima Dot 的方法之一。

< 步骤 8> 在 GIMP 中创建一个透明背景的新文件，大小为 1024×1024，命名为"Dottima Face.xcf"。将该文件存放在 Art 文件夹中。

< 步骤 9> 单击椭圆形的选择工具。

< 步骤 10> 在工具选项面板中勾选"固定"。

< 步骤 11> 在图像中画一个填充了大部分画面的大圆。

可以看到一个模糊的圆的轮廓，和围绕着圆的一个模糊的正方形的轮廓。

< 步骤 12> 选择铅笔工具，大小设置为"15"。

< 步骤 13> 把前景色设为黑色。

< 步骤 14> **编辑 – 勾画选区。**

< 步骤 15> 选择"使用涂画工具勾画"，选择"铅笔"工具。

< 步骤 16> 单击笔廓。

现在应该会看到用铅笔工具画出的一个圆，它与图 11.2 相似。

< 步骤 17> 用鼠标和铅笔工具画出眼睛、鼻子和嘴巴。

现在的脸看起来应该与图 11.3 类似。

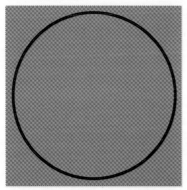 

图 11.2　**在 GIMP 中绘制的圆**　　图 11.3　**在 GIMP 中绘制的 Dottima Face 的草图**

< 步骤 18> 选择一个适合脸部的浅蓝色，并将其用作前景色。

< 步骤 19> 选择油漆桶填充工具。

< 步骤 20> 在填充工具选项中勾选"填充透明区域"和"位样合并"。同时，填充类型选择"前景色填充"。

< 步骤 21> 把阈值改为"55"。

< 步骤 22> 单击脸部。如果颜色没有填充的话，增加阈值。

< 步骤 23> 用黄色填充眼睛。

图 11.4 展示了我们的 Dottima Dot 的最终版本，至少目前是这样。

图 11.4 GIMP 中带有填充色的 Dottima Face

我们将对这个角色做更多的处理，不过至少我们现在有一些可以使用的东西了。

< 步骤 24> 导出到 Art 文件夹中的 DottimaFace.png。

< 步骤 25> 保存项目。

11.4 迷宫和背景

20 世纪 80 年代的迷宫游戏中的迷宫通常是简单的网格，由正方形的瓦片组成。近代的迷宫游戏则突破了这种限制，可以使用动画化瓦片、不同矩形尺寸的瓦片，甚至还有基于精灵的迷宫。在 DotGame 中，我们将从简单的正方形瓦片开始，并允许它们滚动，但除此之外我们将保持简单。可以在迷宫后面制作一层或多层背景，它们主要是用于装饰。

随着游戏开发的进展，我们可以尝试其他类型的迷宫，或甚至根本不是迷宫的环境，比如关卡制游戏，或是 Dottima 可以飞行和射击而不是探索迷宫的小游戏。这些都比较模糊，但有时你需要在具体进行设计之前就开始建立游戏。

11.5 剧情

剧情在早期的迷宫游戏中其实并不常见。偶尔出现的一些过场动画通常就是我们能看到的全部了。在一个经典的三分钟街机游戏中，真的没有什么时间来讲故事。随着电子游戏的发展和向家庭的转移，精心设计的剧情在游戏中变得十分常见，甚至玩家会默认游戏是有剧情的。

设计游戏剧情是一种专门的技能，就像作曲或 3D 建模和动画一样。教你如何写作、绘画或作曲已经超出了本书的范围。写作是每个人都认为自己拥有着的技能之一，但当真正开始写小说或剧本时，他们就会发现一个残酷的事实，那就是写作并不简单。不过，我们还是要为自己的游戏写剧情，因为我们需要学习写作的过程以及如何将文字和语音纳入游戏等技术层面的事情。我们还需要考虑针对不同的语言和文化进行本地化。而且，如果有一点运气和一丝写作天赋，你或许能为这个游戏写出一个好的故事。

DotGame 的故事将是非常简单的。Dottima 只是一本书中的一个圆点，是最后一章的结尾处的句号。但神奇的事情发生了，Dottima 被传送到了书的开头，所以她想要在书中移动，以到达属于她的结尾处。这是一个新奇的、原创的构想，与我们的目的十分相称。

写出一个简短的剧情梗概会对游戏的设计有很大的帮助，无论这个剧情梗概有多简单。然后可以一下思考不同的关卡可以是什么，例如书中的章节。然后一些问题就自然而然地产生了。这本书的主题是什么？书中的角色有哪些？这本书是纯文本，还是有插图？书名是什么？作者是谁？

在尝试回答这些问题之前，我们立即意识到，我们对如何讲述剧情一无所知。一个简单的方法是展示一些文本屏幕，再加上一些静态插图。以这种形式讲述剧情对我们的游戏而言是比较合适的。

现在可以先考虑一下语音和本地化的问题。鉴于我们的预算有限，我们不会聘请配音演员来为剧情配音，如果你想在全世界范围内发行游戏的话，更是如此。简单的文字就足够了，而且我们要确保有足够的额外空间存储其他语言的翻译。

剧情的一个问题在于，日语、中文和阿拉伯语等语言中，有着不一样的句号。剧情将不得不针对这些语言进行调整。举例来说，在日语中，句号的形状是一个空心的小圆圈，而不是一个实心的点。这是一个好例子，说明了在开始开发游戏之前就考虑到世界各地的文化和语言差异的好处。

11.6　敌人：机器人和问号

我们突然想到，可以让其他标点符号担任 NPC（非玩家角色）。我们将需要对英语以外的语言进行一些额外的处理。作为应对来自世界各地的玩家的一种方式，我们将囊括不同语言的各种标点符号，然后将 Dottima 设定为来自一本英文书。

如你所见，游戏的主题正在逐渐成形。这个游戏将会涉及到字母、角色、书籍和相关物品，比如铅笔、橡皮、钢笔、纸张等。为了使游戏更有趣，我们将在角色组合中加入机器人。为什么是机器人呢？嗯，因为它们比较容易在 Blender 中绘制和建模。这就是真正的原因。现在，我们只需要把机器人编到剧情里即可。

11.7 游戏设计文档

游戏设计文档（GDD）是详细的、实时更新的文件，在开发之前和开发过程中记录游戏设计。在 2010 年之前，它们一直非常流行，尤其是对于较大的游戏开发团队而言。不幸的是，在实际玩游戏之前，把游戏设计记录在文档中是非常困难的。当你忙于制作游戏，并且分秒必争地修改它的时候，保持在 GDD 中记录所有更改几乎是不可能的。那么，究竟该怎么做呢？

对于一个由 10 名或更多开发人员组成的团队来说，传统的 GDD 会有 100 页左右。蒂姆·瑞安在 1999 年发表的 Gamasutra 文章中有一个很好的说明（尽管有些过时了）：https://www.gamasutra.com/view/feature/3384/the_anatomy_of_a_design_document_.php

10 年后，蒂姆·瑞安意识到 GDD 正在被 Wiki 取代：https://www.gamasutra.com/view/feature/132483/learning_the_ways_of_the_game_.php。

目前，游戏开发团队倾向于使用基于网络且支持移动设备的工具。因此，简而言之，对于中大型项目来说，GDD 已经过时了。但对于 *DotGame* 这个只有一个开发者的小游戏来说，我们将坚持使用文本型 GDD，它可能只有一两页。写下项目的主要概念和范围绝对是个好主意。我们应该定期阅读该文件并更新它。以下是我们为 DotGame 编写的游戏设计文档：

DotGame 是一个迷宫游戏，其灵感来自 20 世纪 80 年代流行的街机迷宫游戏。主角"Dottima Dot"是一本书中的一个句号，她活了过来，并穿越了一系列的迷宫式的关卡。Dottima 试图寻找回到她所来自的那本书的方法，而每个关卡都给她带来了新的挑战。一路上，她遇到了带锁和钥匙的门、问号、分号和邪恶的机器人，这只是可能出现的几个敌人。

这是一个 2D 的 Unity 游戏，使用滚动瓦片制作迷宫，使用动画精灵制作人物。

偶尔会有过场动画和文本屏幕来讲述剧情。文本将被翻译成几种语言，但最初只会支持英语。游戏将会有类似于每关三颗星的评分系统和以硬币和铅笔为资源的经济系统。经济系统和计分系统更接近于现代三消游戏中的系统，而不是 80 年代街机游戏中的简单的得分。

开发计划是首先制作一个关卡，让 Dottima 在没有敌人干扰的情况下从起点移动到出口。然后添加一两个敌人、计分、音效和音乐。然后建立一个标题界面，并在游戏一开始使用文本屏幕讲述剧情。之后将建立更多关卡，至少有 10 个。使用剧情屏幕逐步引入新关卡、环境和角色。每隔几个关卡就在适当的地方添加过场动画。最后制作一个带有制作人员名单的结尾。

目标是使用 Unity 在 PC 和 Mac 上发布游戏，未来可能有移动端的版本。

可以看到，这与 100 页的详细 GDD 相差甚远，但已经涵盖了一部分要点。如果最终的游戏与我们在这份文件中提出的原始构想比较相像的话，是十分令人惊喜的。这不是一份合同，而是一个启动面板。

< 步骤 1> 在 Assets 中创建一个 Docs 文件夹。

我们将在这个文件夹中存储与游戏相关的文件。

< 步骤 2> 在 franzlanzinger.com 找到 GDD，将其复制到一个文本文件中，并将其保存在 Docs 文件夹中，命名为"DotGameGDD_Ver1.txt"。

可以在 franzlanzinger.com 中找到本书的其他有用资源。

为了留存游戏的开发历程，我们计划定期更新这个文件，并使用新的文件名来保存更新后的版本，比如 DotGameGDD_Ver2.txt。

第 12 章　建立迷宫的第 1 关

本章将介绍如何创建 DotGame 的第 1 关迷宫。我们首先将在 GIMP 中绘制瓦片，然后将它们导入 DotGame 这一 Unity 项目中。然后，我们将通过使用瓦片和一个占位符建立一个迷宫来进行测试。这里还不会引入真正的游戏玩法，而是将开发游戏的初始外观和氛围。

12.1　用 GIMP 为第 1 关制作瓦片

我们在上一章中学习了如何制作瓦片。现在，我们将运用这些知识，为第 1 关的简单迷宫创建瓦片。这不一定是游戏的最终版本里的第 1 关，而只是一个简单的、作为开始的关卡。

大体来说，我们的主题是书籍、文字、图书馆和书店。在网上搜索并获得了一些灵感后，我们决定用书脊做一些瓦片。然而，书脊并不是正方形的，所以我们将自己制作瓦片，使一个书脊由三个或四个正方形瓦片相邻排列组成。

我们的首要任务是找到一个可以使用的书脊图像。这说起来容易做起来难，因为我们不想为它付钱。为了避免侵犯版权，我们希望游戏里的书和书的图像都属于公版领域。即使你买了一本实体书，这也不意味着你有权拍下它的照片并在自己的游戏中使用。

幸运的是，互联网上有免费的旧书脊图片。

< 步骤 1> 前往 pixabay.com，搜索 "books spine leather old"（皮制旧书脊）。
< 步骤 2> 选取卡尔·迈[①]所著的 7 本绿皮书籍的图片，并下载 1920 × 1284 版本。

图 12.1 展示了这张图片。

当然也可以下载分辨率更高的版本，但对于我们的需求而言，1920 × 1284 已经足够了。Pixabay 上的图片可以免费用于商业或其他用途，所以我们可以自由地使用这张图片。在游戏中使用任何从网上下载回来的东西之前，请务必检查其版权，即使在打算替换或大幅修改该资源的情况下。

---

① 译注：Karl May（1841—1912）。德国西部冒险小说作家。

图 12.1　从 Pixabay 下载的带有 7 本书书脊的图片

顺便说一下，卡尔·迈活到了 1912 年，所以这张书脊图片很可能没有版权问题。摄影师使用 CC0 许可协议发布了这张图片。我们要信任该许可协议并使用这张图片。由于年代久远，卡尔·迈所著的书的内容都进入了公版领域。不过这并不重要，因为我们并不会使用书中的文字，只用书脊的图片。顺带一提，卡尔·迈是一位德国畅销书作家，他的冒险小说主要以美国西部和其他富有异域风情的地方为背景。

< 步骤 3>　把图片复制到 Assets/art 文件夹中。这张图片的名称可能是 spine–527991_1920.jpg。

我们的计划是剪裁 v 一些书脊，把它们做成大小为 32×128 的条状图，并使它们有不同的颜色。我们还将制作水平版本的书脊，以便更加灵活地绘制迷宫。

< 步骤 4>　将书脊图像加载到 GIMP 中。

< 步骤 5>　使用矩形选择工具，选择其中一本书。

< 步骤 6>　**编辑 – 复制**。

< 步骤 7>　**编辑 – 粘贴为 – 新建图像**。

图 12.2 展示了 GIMP 中的新图像。

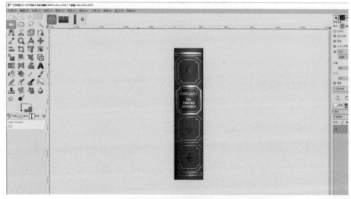

图 12.2　GIMP 显示着裁剪出来的书脊

< 步骤 8> 图像 – 缩放图像 ...

< 步骤 9> 如有必要，将单位改为"像素"（px）。

< 步骤 10> 单击锁链图案以使它断开。

< 步骤 11> 输入宽度：128，高度：512。

　　　　　为了做到这一点，我们需要单击锁链图标，以允许长宽比的轻微变化。这本书现在看起来会更小，并且水平方向上被拉长了一点。更改长宽比是为了得到尺寸的 2 次方。默认情况下，锁链是链接着的，这意味着当我们改变尺寸时，会保留原来的长宽比。

< 步骤 12> 验证是否缩放到了 128×512 像素，然后单击"缩放"。

< 步骤 13> 文件 – 导出为 book1.png。

< 步骤 14> 颜色 – 色相 – 饱和度。

< 步骤 15> 把色相改为 80 左右。单击"确定"。现在书是深蓝色的。

< 步骤 16> 文件 – 导出为 book2.png。

< 步骤 17> 使用不同的色相，重复步骤 14–16 两次，得到 book3.png 和 book4.png。

　　　　　现在，我们有四张具有不同色调的书本图像了。

　　　　　我们还需要这四本书的旋转版本，所以请要在 GIMP 中按如下步骤操作。

< 步骤 18> 将 book1.png 载入到 GIMP 中。

< 步骤 19> 图像 – 变换 – 逆时针旋转 90 度。

< 步骤 20> 导出为 book1r.png。

< 步骤 21> 对第 2 至 4 本书重复步骤 18 ～ 20。

　　　　　现在我们有了 8 个书脊精灵，可以把它们变成瓦片了。

　　在下一节中，我们将把这些精灵导入 Unity 并把它们排列成一个小迷宫。

12.2　Unity 中的迷宫布局

< 步骤 1> 在 Unity 中打开 DotGame 项目。

　　　　　我们的目标是制作一个迷宫，迷宫的墙看起来和书脊一样。应该可以在资源面板的 Arts 文件夹中看到在上一节中用 GIMP 创建的 8 个书脊。

< 步骤 2> 在 Arts 文件夹中选择 book1。

　　　　　在检查器面板中应该可以看到 book1 的导入设置。

< 步骤 3> 在检查器中，将 book1 的 Sprite 模式改为"多个"，然后单击"应用"。

< 步骤 4> 单击 Sprite Editor 按钮。

< 步骤 5> 把切片类型改为"Grid by Cell Size"。

< 步骤 6> 把像素大小改为"128×128"。

< 步骤 7> 单击"切片"按钮。

我们的书现在由四个 128×128 的垂直堆叠的瓦片组成。

< 步骤 8> 应用并退出 Sprite Editor。

现在，book1 资源上应该带有一个小箭头。

< 步骤 9> 单击 book1 上的箭头，确认现在的四个切片，它们分别是 book1_0、book1_1、book1_2 和 book1_3。

这些切片并不作为独立的 png 文件存在，而是由 Unity 内部追踪的。

< 步骤 10> 为其他 7 本书重复步骤 3 ～ 9。然后保存工作。

这很简单，但注意要完全按照上面描述的步骤来做。Unity 会记忆切片的设置，所以这可以很快完成。现在，我们已经做好了准备，可以开始创建用于绘制迷宫的平铺调色板了。

< 步骤 11> **游戏对象 – 2D 对象 – 瓦片地图**。

< 步骤 12> 在层级面板中选择 Grid。在检查器中，将新对象从"Grid"重命名为"Maze1 Grid"。

< 步骤 13> **窗口 – 2D – 平铺调色板**。

< 步骤 14> 创建新调色板。将平铺调色板命名为"BooksPalette"，并在弹出的窗口中创建一个同名的文件夹。

< 步骤 15> 将 8 本书逐一拖入平铺调色板。当提示需要一个文件夹时，使用 BooksPalette 文件夹。摆放出与图 12.3 类似的布局。

可以自行决定如何布置平铺调色板。它不会直接在游戏中显示，它只是一个帮助我们创建关卡的工具。

< 步骤 16> 在平铺调色板中，选择画笔工具。

从左数第三个工具，名称是"Paint with active brush (B)"（用激活的画笔（B）绘制）。

< 步骤 17> 用鼠标选择构成了垂直的绿皮书脊的四块瓦片。

< 步骤 18> 在层级面板中选择 Maze1 Grid，将鼠标悬停在场景面板上，然后键入 f 来聚焦网格。

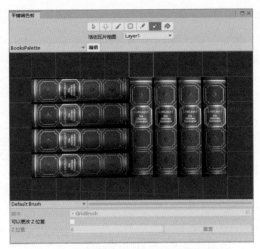

图 12.3　包含 8 个书脊的平铺调色板

< 步骤 19> 滚动鼠标滚轮，放大网格的中央部分。

< 步骤 20> 单击鼠标左键，将竖直摆放的绿书画进网格，参考图 12.4。

图 12.4　Maze1 Grid 中竖着放的绿皮书

如你所见，这本书没有与网格线对齐。下面的步骤可以解决这个问题。

< 步骤 21> 检查器中应该仍然显示 Maze1 Grid 的属性。如果没有的话，请在层级面板中单击该游戏对象。在检查器中，将单元格大小的 X 和 Y 都改为 1.28。

这本书现在与网格线完全对齐了。调整为 1.28 是必要的，因为瓦片是 128×128 像素，而瓦片的导入设置是每单位 100 像素。

现在，是时候考虑一下游戏的屏幕纵横比了。这在一定程度上取决于你的目标游戏系统。大多数现代台式电脑使用的都是纵横比为 16×10 或 16×9 的水平显示器。典型的分辨率是 1920×1080，对应于 16×9 的长宽比。这也是 1080P 和

1080I 电视屏幕的分辨率。所以，我们目前将选择 16×9 的长宽比。这也覆盖了有着 3840 × 2160 分辨率的 4K 显示器。

<步骤 22> 选择游戏面板，将长宽比改为"16×9"。

游戏面板应该与图 12.5 保持一致。

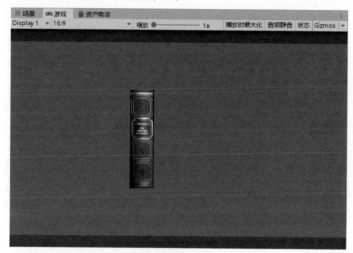

图 12.5　游戏面板中的 16×9 长宽比

<步骤 23> 选择场景面板，绘制一个类似于图 12.6 的迷宫。

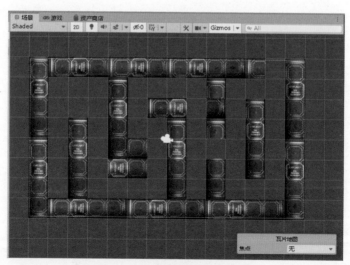

图 12.6　场景面板中的 Maze1

< 步骤 24> 也在游戏面板中看一看迷宫。

现在，我们有了一个相当不错的初始迷宫。它不是很复杂，但它可以让我们测试一下角色的移动。请注意，我们在迷宫的右上角留下了一个缺口。左下角也有一个合适的起点。

就图形而言，除了单调的蓝色背景以外，它总体上看起来很不错。我们下一步将进行一个快速修复。

< 步骤 25> 选择层级面板中的 Main Camera 对象。

< 步骤 26> 在检查器中，将背景颜色改为"淡黄色"。

淡黄色与书脊的颜色很相配。它显然比默认的蓝色好。接下来，我们要测试一下实际运行游戏时，看起来是什么样子。

< 步骤 27> 在 Unity 中试玩这个游戏。

这还算不上是一个游戏。我们仅仅能看到迷宫。我们的下一个目标是让主角（也就是 Dottima Dot）从迷宫的起点移动到出口。虽然那也仍然称不上是一个游戏，但我们遵循着在开发过程中采取通过实验进行验证的方法。在引入 Dottima 之前，我们还有一件事要做：构建项目。在开发过程中，应该定期构建项目，尽管理论上这不是必要的。看看玩家将如何体验游戏是非常有帮助的，而实现这一目的唯一办法就是进行构建。

< 步骤 28> 文件 – 构建，然后运行。新建一个名为"Binaries"的文件夹作为保存位置。

同样，游戏只是一动不动地显示着迷宫。退出这个游戏最简单的方法是用操作系统关闭窗口。在 Windows 中是 Ctrl+Alt+Del，然后关闭名为 DotGame 的进程。在 Mac 上是 <command> <option> <Esc>。我们必须添加一个通过菜单退出游戏简单方法。

现在是一个暂停的好时机，所以我们决定就这么办。

< 步骤 29> 保存项目和场景。

现在是一个在开发旅程中另辟蹊径，开始使用源代码控制的好时机。我们许久没有使用过源代码控制了，所以下一章要复习一下。在那之后，我们将再次探索如何添加控制屏幕分辨率的菜单选项。

第 13 章　源代码控制

这一章中，我们将学习如何在 Unity 项目中使用源码控制。

源代码控制是一项重要的技术，它允许开发人员跟踪开发历史，备份工作，并高效地进行合作。源代码控制有时被称为修订控制或版本控制。源代码控制系统中存储了开发过程中发生的变化的历史，从而使开发人员能够在出现问题或者在一次尝试没有成功时，及时回溯。当两个或更多开发者在共同开发一个项目甚至是一个文件时，源代码控制还允许他们合并更改。

至于 DotGame，我们是唯一一位开发者，所以我们主要对源代码控制的变化跟踪功能比较感兴趣。我们将使用源代码控制作为一种在线备份工作的便捷方式。如果同时为 PC 和 Mac 开发，源代码控制可以提供一个组织两个系统上的 PC 和 Mac 版本的方法。我们将使用 Sourcetree、Git 和 BitBucket 作为源代码控制软件和存储库。选择这些软件的主要原因是它们对相对较小的项目而言很高效，而且完全免费，最多可以容纳 5 个用户。随着你的经验越发丰富，可能会看到其他的源代码控制系统，但它们的工作方式多少会有相似之处。

13.1　安装 Sourcetree、Git 和 Bitbucket

我们将使用 Git 作为系统中运行的源代码控制软件。它是免费且开源的。Sourcetree 是一个免费的 Windows 和 Mac 的 Git 客户端。Sourcetree 可以让 Git 更加易于使用，尽管严格来说它并不是必需的。作为一名初学者，你会发现 Sourcetree 也让学习 Git 更容易了。源代码托管网站 Bitbucket[①] 是 Atlassian 提供的，Atlassian 是一家总部在澳大利亚悉尼的软件公司，它在世界各地都有办事处，并且有 15 万名客户。Bitbucket 对于 5 人及以下的团队而言是免费使用的。Bitbucket 将允许我们在线存储源代码库。在开始使用之前，我们需要安装 Sourcetree，它会自动为我们安装 Git，然后创建一个 Bitbucket 账户。Bitbucket 的一个常见的替代方案是 GitHub，从 2020 年 1 月起，GitHub 可以供三人以下的团队免费使用。Bitbucket 和 GitHub（或任何其他在线服务）的使用条款可能会有变化，所以一定要查看它们的网站，了解当前的具体情况和限制条件。

---

① 译注：推出于 2008 年。

<步骤 1> 访问 sourcetreeapp.com，按照指示在电脑上安装 Sourcetree 和 Git。

<步骤 2> 输入姓名和电子邮件地址。

　　　　　输入这些信息是为了进行记录，以便团队中的其他人能够确定谁会对项目中的更改负责。

<步骤 3> 进入 bitbucket.com 并创建一个账户。

　　　　　记下用户名和密码。

　　现在我们已经做好了准备，可以开始使用 Sourcetree、Git 和 Bitbucket 了。

13.2　用 Sourcetree 和 Git 进行源代码控制

　　现在我们已经安装了 Sourcetree 和 Git，并创建了 Bitbucket 账户，我们将测试一下 Sourcetree 的基本功能。本节中，我们将只在本地工作，所以不会用到 Bitbucket。首先，我们需要在电脑上创建一个文件夹，并在该文件夹中新建一个文本文件。

<步骤 1> 在桌面上新建一个文件夹，命名为"GitTestFolder"。

　　　　　测试文件夹可以在系统的任何地方，但我们现在要把它放在桌面上，以便参考。

<步骤 2> 在文件夹中新建一个文本文件，命名为 ReadMe.txt。

<步骤 3> 将以下文字添加到 ReadMe.txt 中：

> This is a test folder to try out Sourcetree and Git.（这是个测试文件夹，用来试用 Sourcetree 和 Git）

<步骤 4> 运行 Sourcetree。

　　　　　桌面上应该有一个 Sourcetree 图标。单击它，运行 Sourcetree。

<步骤 5> 文件 – 克隆 / 新建。

<步骤 6> 单击 Create。

<步骤 7> 浏览并找到桌面上的 GitTestFolder。

　　　　　应该可以看到仓库的位置，C:\Users\user\Desktop\GitTestFolder。仓库的名字是 GitTestFolder。选择 Git，而不是 Mercurial。不要勾选"在账户中创建仓库"。

<步骤8> 单击底部的"创建"按钮。会弹出一个警告，说 GitTestFolder 已存在。单击"是"。

　　　　　经过短暂的等待，仓库就创建好了。如果使用操作系统查看 GitTestFolder 的

内容的话，可能会看到隐藏的 .git 子文件夹。如果看不到的话，你的系统设置可能没有被设置为显示隐藏的文件和文件夹。

<步骤9> 在 Windows 搜索框中搜索"显示隐藏的文件"。如果还没有启用这个功能的话，就启用它。在 Mac 上，按 Command+Shift+Dot 来切换隐藏文件的显示。

作为一名软件开发者，你会经常想看到隐藏的文件和文件夹的。毕竟它们就在那里，而且你可能需要在开发过程中查看它们。当然，隐藏文件被隐藏是有原因的。可能的风险是，如果不小心删除或更改了 .git 文件夹的话，仓库就会被破坏，所以请格外小心。

<步骤10> 在 Sourcetree 中，选择"文件状态"。

<步骤11> 已暂存文件面板上方有一个下拉菜单。在"仅显示"部分选择"所有"。

下拉菜单现在的标签是"所有文件，以依照文件状态排序"。已暂存文件面板是空的，未暂存文件面板中有 ReadMe.txt 文件。

<步骤12> 单击"暂存所有"。

ReadMe.txt 文件现在出现在已暂存文件面板中了。你可能以为它现在会从未暂存文件面板中消失，但其实它仍然在那里。

<步骤13> 在底部的提交文本框中，输入"Initial commit, ReadMe.txt"。

我们即将提交新文件，所以在这之前，需要对这次提交进行描述。Git 不在乎你写了什么，只关心你写没写。写描述性的提交信息是个非常好的主意，因为我们将要处理几十个甚至几千个提交，所以为了便于以后查看它们，有进行描述的必要。

<步骤14> 按下"提交"按钮。

<步骤15> 单击"分支"部分的 master 分支。

现在我们看到的是 master 分支和它的单个节点。在执行更多提交后，节点也会随之增加。

接下来，我们将编辑 ReadMe 文件并创建另一个文件。然后提交这些修改。

<步骤16> 编辑 ReadMe 文件，添加第二行"Second line in ReadMe file（ReadMe 文件的第二行）"。

<步骤17> 新建一个 testfile.txt 文件，在文件中输入"test file line 1（测试文件第一行）"。

<步骤18> 在 Sourcetree 中，单击"文件状态"。

现在可以看到 ReadMe.txt 旁边有一个橙色的图标，表明它已经被修改了，

而新的 testfile 旁边有一个紫色的问号。

< 步骤 19> 暂存所有。

< 步骤 20> 输入以下提交信息："Add testfile.txt, modify readme."（添加 testfile.txt，修改 readme）。

注意，提交信息使用了"Add"而不是过去时"Added"。这是填写提交信息的传统方式。另一个惯例是，如果只是单行的话，则不要在末尾加句号。

< 步骤 21> 提交。

现在，未暂存文件面板中的文件旁边有个绿色的复选框标记。

< 步骤 22> 单击 History。

也可以直接单击 master 分支来显示这一界面。现在可以看到 master 分支有两个节点，初始提交（initial commit）节点和刚刚那次提交所添加的节点。

现在，我们终于要看到为什么源代码控制非常实用了。

< 步骤 23> 双击初始提交节点。单击"确定"。

我们刚刚销毁了最新提交中的修改，再次回到了初始提交后的状态。查看文件夹内的情况，以验证这一点。testfile.txt 文件不见了，而 ReadMe.txt 中的内容则变成了最初的样子。

< 步骤 24> 双击顶部的节点。

我们刚刚拿回了第二次提交。testfile.txt 文件回来了，而 ReadMe 文件则恢复成了两行。

从现在开始，我们将定期对项目进行阶段性提交，这样就可以及时回到任何一次提交中。当对代码造成了严重破坏，不知道如何撤销修改时，这真的会大有帮助。这种情况迟早会发生在你身上的，所以源代码控制是一个必不可少的工具，可以使你的游戏开发工作变得更加轻松。

当然，也可以在项目中创建子文件夹。

< 步骤 25> 创建一个名为"Assets"的子文件夹。

< 步骤 26> 在 Assets 中创建一个名为"testimage.bmp"的图像。

这可以用 GIMP 完成。

< 步骤 27> 暂存所有并提交。

< 步骤 28> 恢复到较早的版本，检查图像是否会消失，然后再把它加回来。

需要了解的是，二进制文件（如图像）在源代码控制下会有问题。如果把很大的二进制文件放在源代码控制下，然后对这些文件进行了大量的修改，仓库就会变得不稳定，可能会超载。处理这个问题的方法是使用 Git 大文件存储（LFS）。以后当文件大到一定程度时，你就会知道如何设置了。

我们刚刚学会了有关如何用 Sourcetree 和 Git 进行源代码控制的基础知识。还有很多东西需要学习，但我们掌握的知识已经足以开始使用它了。下一节中，我们将学习如何使用 Bitbucket 托管的远程仓库。

13.3　在 bitbucket 上的存储库

在本地只使用 Sourcetree 在开发单人项目时是完全可以的。即使如此，在其他地方备份一下仓库也是有益的。万一本地存储发生了故障，我们也可以通过把仓库克隆到另一个系统来找回项目。

现在，我们将把 GitTestFolder 项目备份到 Bitbucket。

< 步骤 1> 在浏览器中访问 bitbucket.com 并登录。

　　　　　你可能会被自动登录。如果是这样的话，请确保你仍然记得自己的用户名和密码，或者有办法召回它们。

< 步骤 2> 单击加号图标，也就是创建图标。

< 步骤 3> 创建一个新的仓库，命名为"GitTestFolder"，访问级别为"Private（私有）"，不需要包含"README"，版本控制为 Git。

　　　　　不要忘记删除 README 文件。你需要一个没有 README 文件的空白仓库，以便推送步骤能够工作。

< 步骤 4> 单击 Create repository（创建仓库）。

< 步骤 5> 在 Sourcetree 中，单击"远端"，然后在弹出窗口中单击"设置"。

　　　　　这将把我们带领到"仓库设置"对话框。

< 步骤 6> 单击"添加"。

< 步骤 7> 在弹出的"远端细节"窗口中，勾选"默认远端"。这就使名称变成了"origin"。

< 步骤 8> 把 bitbucket 的 URL 复制并粘贴到"URL/ 路径"。

　　　　　这个 URL 可以在 bitbucket 的 GitTestFolder 面板靠近顶部的位置找到，在 git clone 之后。

< 步骤 9> 在 Remote Account（远程账户）中，选择自己的账户而不是通用账户。

< 步骤 10> 单击"确定"。

如果所有这些步骤都成功了的话，我们现在就可以从本地仓库向 bitbucket. org 的远端仓库进行推送了。

< 步骤 11> 单击"推送"。选中 master，然后单击底部的"推送"。

一开始可能会觉得这些步骤有点复杂，但在习惯之后，这个过程就会变得相当容易了。

< 步骤 12> 单击"远程"。

现在应该可以在浏览器窗口中看到安全地存储在 bitbucket.org 的仓库。

< 步骤 13> 尝试把仓库克隆到另一个地方。

这一步可以在另一个安装了 Sourcetree 并能联网的系统上或者同一个系统上进行。

我们已经初步尝试了使用 Sourcetree、Git 和 Bitbucket 进行源代码控制。接下来，我们要看看是否能用 Unity 项目来实现这个功能。Unity 项目有更多文件，而且 Unity 需要被正确地配置，但除此之外，我们已经准备就绪了。

13.4　在 Unity 中使用 Sourcetree

对如何使用 Sourcetree 和 Bitbucket 进行源代码控制有了大致的了解后，我们接下来想要把这些知识应用到 Unity 项目中。首先，我们将在 Unity 中创建一个小型测试项目。

< 步骤 1> 打开 Unity Hub。

< 步骤 2> 单击"新建"，选择 2D，在选择的文件路径新建一个项目，命名为"UnityGitTest"。

< 步骤 3> 单击"新建项目"。

< 步骤 4> 资源 – 创建 – Sprites – 六边形。

< 步骤 5> 把 Hexagon 从 Assets 文件夹拖到 Scene 面板中。

< 步骤 6> 将它设为橙色。

好，够了。我们刚刚创建了一个非常简单的东西，很适合用来测试源代码控制。

< 步骤 7> 编辑 – 项目设置 ... – 编辑器。

< 步骤 8> 将版本控制的模式设为"Visible Meta Files"（可见的元文件）。

<步骤 9> 资源序列化设为"Force Text"。

<步骤 10> 保存并退出 Unity。

现在我们已经做好了把项目放在版本控制下的准备。

<步骤 11> 在 Bitbucket 中新建一个仓库，命名为 UnityGitTest，私有，没有 README，类型为 Git。

<步骤 12> 在 Sourcetree 中为测试项目创建仓库。

你会看到有很多未缓存的文件。这些文件大多不需要在源代码控制之下。解决这个问题的简单方法是添加一个特殊的 .gitignore 文件。

<步骤 13> 找到近期的在线 .gitignore 文件，在暂存任何东西之前，把该文件放到项目文件的顶端。

也可以把它输入到文本编辑器中。Github 推荐的 .gitignore 文件如下所示：

```
# This .gitignore file should be placed at the root of your Unity project directory #
#from https://github.com/github/gitignore/blob/master/Unity.gitignore #
/[Ll]ibrary/

/[Tt]emp/
/[Oo]bj/
/[Bb]uild/
/[Bb]uilds/
/[Ll]ogs/
/[Mm]emoryCaptures/

# Never ignore Asset meta data
!/[Aa]ssets/**/*.meta

# Uncomment this line if you wish to ignore the asset store tools plugin # /[Aa]
ssets/ AssetStoreTools*

# Autogenerated Jetbrains Rider plugin
[Aa]ssets/Plugins/Editor/JetBrains*

# Visual Studio cache directory
.vs/

# Gradle cache directory
.gradle/
```

```
# Autogenerated VS/MD/Consulo solution and project files ExportedObj/
.consulo/
*.csproj
*.unityproj
*.sln
*.suo
*.tmp
*.user
*.userprefs
*.pidb
*.booproj
*.svd
*.pdb
*.mdb
*.opendb
*.VC.db

# Unity3D generated meta files
*.pidb.meta
*.pdb.meta
*.mdb.meta

# Unity3D generated file on crash reports sysinfo.txt

# Builds
*.apk
*.unitypackage

# Crashlytics generated file crashlytics-build.properties
```

　　不妨先以命名为 gitignore.txt 的文本文件形式创建它，然后把它重命名为".gitignore"。如果顺利完成这些步骤，应该有大约 28 个未暂存的文件。

<步骤 14> 暂存全部。然后输入"initial commit"并提交。

<步骤 15> 查看项目，确认它有是否有 .git 文件夹。

<步骤 16> 像我们在上一节所做的那样设置远端，然后推送。

<步骤 17> 验证 bitbucket 是否有一个名称为 UnityGitTest 的填充了的仓库。

<步骤 18> 把仓库克隆到别处，并在那里进行测试。

最后，是时候测试一下对项目进行修改时会怎样。

< 步骤 19> 在 Unity 中，移动六边形并改变它的颜色。

< 步骤 20> 保存并退出 Unity。

可以看到，Sourcetree 中只有一个文件发生了变化，那就是"SampleScene.unity"。

< 步骤 21> 在 Sourcetree 中，暂存所有，提交。

< 步骤 22> 在 Sourcetree 中查看初始提交。

< 步骤 23> 打开 Unity 并加载该项目。

应该可以看到六边形回到了原来的位置，并且是原来的颜色。

< 步骤 24> 查看最新的提交，并在 Unity 中测试它。

就是这样简单。这个设置并不是太简单，但除非小型实验性项目外，否则还是值得花时间设置一下的。

还有，Git 允许我们在没有互联网连接的情况下在本地工作。除了推送和拉取以外的事情都可以做。有网络连接的时候，可以通过推送本地仓库的推送来更新远端仓库。

第 14 章 菜单

本章将介绍如何使用 Unity UI 系统创建菜单。我们将创建一个主菜单和一个选项菜单。这将使我们能够控制游戏的屏幕分辨率，并选择全屏和窗口模式。不过这之前，我们需要先为游戏设置源代码控制。

14.1 源控制设置

在开始使用菜单之前，我们要用源代码控制设置游戏，就像我们在前一章所学的那样。这部分选择性进行的，所以如果不希望对这个项目进行源代码控制，或者想推迟到以后再设置的话，也是可以的。

< 步骤 1> 在 Unity 中打开 DotGame 项目。

< 步骤 2> **编辑 – 项目设置 ... – 编辑器**。

< 步骤 3> 版本控制模式："Visible Meta Files"（可见的元文件）。

　　　　　　这很可能已经被设置好了，但最好还是检查一下。

< 步骤 4> 将资源序列化模式设为 "Force Text"。

　　　　　　如果已经被设置好了的话，可以跳过这一步。

< 步骤 5> 保存并退出 Unity。

< 步骤 6> 像上一章那样登录 Bitbucket。

< 步骤 7> 创建一个仓库，命名为 "DotGame"，设为 "私有"，不包含 README，类型为 Git。

< 步骤 8> 把上一章的测试项目中的 .gitignore 文件复制过来。

< 步骤 9> 暂存全部。然后输入 "initial commit" 信息并提交。

< 步骤 10> 在操作系统中查看项目，检查是否存在 .git 文件夹。

< 步骤 11> 按照前一章所述的步骤设置远端，然后推送。

< 步骤 12> 验证 Bitbucket 是否有一个名为 DotGame 的仓库。

　　　　　　现在最好把这个仓库克隆到系统的其他位置，甚至是另一个系统，比如笔记本电脑中，然后在那里进行测试。请确保仓库里不要包含构建文件。.gitignore 文件中列出了 Builds 文件夹，所以该文件夹中的任何构建都会被排除。

我们现在可以继续开发游戏了。未来，在项目开发的早期阶段就设置源代码控制可能会更好。

14.2 主菜单布局

本节的目标是为主菜单场景创建布局。最终，DotGame 将从启动屏幕开始，然后进入主菜单场景。主菜单将看起来与图 14.1 相似。

图 14.1 DotGame 的主菜单

主菜单非常简约，只有三个按钮。Play DotGame 将会使游戏开始。Settings 按钮使用户进入设置菜单。Exit 按钮将退出应用程序。我们将花一些精力来使菜单美观一点。

Unity 有两个在相互竞争的用户界面系统，标准 UI 系统和 TextMeshPro。这个项目中，我们将使用 TextMeshPro 系统，因为它的功能可以使文本和相关菜单看起来比普通的内置 UI 好很多。我们将从为菜单制作一个新场景开始做起。

< 步骤 1> 打开 DotGame 项目，选择 Assets/Scenes 面板。

< 步骤 2> 在项目面板上单击 +，创建一个名为 Menus 的场景，并将名称从"New Scene"改为"Menus"。

< 步骤 3a> 双击 Menus 来打开它。

< 步骤 3b> 选择场景面板。

场景面板应该是空的。

< 步骤 4> 层级面板 – + – UI – Panel。

这将创建 Canvas 并在其下的层级中创建 Panel，如图 14.2 所示。

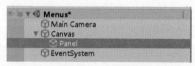

图 14.2 Menus、Canvas 和 Panel

接下来，我们将获取一个用于菜单场景的背景图像。就目前而言，只需要一张背景图像就可以了。

<步骤 5> 前往 pixabay.com，搜索"book blurred"。搜索到的大多数图像都是可以使用的。选一个自己喜欢的，并将其下载到 Assets/art 文件夹。

本书使用的是尺寸为 1920 × 1278 的只显示了一本书的图像，它的背景是模糊的浅棕褐色，名字是"blur-1283865_1920.jpg"。我们想让玩家注意的是叠加在上面的菜单文字，而不会被背景图片所干扰。我们选择了一个简单的背景图片，它的主要色调是浅棕色。

<步骤 6a> 从 Assets/art 文件夹中把图片拖动到检查器的"源图像"方框中。

在这样做之前，请确保 Panel 被选中。我们现在没有看到完整的面板，所以请按以下步骤操作。

<步骤 6b> 聚焦于场景中的 Panel 游戏对象。

<步骤 6c> 用滚轮将其放大一些。

现在的场景面板应该与图 14.3 保持一致。

图 14.3　褪色了的菜单背景

可以看到，图像褪色了。这不是我们想要的，所以我们下一步将解决这个问题。

<步骤 7> 选择检查器中的"源图像"方框下面的"颜色"。

应该可以看到一个颜色窗口。

<步骤 8> 把 Alpha 通道拖到最大，也就是 255。

在拖动 Alpha 通道滑块时，请注意以下情况：图像越来越亮了。另外，检查器中的颜色方框也有一个滑块，而且它正在随 Alpha 通道滑块的移动而变化。检查器中的滑块是用来显示与颜色相关的当前 Alpha 值的，但用鼠标无法拖动它。

< 步骤 9> 关闭颜色对话框。

现在，菜单有了一个合适的背景。

< 步骤 10> 勾选检查器中的"保持长宽比"。然后取消勾选。

保持长宽比的作用不是很大，所以我们暂时将不管它。对于电脑显示器、电视、手机和平板电脑上的 2D 游戏而言，处理长宽比可能非常棘手，因为它们的可用分辨率和长宽比各不相同。对当前项目而言下，我们将原始照片拉长了一些，这对于为菜单提供背景的目的来说是可行的。

< 步骤 11> 将面 Panel 重命名为"Background"。

用有意义的名字为通用对象重命名是个好习惯。

< 步骤 12> 层级面板 – + – UI – Text – TextMeshPro。

这大概是你第一次使用 TextMeshPro，在这种情况下，会弹出一个对话框，如图 14.4 所示。

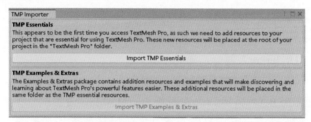

图 14.4 初次使用 TextMeshPro(TMP) 时弹出的对话框

单击弹出窗口中的"Import TMP Essentials"以启用 TMP。导入完成后，关闭该弹出窗口。目前，我们还不需要导入 TMP Examples and Extras（TMP 实例和附加）包。

< 步骤 13> 将检查器中的位置改为（0, 0, 0）。

取决于你之前如何使用 Unity，这最后一步可能是没有必要的。

应该可以在画布的中心附近看到一个白色的文本对象，上面写着"New Text"。在层级面板中，这个对象的名字是"Text (TMP)"，听起来有点奇怪。"TMP"提醒着我们这是一个 TextMeshPro 对象。我们将在本节的后面部分中为它重命名。

< 步骤 14> 选择工具栏中的矩形工具，也就是左数第五个图标。这个工具可能已经被选中了，如果是这样的话，请直接跳过这一步。

< 步骤 15> 把字体大小（Font Size）改为"72"。

这使得文本过于大了，所以请按以下方法调整文本框。

<步骤 16> 将鼠标悬停在文本框的右下角。

<步骤 17> 按住鼠标左键，然后按住 Alt 键，然后把文本框调整到合适的大小，使其能够容纳文本。

<步骤 18> 在检查器中，将 "Alignment"（水平方向的对齐方式）改为 "Center"（居中），垂直方向的对齐方式改为 Middle（中间）。

<步骤 19> 将文本改为 "PLAY DOTGAME"。

你可能需要再次调整文本框大小，以使其与较长的新文本相匹配。请确保使用 Alt 键，以保持文本框居中。

<步骤 20> 将字体样式改为 B，也就是粗体。

顺便再改一改其他的文本设置可能会很有意思。

<步骤 21> 找到 "Outline"（轮廓）部分，单击展开。

<步骤 22> 如果还没有启用它的话，请启用，选择黄色作为轮廓颜色，将 Thickness 设为 0.3。

<步骤 23> 找到 "Underlay" 部分，单击展开。

<步骤 24> 同样地，如果还没有启用它的话，请启用。将 Offset X 设为 1，Offset Y 设为 –1，Sofness 为 0.3。当然，这只调整 TextMeshPro 设置的众多方法之一。在更改这些设置时，可以实时地观察到它们对场景面板的影响。现在的菜单应该看起来与图 14.5 相似。

目前，我们有一个文本框，但它没有任何实际作用，这不是我们想要的。我们将创建一个 Button，然后将它与这个文本相关联。

<步骤 25> 选择层级面板中的 Canvas。

<步骤 26> 在层级面板中，执行 + – UI – **Button** – **TextMeshPro**。

<步骤 27> 如果有必要的话，在检查器中把位置改为（0, 0, 0）。

<步骤 28> 选择移动工具。

<步骤 29> 用绿色的上箭头将按钮拖到画布的上半部分。

现在的场景面板应该看起来与图 14.6 差不多。

<步骤 30> 选择矩形工具。

<步骤 31> 缩放白色矩形，使其大到能够容纳 PLAY DOTGAME 文本。

图 14.5　主菜单中的黄色文本

图 14.6　创建按钮时的场景面板

现在的场景面板应该看起来与图 14.7 差不多。

< 步骤 32> 在检查器中取消勾选"Image"。

这将使按钮的白色背景消失，但仍然保留了按钮的边框。

< 步骤 33> 展开层级面板中的 Button 对象。

可以看到 Button 对象下面有一个 Text 对象。这就是"Button"文本所在的位置。

我们将用"PLAY DOTGAME"文本替换它，如以下步骤所述。

< 步骤 34> 选择层级面板中 Button 对象下面的 Text(TMP) 对象。

< 步骤 35> 单击右键并通过快捷菜单中的命令删除这个对象。

< 步骤 36> 把 Button 对象重命名为"PlayButton"。

< 步骤 37> 将 Text(TMP) 对象拖到层级面板中的 PlayButton 上。

层级面板现在应该看起来与图 14.8 差不多。

图 14.7　带有大的白色按钮的场景面板

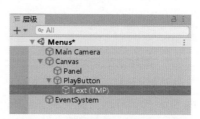

图 14.8　层级面板中的播放按钮

< 步骤 38> 选择层级面板中的 Text(TMP) 对象。

< 步骤 39> 在检查器中找到"Rect Transform"（矩形变换）部分。然后找到它下面那个看起来很有趣的图标，其上写着水平和垂直的 center 和 middle。这就是"锚点预设"图标。

< 步骤 40> 单击锚点预设图标，按住 Alt 键，并选择右下角的方框。

最后这一步神奇地将"PLAY DOTGAME"文本移到 PlayButton 文本框的居中位置。

< 步骤 41> 选择 PlayButton。

< 步骤 42> 在检查器中启用 Image。

< 步骤 43> 把颜色改为黑色，Alpha 值为"255"。

现在 PlayButton 的背景色显示为纯黑色。

下面的设置将涉及到 Alpha 值。就算你的数值略有不同也没关系。Alpha 值的范围是 0 到 255。

< 步骤 44> 在检查器中的 Button 部分中，将"正常颜色"改为白色，Alpha 值为"0"。

< 步骤 45> 为"高亮颜色"选择白色，Alpha 值为"75"。

< 步骤 46> 为"按下颜色"选择浅灰色，Alpha 值为"75"。

< 步骤 47> 对于 Selected Color，选择 Alpha 值"128"的白色。

我们终于可以进行测试了。

< 步骤 48> 按下播放图标并对按钮进行测试。鼠标移动到按钮上时，它应该会以浅灰色高亮显示，在被选择时则会变成深灰色。也可以通过单击 PLAY DOTGAME 方框以外的地方来取消对它的选择。

到目前为止，我们所做的只是创建了这个按钮，但它实际上还不能使游戏开始。我们之后将实现这一功能。接下来，我们将把这个按钮用作屏幕上的其他两个按钮的模板。

< 步骤 49> 复制 PlayButton，在选中 PlayButton 的情况下键入 Ctrl+d 的情况下完成即可。

层级面板中现在有两个 PlayButton，其中一个的名字带有"（1）"的后缀。这是新创建的那一个，它是自动选中的。

< 步骤 50> 使用移动工具将新 PlayButton 移动到屏幕中央。

为了保持对齐，我们将使用绿色的垂直箭头。

< 步骤 51> 将新按钮重命名为"SettingsButton"，并将其文本改为"SETTINGS"。

< 步骤 52> 调整按钮的大小以使文本框与新文本更加匹配。在这样做的时候，请确保选
中的是按钮，而不是文本。

< 步骤 53> 用类似的方法制作一个 Quit 按钮。

< 步骤 54> 对新按钮进行测试。

可以通过按下播放键并单击三个按钮来进行测试。需要注意的是，我们可以
使用键盘的方向键来上下移动选择。

菜单应该看起来与图 14.9 保持一致。

< 步骤 55> 保存项目。

我们现在已经养成了经常保存工作的好习惯，通过源代码控制备份工作的频率将会
降低。当两个菜单都可以运行时，将是一个备份的好机会。

我们刚刚设置好了主菜单的外观。接下来，我们将用同样的方法创建"设置"菜单。

图 14.9　主菜单

14.3　设置菜单布局

设置菜单也是分三部分布置的。顶部是标题，中间是一个分辨率的下拉选单和与之
并排的 FULLSCREEN（全屏）复选框，底部是一个返回按钮，让玩家能够回到主菜单。
在这一节中，我们将创建这个菜单的 UI 元素，而不会赋予它们实际的功效。你可能认
为现在需要为这个菜单创建一个新场景，但实际上，留在同一个场景中并简单地根据需
要启用和禁用菜单会更简单一些。

< 步骤 1> 在层级面板中，选择 Canvas，然后单击左上角的 + − **创建空子对象**。

< 步骤 2 > 使用矩形工具，按住 Alt 键调整子对象的大小，使其把三个按钮都容纳进来。
用 Alt 键来保持所有东西居中。请记得在按 Alt 键之前先按下鼠标左键。

< 步骤 3 > 将 GameObject 重命名为"MainMenu"。
现在的场景面板应该看起来与图 14.10 差不多。

< 步骤 4 > 在层级面板中选中三个按钮并将它们移到 MainMenu 对象上。
可以在按住 Ctrl 的同时选中这三个按钮，然后在层级面板中把这三个被选中
的按钮拖到 MainMenu 上。现在的层级面板应该和图 14.11 保持一致。

图 14.10 MainMenu 的布局

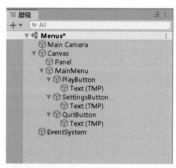

图 14.11 MainMenu 的层级

< 步骤 5 > 复制 MainMenu 对象，并将复制的对象重命名为"SettingsMenu"。
我们现在要开始更改 SettingsMenu，逐步将其转变为符合本节开头的描述的
样子。首先，我们将暂时禁用主菜单。

< 步骤 6 > 选择 MainMenu 对象，在检查器中禁用它。
显然，我们要做的是取消勾选检查器顶部附近 MainMenu 标题旁边的复选框。
需要注意的是，层级面板中仍然有 MainMenu，但它的字体颜色从黑色变成了灰色。

< 步骤 7 > 选择 SettingsMenu。
我们的第一个任务是把 Settings 按钮移到顶部，并把它变成单纯的文本，而
不再是一个按钮。

< 步骤 8 > 选择 SettingsButton，展开层级面板中的视图，然后把 text(TMP) 对象拖到
SettingsMenu 对象上。
现在的层级面板应该看起来与图 14.12 差不多。

< 步骤 9 > 将 text(TMP) 对象重命名为"SettingsTitle"。

< 步骤 10> 删除 PlayButton 和 SettingsButton。

< 步骤 11> 将 Settings 文本直接移到 SettingsMenu 的顶部。

我们之前一直在用移动工具做这件事，但由于我们现在已经激活了矩形工具，可以更高效地按照以下步骤来移动它：按下左键和键盘上的 Shift 键，然后向上拖动场景面板中的文本。请记住，可以用 Ctrl+Z 撤销任何不想要的移动。

< 步骤 12> 选择 QuitButton 的文本，将文本改为 BACK，字体大小改为 48。

< 步骤 13> 把 QuitButton 重命名为 BackButton。

接下来，我们将添加 Fullscreen 复选框。在 Unity UI 系统中，复选框名称为"Toggles"。

< 步骤 14> 选择 Canvas，然后 + – UI – Toggle。

< 步骤 15> 调整 Toggle，使其与图 14.13 大致相符。

这一步包括将 Toggle 向右上方移动，缩放 Background，增大字号，以及改变 Label 文本的颜色。我们还需要将 Label 的文本改为"FULLSCREEN"。

我们在 Unity 中得到了很好的练习。在以后处理更高级的概念时，这些技能将会派上用场的。

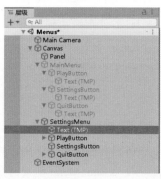

图 14.12　处理 SettingsMenu 的层级

图 14.13　全屏复选框

< 步骤 16> 将 Toggle 对象重命名为"FullscreenToggle"。

< 步骤 17> 将 FullscreenToggle 变为 SettingsMenu 的一个子对象。

< 步骤 18> 选择 SettingsMenu。

< 步骤 19> + – UI – Dropdown – TextMeshPro。

< 步骤 20> 将 Dropdown 重命名为"ResolutionDropdown"。

< 步骤 21> 调整 Dropdown，让它稍微大一点，并且向左上方移动一点。

与图 14.14 进行比较。

图 14.14　将分辨率下拉菜单添加到 SettingsMenu 中

< 步骤 22> 使 ResolutionDropdown 成为 SettingsMenu 的子菜单。

< 步骤 23> 测试该菜单。

如果单击播放图标的话，你会看到三个选项：A、B、C。这些选项是游戏分辨率的占位符。我们可以勾选或取消勾选"全屏"复选框。Settings 标题除了是个标题外，没有其他任何效果，而 BACK 按钮的作用和主菜单上的按钮的作用一模一样。

< 步骤 24> 保存。

在接下来的两节中，我们将通过编写代码使主菜单和设置菜单开始运行。

14.4　使主菜单运作

本节中，我们将添加一些代码，使主菜单中的三个按钮能发挥应有的作用。你可能觉得这需要为每个按钮编写单独的脚本，但实际上，只需要为 MainMenu 创建一个单一的脚本就可以轻松实现所需的功能。

< 步骤 1> 选择 SettingsMenu 并禁用它。然后选择 MainMenu 并启用它。

这可以在检查器中完成。如果同时启用了两个菜单的话，它看起来会有些杂乱，所以最好避免这么做。

< 步骤 2> 在选择 MainMenu 的前提下，在检查器中单击添加组件。输入"MainMenu"作为名字，新建脚本，然后创建并添加。

< 步骤 3> 在 Assets 面板中找到新脚本，并将其移动到 Scripts 文件夹中。然后双击以在

Visual Studio 中打开它。

< 步骤 4> 在 Visual Studio 中，输入以下代码：

```
using System.Collections;
using System.Collections.Generic;
using UnityEngine;
using UnityEngine.SceneManagement;
public class MainMenu: MonoBehaviour
{
    public void PlayGame()
    {
        SceneManager.LoadScene(1);
    }
    public void QuitGame()
    {
        Debug.Log("Quitting Game");
        Application.Quit();
    }
}
```

下面来说明一下这段代码。我们删除了 Start 和 Update 方法，因为在这个文件中将不需要用到它们。在顶部的 Using 部分中，我们添加了一行启用 SceneManagement 的代码。接着，我们创建了两个简单的方法。第一个是 PlayGame，它的作用很简单，是简单地切换到 1 号场景，在下一步中，我们将把它设置为游戏的第 1 关。QuitGame 方法有一个调试语句，帮助我们在 Unity 编辑器内测试这个按钮，接着是调用 Application.Quit 函数，退出游戏，但这只适用于构建出来的游戏。

< 步骤 5> 记得在 Visual Studio 中保存编辑内容！

不幸的是，Visual Studio 并不会自动保存编辑，所以如果忘记了保存，Unity 将会使用代码先前的保存版本。结果可能会出现令人费解的 bug，而实际上我们就只是忘了保存而已。

< 步骤 6> 将 MainMenu.cs 脚本拖到层级面板中的 MainMenu 上。

这一步可能不必要。现在应该可以看到 MainMenu 脚本是 MainMenu 对象的一个组件。

< 步骤 7> 文件 – 生成设置 ... 添加已打开场景。现在应该有两个场景：Scenes/Menus 和 Scenes/SampleScene。调整场景的位置，让 Scenes/Menus 是场景 0，Scenes/

SampleScene 是场景 1。

接下来，我们要把 PlayButton 游戏对象和脚本中的 PlayGame 方法联系起来。

< 步骤 8> 在层级面板中选择 MainMenu 并展开它。

< 步骤 9> 选择 PlayButton。

< 步骤 10> 在检查器中找到靠近底部的"鼠标单击 ()"部分。单击 + 图标来添加一个事件。

现在，我们已经准备好了将信息输入到鼠标单击事件中。

< 步骤 11> 从层级面板中把 MainMenu 对象拖动到鼠标单击事件对话框中的对象条目上。

< 步骤 12> 在鼠标单击对话框中，单击 No Function – MainMenu – PlayGame()。

< 步骤 13> 测试 PlayButton。

这就对了，PLAY DOTGAME 按钮现在可以如期工作，把玩家带到静止的迷宫中。

让 Quit 按钮工作的方法与此非常相似。

< 步骤 14> 选择 QuitButton，然后重复步骤 10 ～ 13 来设置并测试 QuitButton。这次我们将使用 QuitGame() 而不是步骤 12 的 PlayGame()。

这次的测试过程稍有不同。我们需要打开控制面板来查看 Debug 信息。或者，可以构建游戏并以这种方式来测试是否能够退出游戏。

让 Settings 按钮工作则完全不需要编程。只要做以下工作即可。

< 步骤 15> 选择 SettingsButton，添加一个鼠标单击事件，并选择 SettingsMenu 作为对象。至于函数，选择 GameObject – SetActive()。勾选该函数下面的复选框。

这将使我们能够打开 SettingsMenu。另外，我们还需要关闭主菜单，所以请按照以下步骤进行操作。

< 步骤 16> 选择 SettingsButton，添加另一个鼠标单击事件，选择 MainMenu 作为对象，并为函数选择 GameObject – SetActive()。取消勾选该函数下面的复选框。

< 步骤 17> 测试 Settings 按钮。

这很好测试，单击它，如果它启用 SettingsMenu 并关闭了 MainMenu，就成功了。

< 步骤 18> 保存。

现在，我们已经做好了准备，可以开始让设置菜单工作了。

14.5　使设置菜单运作

就像之前为主菜单所做的那样，我们需要为设置菜单创建一个脚本，其中的方法将与设置菜单中的 UI 元素相关联。

< 步骤 1> 禁用 MainMenu，启用 SettingsMenu。

< 步骤 2> 选择 SettingsMenu。

在为 SettingsMenu 创建脚本之前，我们要先让 BackButton 发挥作用。这与我们为主菜单实现 Setting 按钮的功能的方法非常相似，只不过要反过来。

< 步骤 3> 选择 BackButton。

< 步骤 4> 添加一个鼠标单击事件，并选择 MainMenu 作为对象。至于函数，请选择 GameObject – SetActive()。勾选该函数下面的复选框。

这将在单击后退按钮时激活 MainMenu。

< 步骤 5> 添加另一个鼠标单击事件，并选择 SettingsMenu 作为对象。对于该函数，选择 GameObject – SetActive()。取消勾选该函数下面的复选框。

这将停用 SettingsMenu。

< 步骤 6> 测试 BackButton。

现在我们可以在两个菜单之间来回切换了。接下来，我们将实现 FullscreenToggle 的功能。

< 步骤 7> 为 SettingsMenu 游戏对象新建一个 SettingsMenu 脚本。在 Visual Studio 中编辑它。

< 步骤 8> 在 SettingsMenu.cs 中输入以下代码：

```
using System.Collections;
using System.Collections.Generic;
using UnityEngine;
public class SettingsMenu: MonoBehaviour
{
    public void SetFullscreen(bool isFullscreen)
    {
        Screen.fullScreen = isFullscreen;
    }
}
```

这段代码相当简单。我们添加了一个方法，名为 SetFullscreen，它会根据 isFullscreen 的值将全屏模式设置为 True 或 False。

接下来，我们需要把这段代码与 FullscreenToggle 关联起来。

< 步骤 9> 选择 FullscreenToggle，在检查器中单击"值改变时 (Boolean)"中的 + 图标。

这看起来和我们之前处理的鼠标单击事件很相似。同样，我们需要为这个事件输入一个函数和一个对象。

<步骤 10> 将 SettingsMenu 对象拖到 OnValueChanged 对象框中，至于函数，选择 Settings Menu 中 Dynamic bool 部分中的 SetFullscreen，而不要使用 Static Parameters 部分中的 SetFullscreen(bool)。

<步骤 11> 通过构建项目并运行它来测试是否能够切换为全屏模式。

使用播放按钮运行游戏时是无法进入全屏模式的，所以我们需要构建它。

<步骤 12> 保存。

最后，我们准备添加分辨率下拉菜单的功能。这会稍微复杂一点。请在 SettingsMenu.cs 中输入以下代码：

```csharp
using System.Collections;
using System.Collections.Generic;
using UnityEngine;
using UnityEngine.UI;
using TMPro;
public class SettingsMenu: MonoBehaviour
{
    public TMP_Dropdown resolutionDropdown;
    Resolution[] resolutions;
    private void Start()
    {
        resolutions = Screen.resolutions;
        resolutionDropdown.ClearOptions();
        List<string> options = new List<string>();
        int ci = 0;
        for (int i = 0; i < resolutions.Length; i++)
        {
            string option = resolutions[i].width +
            " x " + resolutions[i].height;

            if (resolutions[i].width == Screen.currentResolution.width &&
            resolutions[i].height == Screen.currentResolution.height)
            {
                ci = i;
            }
        }
        resolutionDropdown.AddOptions(options);
        resolutionDropdown.value = ci;
```

```
        resolutionDropdown.RefreshShownValue();
    }
    public void SetResolution(int ri)
    {
        Resolution res = resolutions[ri];
        Screen.SetResolution(res.width, res.height, Screen.fullScreen);
    }
    public void SetFullscreen(bool isFullscreen)
    {
        Screen.fullScreen = isFullscreen;
    }
}
```

我们来快速回顾一下这段代码。我们在顶部添加两条新的 using 语句：using UnityEngine.UI 和 using TMPro。UI 的这条 using 语句对于一些 UI 函数而言是必要的，而因为下拉菜单中使用了 TextMeshPro，所以 TMPro 语句也是必要的，。

Start 方法创建了分辨率字符串的列表，并将这些选项存储在分辨率下拉菜单中，供运行时使用。Start 方法还会查看当前使用的屏幕分辨率，并刷新下拉菜单以显示它。

最后，SetResolution 方法使用当前选择的选项，并根据所选项来通过调用 Screen.SetResolution 设置对应的屏幕分辨率。

< 步骤 13> 通过在 Unity 中播放来进行测试。

嗯，它没有起作用。是什么地方出错了？

啊哈，原来是我们忘记为 SettingsMenu 脚本设置分辨率下拉菜单了。

< 步骤 14> 选择 SettingsMenu，然后将 ResolutionDropdown 拖入检查器中的 Resolution Dropdown 框。

< 步骤 15> 再次测试。

好了，我们现在有了我们想要的分辨率下拉菜单。

将它与图 14.15 进行对照。

尽管如此，分辨率并不会被改变。这是因为我们无法在 Unity 中这样操作，但如果现在构建这个项目，你会发现它仍然无法起效，毕竟我们还有一些工作没有做完。

图 14.15　**分辨率下拉菜单**

< 步骤 16> 选择 ResolutionDropdown。

< 步骤 17> 在"值改变时 (Int32)"中单击＋图标，将 SettingsMenu 拖到对象框中，并在 SettingsMenu 中使用最上方的 Dynamic Int 部分的 SetResolution。

< 步骤 18> 保存、构建并运行。

恭喜！你成功了。可以在系统上尝试一下不同的分辨率，在全屏或窗口模式之间切换，然后在最终选择的分辨率和全屏模式下玩一玩游戏。在全屏模式下，我们仍然不能简单直接地退出游戏，所以请弄清楚在这种情况下应该如何关闭应用程序。这在一定程度上取决于你使用的是 PC 还是 Mac，也取决于你设置了多少台显示器。

下面的步骤只有在设置了源代码控制的情况下才有必要完成。

< 步骤 19> 打开 SourceTree。

应该可以看到未暂存文件的列表。这些是我们在上次提交之后更改或添加的文件。

< 步骤 20> 暂存所有文件，添加提交信息，提交并推送。

这可以很快完成。提交信息可以是简单的文本"Added menus"，也可以更详细地进行说明。因为你是新手，你可能想克隆这个仓库，测试一下是否都成功了。

好了，现在是时候开始考虑游戏玩法了。目前，我们所谓的"玩游戏"就只是对着一个静态的屏幕发呆。

第 15 章　为玩家角色制作动画

本章中，我们将使玩家角色 Dottima 在游戏场地中移动。我们将编写一些代码，让玩家可以使用四个方向键来操控 Dottima 的移动。我们还将为 Dottima 创建一些动画，并使这些动画在游戏中发挥作用。动画将非常简单，只有几帧，但这是开始学习 Unity 动画工具的一个好方法。

15.1　简单的玩家运动

本节中，我们将为 Dottima 添加一些简单的玩家移动。在初始阶段，我们不必担心 Dottima 与迷宫的碰撞。我们将先完成一些简单的事情，然后循序渐进地添加更多功能，直到最终做成一个完整的游戏为止。嗯，这可能说得太简单了，但你会理解的。

< 步骤 1> 加载 DotGame 项目。

　　　　首先，我们要做一些内务工作。

< 步骤 2> 关闭平铺调色板窗口。

　　　　之前创建菜单场景的时候，我们一直打开着平铺调色板窗口，尽管那是没有必要的。可以简单地通过单击平铺调色板窗口右上角的三点式菜单并选择"关闭选项卡"来关闭它。

　　　　接下来，我们要做一件早就应该做的事情。

< 步骤 3> 将 SampleScene 重命名为"Game"。

< 步骤 4> 看一看生成设置。

　　　　是的，Unity 把那里的名称也更新了。现在我们有两个场景，它们分别是 Scenes/Menus 和 Scenes/Game。

< 步骤 5> 在 Scenes 文件夹中双击 Game 场景以切换到该场景。

< 步骤 6> 选择默认布局和 Scene 面板。

< 步骤 7> 用 f 键聚焦于 Maze1 Grid 对象。滚动鼠标滑轮使迷宫在场景面板中居中。

< 步骤 8> 在项目面板中打开 Assets/art 文件夹。

早在第 11 章，我们就创建了 DottimaFace.png。现在我们终于要在 Unity 中使用它了。

<步骤 9> 将 DottimaFace 拖到层级面板中。

好吧，如图 15.1 所示，Dottima 太大了。

图 15.1　**大头 Dottima**

有两种方法将 Dottima 缩小的方法。其中一个是设置缩放系数，但这次我们将使用另一个方法，也就是在导入设置中调整每单位像素数。

<步骤 10> 在 Assets/art 中单击 DottimaFace。

<步骤 11> 把每单位像素数设置为"1024"并应用。

<步骤 12> 将 Dottima 移到迷宫的左下方的起点，如图 15.2 所示。

图 15.2　**位于起点的 Dottima**

DottimaFace 的新位置是（−7，−3，0）。

<步骤 13> 选择 DottimaFace，创建一个名为 DottimaController 的脚本，并将其添加到 DottimaFace 上。在 Visual Studio 中编辑该脚本，并输入以下代码：

```
using System.Collections;
using System.Collections.Generic;
using UnityEngine;

public class DottimaController : MonoBehaviour
{
    public float speed; private Rigidbody2D rb;
    void Start()
    {
        rb = GetComponent<Rigidbody2D>();
    }

    private void FixedUpdate()
    {
        Vector2 moveInput = new Vector2(
        Input.GetAxisRaw("Horizontal"), Input.GetAxisRaw("Vertical"));
        rb.velocity = moveInput.normalized * speed;
    }

}
```

这段代码在 Start 方法中设置了一个 Rigidbody2D 组件。之所以在 Start 方法中进行这一步，是因为它可能很耗时间，而既然我们可以只在开始是做一次，那么我们当然不希望每一帧都这么做。在 FixedUpdate 方法中，来自四个方向键的键盘输入被用来计算 2D 矢量。接着，这个矢量被用来设置 Dottima 的速度。FixedUpdate 方法的使用与 Update 方法相反，它的作用是得到一个更平滑、更可控的移动。

接下来，我们需要使这段代码在 Unity 中工作。

<步骤 14> 在 Visual Studio 中保存代码。

<步骤 15> 在检查器中把 DottimaFace 的速度设置为 7。

<步骤 16> 单击添加组件。在搜索框中输入"rigid"，然后选择"2D 刚体"。

<步骤 17> 在检查器的 Rigidbody 2D 部分将身体类型从"动态"改为"Kinematic"（运动学）。

Kinematic 的设置使 Dottima 不受重力的影响。

<步骤 18> 按播放键，用四个方向键在迷宫中移动 DottimaFace。

嗯，这是一个不错的开始。我们可以移动 Dottima，不过她会直接穿过那些书。我们的下一个目标是避免这种情况的发生。在你的系统上，Dottima 的移动可能十分生硬。下一步将使这种生硬感得到改善。

<步骤 19> 编辑 – 项目设置 – 时间。将"固定时间步进"设置为 0.00833333。

这个设置的作用是假定显示器的刷新率是 60 或 120 赫兹 / 秒。Unity 的默认固定时间步进是 0.02，也就是 1/50 秒。我们希望它能与电脑显示器的刷新率相匹配。当前的电脑显示器的刷新率通常是 60 赫兹，一些高端型号则是 120 赫兹。理想情况下，我们应该在代码中处理这个问题，而不是将其设置为一个固定的数字，但现在，只要显示器实际上是以 60 或 120 赫兹刷新的，对于开发而言就已经足够了。

15.2　墙面碰撞

为了让物体之间发生碰撞，我们需要把它们变成物理对象。在 Unity 中，可以通过添加刚体组件以及合适的碰撞器来做到这一点。我们将从 Dottima 开始处理。

<步骤 1> 选择 DottimaFace。

<步骤 2> 在检查器中，将身体类型改为动态。

这一步对于内置碰撞检测的工作而言是必要的。

<步骤 3> 把重力大小改为 0。

如果这是一个平台游戏的话，我们将不会更改重力大小。但在这个自上而下排布的迷宫游戏中，将不会有重力，至少这一关没有。

<步骤 4> 添加一个 2D 圆形碰撞器组件。

<步骤 5> 在场景面板中，用 f 键聚焦于 DottimaFace。可以看到，圆形碰撞器有点太大了。

<步骤 6> 单击编辑碰撞器。

<步骤 7> 在检查器中调整半径，使圆形碰撞器与 Dottima 相匹配。

一般来说，我们希望碰撞器要比图形略小。这样，当物体碰撞时，就会有一点点重叠。这比物体在发生碰撞时中间还有空隙的情况要好。在项目的后期阶段，当游戏接近完成时，最好把这些碰撞器的编辑重新审视一遍。

<步骤 8> 运行游戏，移动 Dottima，然后停止运行游戏。

这一步其实并不是必要的，因为应该看不出来什么明显的区别。这更像是一个为了确保没有破坏什么东西而进行的快速检查。

接下来，我们要把书变成带有盒状碰撞器的刚体。这会比想象中的简单得多。不，我们不必手动添加一堆盒状碰撞器，而是可以使用一个瓦片地图碰撞器。

< 步骤 9> 选择 Maze1 Grid，展开它，然后选择 Tilemap。

< 步骤 10> 添加一个 2D 刚体。

< 步骤 11> 将身体类型改为 Kinematic。

这使得 Tilemap 保持静止，而不会受制于物理运动。在这种情况下，"Kinematic" 这个词其实有点名不副实，因为它的含义是"运动学"。

< 步骤 12> 添加一个"瓦片地图碰撞器 2D"组件。

这个碰撞器将为 Tilemap 中的每块瓦片添加完全对齐的盒状碰撞器。我们可以保持默认设置不变。

< 步骤 13> 测试。

哇，Dottima 可以在迷宫中移动了！这是个好消息。一个附赠效果是，Dottima 在沿着墙移动时是旋转着的。我们并没有预料到这一点，但感觉这样还挺不错的，所以我们在心里记下了这一点，以备将来使用。现在，我们将使用 Rigidbody 2D 的 "Constraints" 功能，停止 Dottima 的旋转。

< 步骤 14> 选择 DottimaFace，单击 Rigidbody 2D 的 Constraints，勾选"冻结旋转：Z"。

现在再运行游戏时，Dottima 就不会再旋转了。尽管旋转起来更有趣，但目前，我们需要冻结旋转。

< 步骤 15> 保存并退出 Unity。

< 步骤 16> 可选步骤：打开 Sourcetree，暂存，提交，提交信息填写 "Dottima Collisions"，然后切片。

在接下来的几个小节中，我们将为 Dottima 创建精灵序列集合动画。

15.3　闲置动画

虽然严格意义上来讲并不是必要的，但闲置动画（idle animation）已经成为大多数电子游戏角色的标配。我们的想法是，即使是在闲置状态下，也就是在原地不动时，角色也应该有一些小动作。在闲置动画中，我们要让 Dottima 上下伸展和压缩。这在 Unity 和 GIMP 中都很容易做到。为了保持一致，我们将选择在 GIMP 中做这个动画。对于这个动画而言，三个精灵应该就足够了。我们将把这三个精灵保存在不同的 .png 文件中。

<步骤 1> 将 DottimaFace.xcf 载入到 GIMP 中。

<步骤 2> 选择 – 全部。

<步骤 3> 单击缩放工具或键入 <Shift> – s。

<步骤 4> 按住 Shift 键，在 Dottima 的顶部单击并按住鼠标，向下拖动一点。与图 15.3 进行对照。

可以看到，靠近顶部的地方有一个双曲线轮廓。这同时显示了旧的和新的 DottimaFace，它们重叠在一起。我们还可以看到一个弹出的缩放对话框。

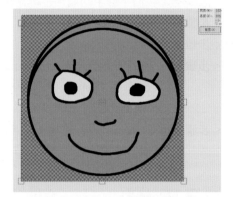

图 15.3　在 GIMP 中缩放 Dottima

<步骤 5> 在弹出的缩放对话框中单击"缩放"。

原来的 Dottima 消失了，我们现在看到的是被压扁的图像。

<步骤 6> 导出图像，命名为 DottimaIdle1.png。

<步骤 7> 另存为 DottimaIdle1.xcf。

我们将重复一遍，把 Dottima 再压扁一些。

<步骤 8> 重复步骤 4，单击"缩放"，导出为 DottimaIdle2.png，并另存为 DottimaIdle2.xcf。

现在，你肯定想看看这个动画在 Unity 中的表现。如果知道怎么做的话，这一步是很容易做到的。

<步骤 9> 在 Unity 中打开 DotGame 项目。

<步骤 10> 单击 DottimaFace。

<步骤 11> 窗口 – 动画 – 动画。

这会打开一个新窗口，我们将在其中制作动画。可以把它停靠在布局中，如下所示。

<步骤 12> 将动画窗口顶部的"动画"标签拖到"控制台"标签下面一点。在只看到标签而看不到动画窗口时，就可以松开鼠标案件了。现在的 Unity 布局应该与图 15.4 保持一致。如果不对的话，就再试一次。

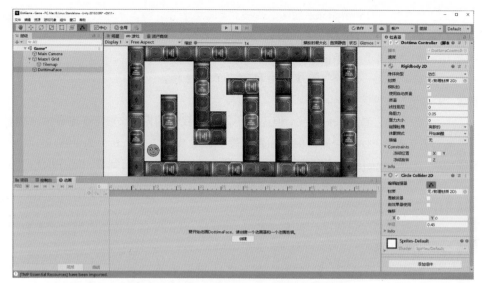

图 15.4　有一个停靠的动画面板的 Unity 布局

　　让动画面板的宽比高大很多是非常有用的，你很快就会明白其中的原因。可以用其他方式来布置屏幕，这完全取决于你。你可能想时不时地尝试一下各种不同的布局，以找到最适合你的显示器设置和分辨率局的布局。

< 步骤 13a> 如果还没有在层级面板中选中 DottimaFace 的话，请这么做。

　　注意，动画面板上有一条信息要求我们创建一个动画器和一个动画剪辑。这正是我们接下来将会完成的。

< 步骤 13b> 在动画面板中单击"创建"。

< 步骤 14> 在弹出窗口中，导航到 Assets/Animations 并将动画命名为"Dottima_Idle.anim"。
我们使用了下划线来分隔角色的名字和动画的名字。

< 步骤 15a> 从 Arts 文件夹中把三个闲置动画精灵拖动到动画时间线上。
这需要取消动画窗口的停靠才能完成。

< 步骤 15b> 像之前对 DottimaFace 所做的那样，将闲置精灵的每单位像素数改为 1024。

< 步骤 15c> 重新停靠（真的有这个词吗？）。

< 步骤 16> 单击动画窗口中的"播放"图标。
现在可以在场景面板中看到一个在以极快的速度播放的动画。如果没有在场

景面板中看到 DottimaFace 的话，请按 f 键聚焦于它。接下来，我们将使动画放慢。

<步骤 17> 再次单击"播放"图标来停止动画。

<步骤 18> 把"样本"显示框中的 60 改为 12。

这就把每一帧的时间从 1/60 秒改成了 1/12 秒。

<步骤 19> 再次播放该动画。

这一次它看起来好多了，但仍然不能满足我们的期望。它正在循环的序列是：

0, 1, 2, 0, 1, 2…如此往复，但我们真正想要的是 0, 1, 2, 1, 0, 0, 1, 2, 1, 0…。

<步骤 20> 将 DottimaIdle1 拖到序列末尾，然后将 DottimaFace 拖到 DottimaIdle1 之后。

现在的动画时间线上有 5 个关键帧了。

<步骤 21> 再次播放该动画。

这样就暂时可以了。当游戏可玩的时候，我们可能会重新回顾并调整它。

<步骤 22> 运行游戏。

现在，闲置动画一直在播放，甚至当 Dottima 在移动时也是如此。在下一节中，我们将添加运动动画。

<步骤 23> 保存！

15.4　运动动画

如果 Dottima 是一个人类或动物角色的话，我们现在会制作一个行走循环。然而，Dottima 并没有四肢，所以我们不会这么做，而是会让眼睛转动一下。

<步骤 1> 将 DottimaFace.xcf 载入 GIMP 中。

我们将再一次以 Dottima 的基本图像为基础，做一些简单的调整来创造其余动画帧。

<步骤 2> 单击椭圆选择工具。

<步骤 3> 选择 Dottima 左眼的黑色瞳孔。以我们的角度看，这只眼睛在右边。这应该看起来与图 15.5 一致。

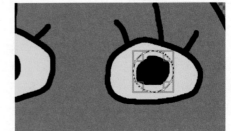

图 15.5　选中了 Dottima 的右边眼睛的瞳孔

< 步骤 4> 编辑 – 复制。

< 步骤 5> 编辑 – 粘贴为 – 新笔刷。命名为 "LeftEye"。

< 步骤 6> 选择 – 全部。

< 步骤 7> 选择颜色选择器工具（快捷键 O 键）。

< 步骤 8> 单击前景色方块。

< 步骤 9> 单击 Dottima 的黄色部分的眼睛。

　　　　　现在的前景色应该变成了同样的黄色。

< 步骤 10> 单击铅笔工具（快捷键 N 键）。

< 步骤 11> 选择像素笔刷，大小约为 "25"。

　　　　　像素笔刷的图标看起来就像一个像素。

< 步骤 12> 用画笔把 Dottima 的瞳孔涂掉。

　　　　　现在的 Dottima 应该看起来与图 15.6 一致。

< 步骤 13> 保存为 "Dottima_NoPupils.xcf"。

　　　　　我们要把它保存为一个基础精灵，以备将来使用。没有瞳孔的 Dottima 看起来
很邪恶！

< 步骤 14> 仍然选择铅笔工具，选择 Lefteye 笔刷。

< 步骤 15> 在眼睛的高处画出瞳孔，如图 15.7 所示。

图 15.6　**没有瞳孔的 Dottima**　　　图 15.7　**向上看的 Dottima**

　　　　　可以使用快捷键 Ctrl–Z 来撤销尝试瞳孔位置的操作。

< 步骤 16a> 另存为 "Dottima_MoveU1.xcf"。

< 步骤 16b> 导出为 "Dottima_MoveU1.png"。

接下来，我们将再次向上移动瞳孔，只不过向左一点。

< 步骤 17> 加载无瞳孔的精灵。

一个简单的方法是**文件 – 最近打开** – Dottima_NoPupils.xcf。

< 步骤 18> 在眼睛的左上方附近绘制瞳孔。

这张图片看起来应该与图 15.8 相似。

< 步骤 19> 保存为 Dottima_MoveU2.xcf。

< 步骤 20> 导出为 Dottima_MoveU2.png。

还可以为这个动画再制作一些其他精灵，但为了保持简单，我们将就此打住，并转移到 Unity 中。

< 步骤 21> 像往常一样，在 Unity 中加载 DotGame。

< 步骤 22> 在层级面板中选择 DottimaFace。

< 步骤 23> 查看动画面板，单击 Dottima_Idle 旁边的小三角形。

这应该看起来与图 15.9 一致。

图 15.8　Dottima 看向左上方

图 15.9　创建 Dottima_Run 动画

< 步骤 24> 单击"创建新剪辑 ..."。

< 步骤 25> 转到 Assets/animations 文件夹。

因为之前的工作，Unity 很可能会直接定位到这个文件夹。

< 步骤 26> 在"文件名"中输入"Dottima_Run"作为文件名，并将保存类型设为动画（anim）。单击"保存"。

< 步骤 27a> 把 U1 和 U2 精灵的每单位像素数改为 1024，就像我们之前为闲置动画精灵所做的那样。

< 步骤 27b> 从 Assets/art 文件夹中，将 Dottima_MoveU1 拖到动画时间线的 "0" 处。

< 步骤 28> 把 Dottima_MoveU2 拖动到时间线的 "20" 处。

< 步骤 29> 把 Dottima_MoveU1 拖动到时间线的 "40" 处。

< 步骤 30> 单击 "DottimaFace: Sprite" 左边的扩展三角形，将窗口与图 15.10 进行对照。

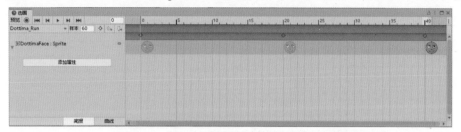

图 15.10　动画时间线中的 Dottima_Run 动画

< 步骤 31> 单击动画面板中的 "播放动画剪辑" 图标，预览动画。

Dottima 的眼睛在左右转动。现在，我们将把运动动画作为起始动画，看看
以这个动画来移动 Dottima 将会是什么样子。

< 步骤 32a> 在层级面板中选择 DottimaFace。

< 步骤 32b> 窗口 – 动画 – 动画器。

< 步骤 32c> 将动画器窗口和图 15.11 进行对照。

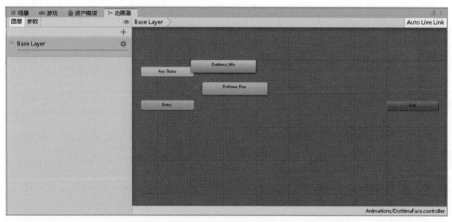

图 15.11　动画器窗口的初始视图，Dottima 有一个闲置动画和一个运动动画

< 步骤 32d> 重新排列这些方框，使它们看起来与图 15.12 保持一致。

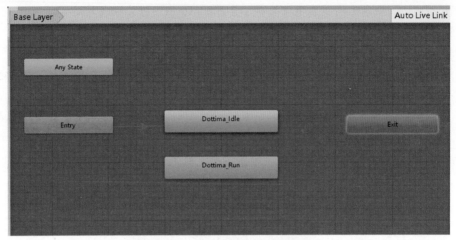

图 15.12　重新排列后的动画器窗口

一如既往地，我们可以使用鼠标滚轮来调整视图。可以看到绿色的 Entry 框和一个连接着它和 Dottima_Idle 的箭头。我们的目标是让这个箭头指向 Dottima_Run。这比看上去要复杂一些。不，我们无法直接把箭头拖到那里，而是要这么做：

< 步骤 33> 右键单击 Dottima_Run，选择"设置为图层默认状态"。

< 步骤 34> 测试游戏。

如果一切都按部就班地进行的话，现在移动 Dottima 时，应该可以看到她的眼睛在左右转了。当然，我们希望 Dottima 在不移动时能够处于闲置状态。这一点将在下一节中实现。

< 步骤 35> 保存项目。

15.5　游戏中的动画

我们现在有两个动画，所以我们接下来将根据玩家的操作来让它们在游戏中运行。首先，我们将探索动画器窗口中的一个巧妙的功能。因为 Unity 仍然处于启动状态，所以我们已经做好了准备。

< 步骤 1> 选择游戏面板并禁用"播放时最大化"。

在通常情况下，强烈建议启用"播放时最大化"，以避免在没有意识到游戏

在播放的情况下对游戏进行了修改。如果这么做的话，那么在停止游戏时，我们所做的修改就会丢失，这可能会造成惨痛损失。Unity 确实很好，但它不能做到万无一失，如果不小心的话，就可能会造成不良影响。在接下来的几个步骤中，我们将暂时禁用"播放时最大化"。

< 步骤 2> 玩这个游戏。

< 步骤 3> 选中 DottimaFace。

< 步骤 4> 查看动画器窗口。

　　　　可以看到，在移动动画的 Dottima_Run 方框下，显示着一个在快速运行的进度条。在想要查看当前激活的动画是哪个时，这个功能非常有用。

< 步骤 5> 停止播放游戏。

< 步骤 6> 启用"播放时最大化"。

< 步骤 7> 在动画器窗口中，将 Dottima_Idle 设置为"图层默认状态"。

　　　　现在玩游戏的话，Dottima 将显示闲置状态的动画。

　　　　接下来，我们要设置一个从闲置状态到运动状态的过渡。

< 步骤 8> 右键单击 Dottima_Idle 并选择"创建过渡"。将鼠标移到 Dottima_Run 方框中，左键单击以建立连接。

　　　　如果现在运行游戏的话，Dottima 会立即过渡到运动状态并保持下去。而我们希望这种状态只有在 Dottima 移动时才会进行。实现这一目的基本思路是检查 Dottima 的速度是否不为 0。如果是，就触发过渡。

< 步骤 9> 在动画器窗口中选中新创建的过渡。

　　　　应该可以在检查器中看到这个过渡的属性。我们将很快对它们进行调整，但在那之前，我们需要先创建速度参数。

< 步骤 10> 单击参数，它位于动画器窗口左上角的"图层"的右边。

< 步骤 11> 通过单击参数面板中搜索栏右边的"+"号，创建一个新参数。

< 步骤 12> 选择"Float"。

< 步骤 13> 将参数命名为"Speed"，而不是默认的"New Float"。

　　　　"New Float"以蓝色高亮显示，这意味着我们可以直接输入"Speed"而不必特地选中文本输入框。键入回车以完成输入。

< 步骤 14> 再次选中过渡线，然后在检查器中，单击"Conditions"区的加号图标。

< 步骤 15> 将"Greater"旁边的"0"改为"0.001"。

这个过渡的条件是：速度参数大于 0.001。0.001 只是一个非常小的数字。我们也可以使用一些其他的较小的数字，只要这个数字位于 0 和角色开始移动后的速度之间即可。

< 步骤 16> 禁用"有退出时间"。

这个设置将会把满足条件的过渡延迟片刻。在当前案例中，我们不想有延迟，而是想立即开始运行动画。

< 步骤 17> 单击"有退出时间"设置下面的"Settings"。

< 步骤 18> 把过渡持续时间设置为"0"。

过渡本身不应该花费任何时间，这可以通过把过渡持续时间设为 0 来完成。

现在，我们可以通过运行游戏和手动调整速度参数来对过渡进行测试。

< 步骤 19> 禁用"播放时最大化"。

< 步骤 20> 选择 DottimaFace。

< 步骤 21> 播放游戏。

< 步骤 22a> 查看动画器窗口。你可以看到闲置动画处于激活状态。

< 步骤 22b> 把速度改为"1"。

因为速度参数从 0 变成了 0.001 以上，满足了条件，于是就触发了到运动动画的过渡。现在我们可以看到运动动画处于激活状态。

< 步骤 23> 把速度改为"0"。

我们想让闲置动画现在被激活，但我们还没有为它设置过渡，因此无法看到任何变化，运动动画仍在继续运行。

< 步骤 24> 停止游戏。

< 步骤 25> 创建一个从 Dottima_Run 到 Dottima_Idle 的过渡。

< 步骤 26> 禁用"有退出时间"并将过渡时间改为"0"。

< 步骤 27> 添加一个条件，即速度小于 0.001。

< 步骤 28> 重复步骤 20 ～ 24。

这一次，当速度被设置为"0"时，从运行到闲置的过渡就被触发了。

现在，我们要做的是根据 Dottima 的运动情况自动设置速度参数。这只需要几行代码就可以做到。

< 步骤 29> 在 Visual Studio 中打开 DottimaController。

< 步骤 30> 添加以下代码：

```
public Animator animator;
```

把这行代码添加到 DottimaController 类的开头附近的 Rigidbody 2D 声明之后。

< 步骤 31> 保存脚本。

< 步骤 32> 回到 Unity 中，选择 DottimaFace，并查看检查器。把 Animator 组件拖到 Dottima Controller (Script) 的动画器插槽中。

< 步骤 33> 在 FixedUpdate 函数中，在 "rb.velocity = ..." 之后插入以下代码：

```
animator.SetFloat("Speed", rb.velocity.magnitude);
```

< 步骤 34> 保存并测试。

你越来越擅长使用 Unity 了。当 Dottima 在迷宫中移动和停下时，她的运动动画和闲置动画会交替运行。循序渐进地，这个游戏越来越有模有样了。

本章中，我们为游戏创建了一个相当简单的、可用的玩家角色。在下一章中，我们将创建敌人，使游戏更加有趣。

第 16 章　使用 Blender 制作机器人精灵

　　这一章篇幅较长，我们将开始开发 DotGame 中的敌人。首先，我们将处理机器人敌人。接着，我们将创建尖刺球、障碍物和问号。我们将使用 Blender 来制作它们，然后把它们导出为 2D 精灵，以在 Unity 中使用。最后，我们将对敌人的基本动作进行编码，并添加碰撞检测。

　　在现在这个早期阶段，我们将只花一定时间来处理游戏的图形。我们的目标是在使用简单的图形的情况下使游戏变得有趣，然后在时间允许的情况下，我们将用更好的、更复杂的图形来替代这些图形。

　　我们已经决定使用 Blender 来制作所谓的预渲染 3D 图形了。早在 1994 年，Rare 公司就在 SNES 上的《森喜刚》中开创性地使用了预渲染技术。虽然 1982 年的《铁板阵》和 1993 年的《神秘岛》也使用了这种技术，但《森喜刚》是第一个大量使用预渲染动画人物的游戏。上网查找并浏览一些 SNES 上《森喜刚》的视频将会有很大的启发作用。请注意，那个年代没有什么高清视频，所以一定要看 1994 年的电视所使用的 4∶3 长宽比的视频。《超级森喜刚》的 16∶9 的高清视频是水平拉伸的，这可能会造成比较大的干扰。

　　预渲染 3D 图形是在目标硬件不支持 3D 时显示 3D 图形的一种方式。举例来说，SNES 只能显示 2D 精灵，所以为了展现 3D 动画，图形被建模、动画化，并使用十分昂贵的 3D 工作站进行预渲染，逐帧压缩，然后存储在非常有限的 SNES 内存中。这项技术向数百万游戏玩家展现了游戏 3D 动画图形的奇迹。如今，即使在有 3D 显示硬件的情况下，预渲染 3D 图形元素仍然在被用来减少移动设备的电池消耗。

　　在第Ⅱ部分中，我们已经在用 Blender 制作甜甜圈盒子的精灵时使用过预渲染技术了。我们将再次用这个技术来创建 DotGame 中的一些敌人。让我们开始吧。

16.1　在 Blender 中建立盒子模型

　　在本节中，我们将使用 Blender 中的盒子建模来为 DotGame 创建一个机器人。我们将用盒子制作一个简单的角色。以下指南假定你在第 4 章中用过 Blender，但因为自那以后已经过了一段时间了，所以我们会回顾一些 Blender 基础知识。

< 步骤 1> 打开 Blender 2.81a 或更高版本。

　　　　　这些指南已经在 2.81a 版本中进行了测试，它们应该也适用于更高版本。2.81a 是在 2020 年初发布的。如果你使用的是过了几年后发布的更高级的版本，那么可能需要对步骤做一些调整。

　　　　　我们将把默认的立方体用作基础，所以请不要删除它！

< 步骤 2a> 文件 – 默认 – 加载初始设置。

　　　　　如此一来，即使你修改过偏好设置，也能遵循本书的指示。

< 步骤 2b> 放大查看默认的立方体，使其占到屏幕的一半左右。

　　　　　这可以通过鼠标滚轮来实现。

< 步骤 2c> 如果没有小键盘的话，请按照第 4 章的说明设置模拟数字键盘，在这种情况下，我们将使用键盘上方的普通数字，而不是小键盘上的数字。

< 步骤 3> 在数字键盘上按下 "1"，以获得正交前视图。

　　　　　在左上角可以看到视图描述，那里写着 "正交前视图"。"1" 这个键的作用是为我们切换到正交前视图。你现在可能处于透视模式，这取决于你使用的 Blender 版本是哪个。

< 步骤 4> 在数字键盘上按几次 "5" 这个键，看看效果如何。在显示 "正交前视图" 时停止。

　　　　　这个键可以让我们在透视和正交视图之间进行切换。我们会经常这样做，所以请记住它。

< 步骤 5> 按 Shift–Tab 键启用 "变换时吸附" 模式。

　　　　　这个模式可以使各种编辑操作都能吸附到网格上，这往往是我们想要的。也可以单击窗口中央靠上的磁铁图标。这也是一个切换按钮，所以如果单击磁铁（或键入 Shift-Tab）两次的话，它会以吸附模式打开再关闭。

< 步骤 6a> 输入 g，然后输入 z，用鼠标将立方体向上移动，使其与红色水平线对齐。

　　　　　现在的屏幕看起来应该与图 16.1 差不多。

　　　　　字母键 z 将移动限制在 z 轴上，从而使立方体保持居中。在屏幕右侧可以看到，Cube 的位置已经从（0,0,0）变成了（0,0,1）。

　　　　　请注意，立方体中间有一个橙色的小点。这是该立方体的原点。Blender 物体的位置实际上就是它的原点的位置。

　　　　　接下来，我们要把原点移到立方体的底部。我们要做的是把它移到 3D 游标上，而 3D 游标正好在立方体的底部。

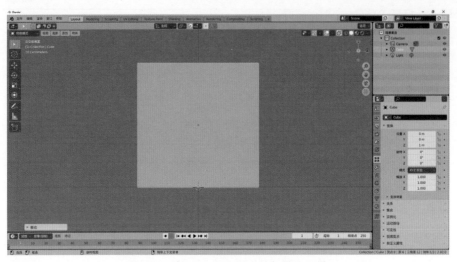

图 16.1　与 X-Y 平面对齐的初始立方体

< 步骤 6b> 单击右键，调出快捷菜单。

< 步骤 6c> 设置原点 – 原点 –>3D 游标。

这就把立方体的原点放到了 3D 游标的位置，这恰好是（0, 0, 0）。查看屏幕右侧的变换部分的话，可以看到现在的位置是（0m, 0m, 0m）。

现在，我们已经准备好开始使用挤压和环切等操作来进行盒子建模了。盒子建模是 3D 工作中的一种常用技术。我们通常以一个初始形状——比如立方体或球体——为基础，然后一步步地添加几何图形，做出所需模型的大致形状。举例来说，在为一把椅子建模时，可以先从一个立方体开始，把它压扁后做成椅凳，然后从底部挤出四条椅子腿，从顶部挤出椅背。那之后可以继续添加更多细节，并调整面的位置，使椅子看起来更加逼真。

对于我们的机器人，我们将把立方体看作身体，然后挤出脖子、头、手臂和腿。在这个过程中，我们要调整几何形状，以使它看起来像个机器人。

< 步骤 7> 单击顶部菜单中的 Modeling。

这将把布局变成特别适于建模的样子。它还把物体交互模式从物体模式切换到了编辑模式。左边还出现了新的图标。在编辑模式下，我们能够选择当前所选对象的几何形状并对其进行编辑。

< 步骤 8> 尝试使用"点选择"、"边选择"和"面选择"模式。

在"对象交互"下拉菜单（位于左上方。现在显示着"编辑模式"）的右侧，有三个选择模式图标。左数第三个是"面选择模式"按钮。我们可以选择"点选择"、"边选择"或"面选择"模式。在"点选择"模式下，单击鼠标左键可以选择最近的顶点，边和面选择模式也是同理。试用一下这三种选择模式，感受一下。

< 步骤 9> 使用面选择模式。

< 步骤 10> 选择顶部的面。

与图 16.2 进行对照。

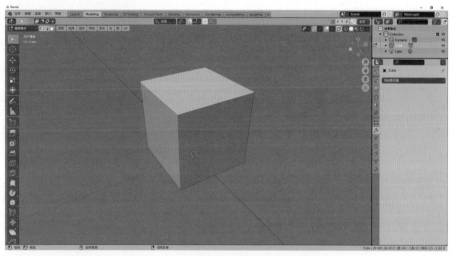

图 16.2　选择默认初始立方体的顶面

可以看到，被选中的面是棕褐色的，而其他面是灰色的。在进一步操作之前，最好先保存一下。我们将把它保存到为 DotGame 项目创建的名为 models 的 Assets 文件夹中。

< 步骤 11> 文件 – 另存为 ... 并将文件命名为 DotRobot.blend，并保存在新创建的 DotGame/ Assets/models 文件夹中。

Blender 的文件交互界面在 2.81 中得到了很好的改进。我们可以直接在 Blender 中创建新文件夹，然后把文件保存在那里。在完成之后，请检查一下窗口顶部是否显示着正确的文件名。

< 步骤 12> 将默认立方体重命名为 DotRobot。

这可以通过双击 Blender 窗口右上方的场景集合面板中的 Cube 来完成。没错，

Blender 和 Unity 中的重命名方式是不一样的，Unity 中的重命名方式是单击并等待片刻。我们其实应该早点重命名的，但迟做总比不做好。

现在，我们要开始调整立方体的几何形状了。

< 步骤 13> 小键盘上连续输入 53。

这将使我们进入正交右视图。

< 步骤 14> **选择 – 全部（或键入 a）。**

< 步骤 15> 键入 s y，将盒子缩小到大约一半大小。

< 步骤 16> 输入 54488。

< 步骤 17> 选择顶部的面，输入 e s 并移动鼠标，创建颈部的底座。在调整完颈部后，单击左键。

与图 16.3 进行对照。

图 16.3　创建 DotRobot 的颈部底座

< 步骤 18> 键入 s x 并移动鼠标，使颈部的底部更像一个正方形。

< 步骤 19> 关闭吸附模式（Shift Tab）。

< 步骤 20> 键入 e，向上移动鼠标，单击左键，使颈部大约变成为立方体的形状。

< 步骤 21> 键入 e s，制作头部的底座。输入 e 向上挤出，制作头部。

与图 16.4 进行比较。

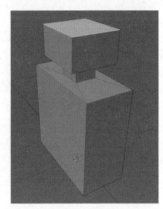

图 16.4　DotRobot 的身体、颈部和头部

下面的步骤是可选的。我们将把 Blender 切换成浅色主题。这样你的屏幕就会更接近于本书印刷版的图像。如果喜欢目前的深色主题，则可以跳过这一步。

< 步骤 22> 单击 3D 视图左上角的编辑器类型按钮。选择"偏好设置"。选择"主题"。单击靠近顶部的"预设"下拉菜单，单击"Blender Light"。最后，把编辑器类型改回 3D 视图。

现在的屏幕应该与图 16.5 是一致的。如果选择了继续使用深色主题，那么除了界面的颜色较深，其他地方都和本书是一致的。

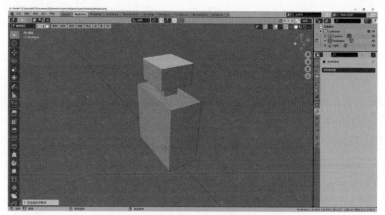

图 16.5　使用 Blender 的浅色主题

接下来，我们将为机器人添加腿。

< 步骤 23> 小键盘上输入 5 1。

现在我们又回到了使用正交前视图的状态。

< 步骤 24> 键入 "a" 键，选择全部。

这是一个非常有用的快捷键，值得记住。如果忘记了的话，可以随时单击 "选择"，然后单击 "全部"。还可以看到快捷键的提示，一个大写的 "A"。Blender 不区分大小写，所以使用小写也没关系。

值得注意的是，由于我们处于编辑模式下，"全部" 指的是当前选定的对象中的所有几何体，而不会选择场景中的其他对象，比如灯光或摄像机。

< 步骤 25> 如果还没有启用吸附的话，请启用。使用快捷键 Shift–Tab 即可。

判断当前是否处于吸附模式可能有些令人困惑。看一下 3D 视图中间上方的磁铁图标。如果它的背景是浅蓝色的，那么它就处于激活状态。如果它的背景是白色的，那么它就处于未激活状态，尽管白色的背景容易让人误以为它已经被激活了。请记住，蓝色代表着激活，这适用于 Blender 中的任何其他的切换按钮。如果你还在使用深色主题的话，深灰色的背景意味着它是未激活的。

< 步骤 26> 输入 g z，用鼠标将机器人向上移动 1.5 米。

可以通过查看顶部的数字显示来了解我们将机器人移动了多少。另外，在移动完毕后，可以在屏幕左下方看到一个小的 "移动" 弹窗。如果有必要的话，可以展开这个弹窗。检查 "移动 Z" 框是否显示着 1.5 米。如果不是的话，可以把

它编辑为"1.5 m"。

接下来，我们将添加许多环切，为之后添加腿和胳膊做准备。

< 步骤 27> 键入 t，然后再次键入 t。

这样可以关闭和打开位于屏幕左侧的工具栏。

< 步骤 28a> 将鼠标悬停在工具栏的右边缘，直到鼠标的图标变成水平箭头。向右拖动
工具栏，直到能看到工具栏中的每个图标的名字为止。

在了解这些工具图标的过程中，这个布局非常实用。

< 步骤 28b> 如果机器人的头部超出了屏幕范围，请用鼠标滚轮进行缩放，以便能看到
整个机器人，如图 16.6 所示。

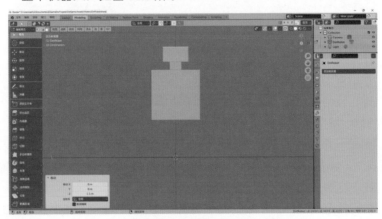

图 16.6　展开的工具栏和居中的 DotRobot

< 步骤 29> 选择全部。

< 步骤 30> 单击工具栏上的环切图标。然后将鼠标移到机器人上。

移动鼠标时可以看到一些黄线。它们是可能的环切。

< 步骤 31> 将鼠标悬停在机器人头顶附近，然后单击左键。

应该可以看到一条橙色的线垂直穿过了机器人。这就是我们当前选择的环切。底部
还会出现一个"环切并滑移"的弹出窗口。

< 步骤 32> 在弹出窗口中，将切割次数改为 6。

< 步骤 33> 小键盘上输入 3。

< 步骤 34a> 再次将鼠标悬停在机器人顶部中心附近，然后单击左键。

< 步骤 34b> 将切割次数改为 4。

< 步骤 35> 通过滑动鼠标滚轮并单击工具栏中的"框选"来退出环切，然后单击 3D 视

图背景中的任意处。

<步骤 36> 小键盘上输入 5。

<步骤 37> 单击并拖拽 3D 视图右上方的红色 X 按钮。这将为我们显示机器人的旋转视图，展示着我们刚刚做的环切。与图 16.7 进行对照。如果有必要的话，请用滚轮缩放视图。

<步骤 38> 小键盘上输入数字键 15222。

<步骤 39> 单击屏幕左上角 "用户正交" 文本上方的 "面选择模式"。

<步骤 40> 按住 Shift，然后为每个腿各选中六个面，如图 16.8 所示。

<步骤 41> 小键盘 1。

<步骤 42> 如果还没有启用吸附模式的话，请启用。

<步骤 43> 向下挤出 1.5 米。

<步骤 44> 小键盘 5，拖动鼠标滚轮以获得 3D 视图。

<步骤 45> 在每条腿上各环切五次，在身体上环切五次。像之前一样通过单击 "框选" 然后单击 3D 视图背景中的任意处来关闭 "环切与滑移" 窗口。与图 16.9 进行对照。

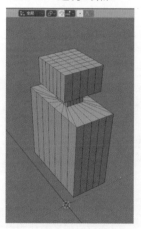
图 16.7　机器人头和身上的环切

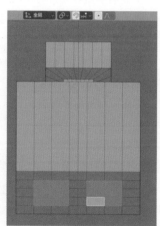
图 16.8　选中腿部顶端的面

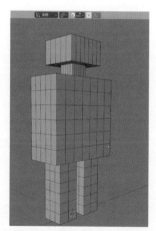
图 16.9　对整个机器人进行环切

之所以添加这些环切，是为了给机器人的脚和手臂提供起始面。

<步骤 46> 小键盘上输入数字键 51。

现在应该显示着正交前视图。

<步骤 47> 选中底部的四个面，每条腿两个。

在选择这些面的时候,请按住Shift键,和选择多个项目时一样。

<步骤48> 小键盘 3,将脚向左挤出 0.2 米。

<步骤49> 选择躯干部分顶端往下一点的靠中间的六个面。

<步骤50a> 小键盘 1。

<步骤50b> 挤出 0.5 米。

<步骤51a> 小键盘 Ctrl – 3。

<步骤51b> 在另一侧同样地选中六个面。

<步骤52> 小键盘 1。挤出 0.5 米。

<步骤53> 使用环切和挤压来制作机器人的手臂。与图 16.10 进行对照。

我们在每个手臂上只添加了一个环切,然后将外侧的三个面向下挤出了 1 米。

现在,我们将简单地添加一双眼睛。

<步骤54> 在头部添加四个水平的环切。

<步骤55> 为每个眼睛选择四个面,如图 16.11 所示。

<步骤56> 禁用吸附,在头上挤压出眼窝,大约 –0.25 米。

与图 16.12 进行对照。

我们现在已经做好了机器人的基本形状。接下来,我们将设置摄像机和灯光。

<步骤57> 选择摄像机。

最简单的方法是在右上方的大纲视图面板上单击 Camera,如图 16.13 所示。

<步骤58> 键入 n,然后小键盘键入 0。

可以看到,摄像机正指向机器人的脚。3D 视图中显示着摄像机所拍摄的画面。n 键调出了摄像机的设置。现在我们可以调整摄像头,让它更好地拍摄 DotRobot 了。

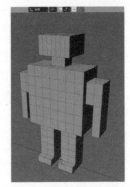

图 16.10　有手臂的 DotRobot

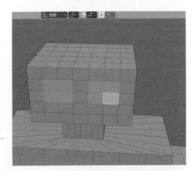

图 16.11　给机器人添加眼睛

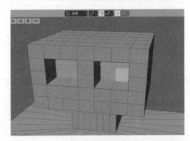

图 16.12　用反向挤压以制作眼窝

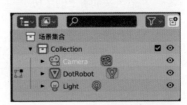

图 16.13　在 Blender 的大纲视图面板中选中相机

<步骤 59> 单击 Layout。

　　处于 DotRobot 的编辑模式中时，我们是无法访问摄像机的。

<步骤 60> 再次选中摄像机。

<步骤 61> 把摄像机的位置设置为（0，−10，7），旋转为（70，0，0）。将屏幕与
图 16.14 进行对照。

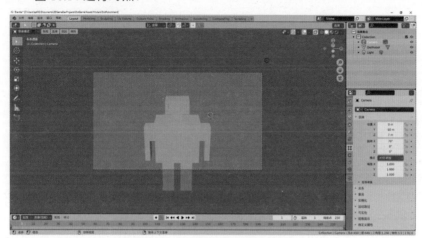

图 16.14　通过摄像机查看 DotRobot

<步骤 62> 将鼠标悬停在位置的 Y 坐标上。左右拖动它，直到机器人位于视图中央，
如图 16.15 所示。

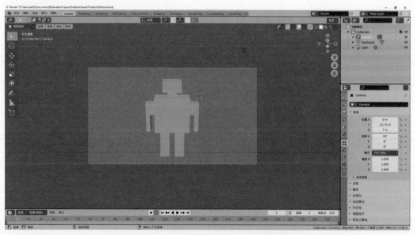

图 16.15　机器人在摄像机视图里居中

虽然我们还没有彻底把 DotRobot 做完，但我们已经完成了许多步骤了，所以现在是时候保存我们的工作并休息一下了。我们将在下一节中进行收尾。

< 步骤 63> 文件 – 保存，退出 Blender。

退出 Blender 并不是必须的，但为了确保保存成功，偶尔关闭一下应用程序是个很好的习惯。

16.2　Blender 中的照明

本节中，我们将改进 DotRobot 的照明。我们一直在使用默认的灯光，而且没有移动或改变过它。你很快就发现灯光对渲染所造成的影响有多么显著。

< 步骤 1> 启动 Blender。

< 步骤 2> 文件 – 打开最近的 – DotRobot.blend。

要想完成这最后一步，一个更快捷的方法是 <Ctrl><Shift>O。在 Mac 上是 <command> <shift>O。第一个项目应该是 DotRobot.blend。如果是这样的话，直接按回车键就可以加载 DotRobot.blend 了。

Blender 是免费的，与它竞争的比如 3D Studio Max 和 Maya 等 3D 程序都十分昂贵。你可能会认为这意味着 Blender 在一定程度上比它的竞争对手差，但事实并非如此。在许多方面，Blender 都更具有优势！与竞争对手相比，Blender 的一个优势是其非常全面的键盘快捷键支持。因为这一点，有经验的 Blender 用户操作起来会非常迅速。如果想找一些例子的话，可以在网上搜索"Blender Speed Modeling 2.8"。为了让观众快速了解美术人员都做了些什么，那些视频通常都是加速过的。作为一名 Blender 新手，观看一些这样的视频可能会对你有所帮助。你可以感受到专业人员是如何工作的，也可以看到 Blender 的出色的高级功能有什么样的作用。

现在，是时候回到改进 DotRobot 的渲染上了。

< 步骤 3> 选择 Rendering 工作区。

可以看到渲染结果是空白的，这是因为我们还没有在这个项目中进行过任何渲染。

< 步骤 4> 渲染 – 渲染图像（或按下功能键 F12）。

随后弹出一个窗口，名为"Blender 渲染"，如图 16.16 所示。

这个渲染有一些明显的问题。我们将逐一解决它们。

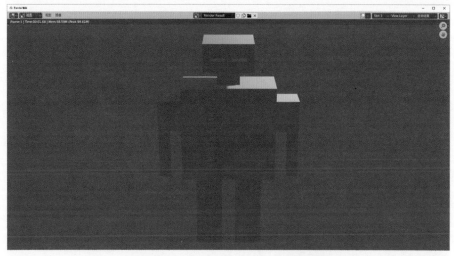

图 16.16　DotRobot 的 Blender 渲染图

< 步骤 5> 关闭 Render 的弹出窗口。

　　　　现在，我们可以在渲染工作区看到渲染结果了。

< 步骤 6> 使用鼠标滚轮来调整渲染结果视图的大小。

　　　　这可以让我们更好地看到渲染结果。

　　　　鼠标滚轮有时不是很好用，所以可以用鼠标左键拖动视图右上角的"放大"图标。

　　　　下一个问题是，背景是深灰色的，而非透明的。这个问题很容易解决，如以下步骤所示。

< 步骤 7> 单击右边的属性面板中的"渲染属性"图标，如图 16.17 所示。

< 步骤 8> 展开"胶片"部分，勾选"透明"。

< 步骤 9> 再次渲染。

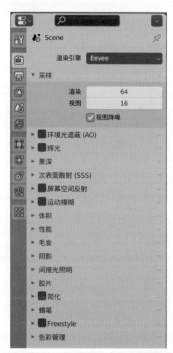

图 16.17　DotRobot 的渲染属性

现在，机器人被棋盘式的图案所包围，如图 16.18 所示。

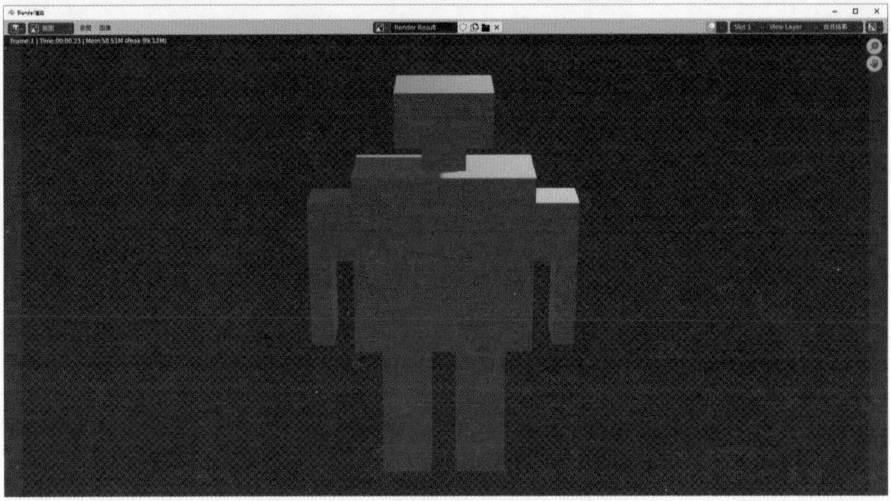

图 16.18　在透明背景中渲染的机器人

现在，只剩下解决照明这个问题了。

<步骤 10> 选择 Layout 工作区。

<步骤 11> 输入 z8 来获得渲染视图着色。

我们刚刚用 z 快捷键调出了饼状菜单。另外，也可以单击视图右上方的视图着色图标来选择不同的视图着色。

16.3　3D 视图

现在的 3D 视图看起来很像之前的渲染。不难发现，现在的灯光来自于后方，但我们更希望灯光来自于前方。现在是时候探索 Blender 中的照明了。到目前为止，我们一直在使用默认的灯光。我们将继续使用它，不过要先对灯光进行一些实验。

<步骤 12> 在大纲视图中选中 Light 类型。

是的，场景中可以有多个灯光，但目前只要一个就够了。

<步骤 13> 在属性编辑器中，单击灯泡图标。与图 16.19 进行对照。

Blender 中有四种类型的灯光：点光、日光、聚光以及面光。

< 步骤 14> 依次单击四种类型的光,观察它们在相机透视中的效果。最后再次选择点光。点光位于一个特定的 3D 位置,并均匀地照亮着各个方向。

< 步骤 15> 禁用 Light 类型。

这可以通过单击大纲视图中 Light 类型那一行右边的眼睛图标来完成。禁用灯光和删除它有着一样的效果,只不过我们可以很轻松地将它复原。

令人惊讶的是,尽管禁用了灯光,3D 视图却并没有变得一片漆黑。这是因为场景中存在一种叫环境光的东西。如果把它关掉的话,应该就什么也看不到了。实现这一点的方法可能不是很明显。

< 步骤 16> 在属性编辑器中,选择"世界属性"图标,将表面强度设置为 0。

现在我们的机器人变得漆黑如墨了。这只是一个测试。

< 步骤 17> 启用 Light 属性,与图 16.20 进行对照。

图 16.19　Blender 中的 Light 属性

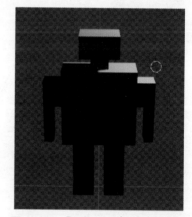

图 16.20　DotRobot 与昏暗的照明

这是一个对比度很高的机器人视图。同样,我们只是在进行测试,马上就会回到常规的环境照明中。

< 步骤 18> 将表面强度重新设为"1.0"。

接下来,将看到在 3D 空间中移动灯光的效果。为了观察效果,我们将设置第二个 3D 视图。

< 步骤 19> 慢慢地将鼠标从 Blender 窗口的最顶端向下移动,直到看到一个垂直的双箭头,如图 16.21 所示。

图 16.21　在 Blender 中设置分屏

<步骤 20>　单击右键并选择垂直分割。

<步骤 21>　对垂直分割进行调整，按下左键以选择在哪里分割 3D 视图。

如图 16.22 所示，现在我们有两个 3D 视图了。

图 16.22　Blender 中的垂直分割

可以看到，左边的视图正在使用实体视图着色方式，而右边的视图则仍然使用着渲染视图着色方式。

<步骤 22>　将鼠标悬停在右边的视图上，然后键入 tn。

这将为该视图关闭工具条和侧栏。现在我们的渲染机器人视图变得简介多了。

<步骤 23>　慢慢用鼠标移动视图之间的边界线，在看到水平双箭头时向右拖动。

我们这样做是为了使左边的视图更大。与图 16.23 进行对照。

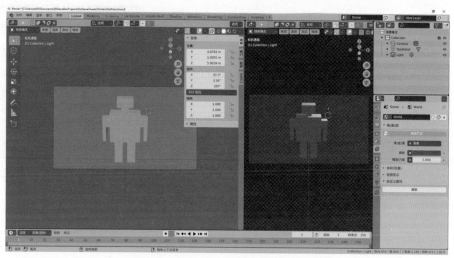

图 16.23　Blender 中调整后的 3D 视图

<步骤 24> 将鼠标悬停在左侧的视图上，然后在小键盘上键入 3。缩放视图以能够同时
看到机器人、灯光和摄像机，如图 16.24 所示。
如果有必要，在小键盘上键入 5，以获得正交视图。

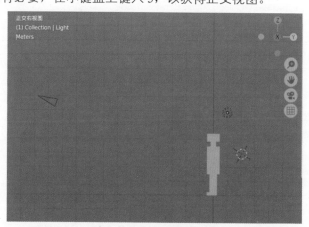

图 16.24　机器人、灯光和摄像机的正交右视图

<步骤 25> 单击 Light 类型，输入 g，在左边的视图中移动灯光，同时在右边的视图中
观察效果。

<步骤 26> 在侧栏中如下设置 Light 的位置：X = 4m，
Y = –2m, Z = 6m。

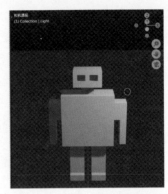

将渲染视图与图 16.25 进行对照。

调整照明可能会花上不少时间。正如你刚才
所看到的那样，灯光对渲染质量有着显著的影响。
我们仅仅是蜻蜓点水般地探索了一下这个主题。

下面有一个比较简单的调整。

<步骤 27> 把灯光的颜色改为淡蓝色。

<步骤 28> 保存。

<步骤 29> 渲染。

图 16.25　机器人有了更好的照明

<步骤 30> 在 Blender Render 的弹出窗口，**图像 – 另存为 ...**，在 assets/art 中把文件保存
为 DotRobot.png。

<步骤 31> 保存 .blend 文件。

<步骤 32> 退出 Blender。

<步骤 33> 打开 DotGame Unity 项目。

<步骤 34> 在 Assets/art 中，选择 DotRobot。

<步骤 35> 在检查器中，把每单位像素数设置为 1024，然后应用。

<步骤 36> 将 DotRobot 拖入场景面板，如图 16.26 所示。

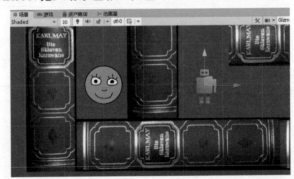

图 16.26　DotRobot 首次在 DotGame 中出场

<步骤 37> 测试游戏。

<步骤 38> 保存并退出 Unity。

这让我们看到了机器人在游戏中的样子。它的颜色与 Dottima 的颜色很接近了，但

我们可以把调整颜色留到以后再进行。

　　我们刚刚用 Blender 从头新建了一个机器人，并看了看它在 Unity 中的样子。在下一节中，我们将学习 Blender 动画的基础知识，然后继续给机器人做动画。

16.4　Blender 基本动画教程

　　在开始为机器人制作动画之前，我们将完成一个支线任务，也就是学习 Blender 动画的基础知识。我们将创建一个默认立方体移动并旋转的 Blender 动画，然后将该动画导出为一连串的 .png 文件，以便在 Unity 中使用。

　　Blender 动画与 Unity 中的游戏对象的动画相似，所以你可能会觉得有些似曾显示。但当然，细节上将会有所区别。我们将从探索 Blender 内置的 Animation 工作区开始。

< 步骤 1> 打开 Blender，选择 Animation 工作区。将屏幕与图 16.27 进行对照。

　　　　在这个工作区中，可以看到两个 3D 视图、一个动画摄影表、一个时间线，右边则是常用的大纲视图和属性编辑器。左边的 3D 视图显示了通过默认摄像机看到的默认立方体。右边的 3D 视图显示的是用户视角下的摄像机、立方体和默认灯光。动画摄影表显示了关键帧和其他关于动画的信息。紧接着动画摄影表下面的是一条细细的时间线。时间线主要用于动画控制。

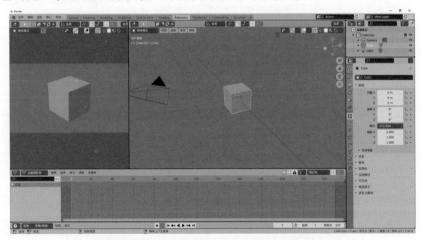

图 16.27　Blender 的 Animation 工作区

　　我们要让那个默认立方体弹跳起来，所以首先我们要把它移到 X-Y 平面以上。

<步骤 2> 选中 Cube，启用吸附模式，将鼠标悬停在右边的 3D 视图中，键入 n，然后键入 g z，将立方体向上移动 3 米。

现在的视图应该看起来与图 16.28 保持一致。

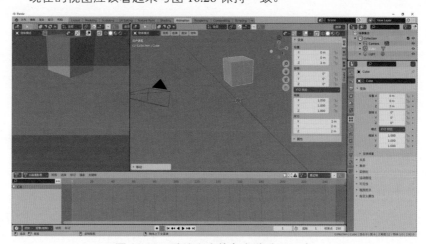

图 16.28　默认立方体向上移动了 3 米

接下来，我们将在时间线中插入一个关键帧。

<步骤 3> 将鼠标悬停在其中一个 3D 视图上，然后键入 "i"，选择 "位置"。

现在可以在动画摄影表的第 1 帧处看到四个黄点。

<步骤 4> 在时间线中选择第 10 帧，如图 16.29 所示。

图 16.29　在动画摄影表中选择第 10 帧

<步骤 5> 将立方体向下移动到（0m，0m，1m）的位置。

<步骤 6> 键入 "i" 并选择 "位置"，在第 10 帧创建另一个关键帧。

<步骤 7> 选择第 20 帧，将立方体移动到（0m，0m，2.5m）的位置。

如果想要设置位置的话，请在侧栏中输入位置，因为吸附模式仍然处于开启状态。

< 步骤 8> 通过单击时间线中间的播放按钮来播放动画。

　　　　啊哦，在这么做的时候，动画是从第 20 帧开始播放的。

< 步骤 9a> 通过按下暂停图标（两条竖线）来暂停动画。

< 步骤 9b> 选择第 1 帧，然后再次播放动画。

　　　　现在你可以看到立方体下落，弹起，然后就停在半空中了。这个动画非常
不符合实际情况，但这无关紧要。我们只是想了解基本的控制方法。在进行到第
250 帧时，动画就会重复进行。

< 步骤 10> 把动画的结束点设置为"30"。

　　　　进行这一设置的文本框在时间线的最右边。对于这个简单的例子而言，250
帧太多了。

< 步骤 11> 播放动画，然后暂停。

< 步骤 12> 对其他动画控制进行试验，但暂时不要打开自动插帧。

　　　　动画现在由 30 帧组成。通过这些控制按钮，我们可以跳转到开头、结尾、
向前或向后跳到下一个关键帧，向前、倒退播放动画以及暂停。还有一个录像按钮，
它实际上与自动插帧功能有关，可以让我们不需要手动输入关键帧。

< 步骤 13> 打开自动插帧，如图 16.30 所示。

图 16.30　在 Blender 中启用自动插帧

　　　　每当在一个新的帧上改变一个物体时，自动插帧都将自动插入合适的关键帧。

< 步骤 14> 选择第 25 帧。

< 步骤 15> 选中 Cube，输入"g"，然后把立方体移动到一旁。

　　　　这样做之后，一个关键帧就会被插入到第 25 帧处，因为我们打开了自动插帧。

< 步骤 16> 关闭自动插帧。

　　　　在做动画的过程中，可以开启自动插帧，但请记得在做完后把它关掉，以便
之后不会无意见创建关键帧。

< 步骤 17> 再次播放动画，然后暂停。

　　　　现在，我们已经在 Blender 中创建了我们的第一个动画，是时候看看它的效果了。
这个动画并不是很了不起。它更像是一个被用来对界面进行测试的"Hello World"。

　　　　我们还有一件想要尝试的事：渲染。

< 步骤 18> 使用 Rendering 工作区。

< 步骤 19> 渲染 – 渲染动画。

应该可以看到一个弹出窗口，显示 30 个在被逐一渲染的帧。但是它们去了哪里，我们该怎么找到渲染出来的动画？

< 步骤 20> 单击属性编辑器中的输出属性图标。看一下"输出"部分。

在那里，可以看到保存了新建 30 个文件的文件夹的名称，这些文件大概是 PNG 格式的。"规格尺寸"部分允许我们调整要渲染的帧、像素分辨率和帧率。请随意对这些设置进行试验。最好用一个非常简单的动画来进行试验，这样就不必在渲染过程中等待那么久了。一个值得进行的实验是将文件格式设置为影片格式之一。

< 步骤 21> 将文件格式设置为"FFmpeg 视频"并再次渲染。然后找到输出文件，用操作系统播放它。

可以看到，与 30 个 png 文件相比，FFmpeg 文件的大小要小得多。为渲染文件选择什么样的格式完全取决于工作目的。作为一名游戏开发者，我们将渲染 .png 文件，以便在 Unity 或可能的其他游戏引擎中导入它们。另一种可能是将一个场景渲染成一个影片文件，让游戏引擎原样播放它们。

< 步骤 22> 退出 Blender，保存就不必了。

如果愿意的话，当然可以保存，但本书中将不会再次使用这个项目了。这个 Blender 动画教程已经让你做好了处理更复杂的事情的准备，接下来，我们将为 DotRobot 制作动画。

16.5 机器人摆动手臂的动画

在本节中，我们将开始为 DotRobot 制作行走动画。在深入研究之前，我们要想想这个机器人会在游戏中做什么。可以先看一下《机器人大战：2084》中的机器人，它是威廉姆斯公司 1982 年发行的爆款街机游戏。那个游戏里有一个类似的机器人，它会慢慢地走来走去，如果碰到了玩家的角色，就会杀死玩家。在《机器人大战》中，机器人是不可摧毁的，而且屏幕上有时会有许多机器人，这使得游戏有着很高的难度。在网上查看《机器人大战》的视频，可以有更深入地了解。

无论要怎样为 DotRobot 的游戏玩法编程，行走动画都是必需的，所以我们先从它开始。有了游戏玩法之后，我们就会考虑可能需要创建其他什么动画。举例来说，如果 DotRobot 有一个特殊攻击，那么我们也要为特殊攻击创建一个新动画。

　　制作第一个机器人动画的计划是在不移动机器人的情况下让手臂和腿动起来。我们将在 Blender 中以 3D 形式查看动画，然后将摄像机放在四个位置，以便渲染左、右、上、下的动画。本节将展示如何为手臂制作动画。在下一节中，我们将完成行走动画。

< 步骤 1> 在 Blender 中，**文件 – 打开近期文件 – DotRobot.blend**。

< 步骤 2> 选择 Animation 工作区。

< 步骤 3> 在大纲视图中选中 DotRobot。

　　　　　你可能以为我们能像上一节一样直接进入编辑模式，然后通过移动顶点和面来开始给机器人制作动画并插入关键帧。坏消息是，Blender 并不是这样工作的。好消息是，Blender 有一个内置插件，名为"AnimAll"，的确可以用来对顶点进行动画处理。

< 步骤 4> 打开右边 3D 视图的编辑器类型，从中选择"偏好设置"。

< 步骤 5> 单击"插件"。

< 步骤 6> 向下滚动，直到看到"Animation: AnimAll"，然后勾选它。

　　　　　将偏好设置界面与图 16.31 进行对照。

图 16.31　在 Blender 中启用 AnimAll 插件

< 步骤 7> 回到 3D 视图。

退出偏好设置时，Blender 会自动保存我们所做的修改。偏好设置的自动保存有一个开关，所以如果关闭了这个功能，你就需要专门保存对偏好设置的更改。

< 步骤 8> 在仍然选中 DotRobot 的情况下，在右边的 3D 视图中进入编辑模式。

< 步骤 9> 键入 n 来显示侧栏，或者单击"视图" – 侧栏。

< 步骤 10> 单击侧栏右侧的 Animate 标签。

< 步骤 11> 通过单击旁边的小三角展开 AnimAll。

现在侧栏应该看起来与图 16.32 一致。

图 16.32　AnimAll 的侧栏交互界面

< 步骤 12> 勾选"点"。

这个设置让 AnimAll 插件为点（也称作顶点）创建关键帧。

现在我们已经做好了为 DotRobot 的左臂制作动画的准备。

< 步骤 13> 在用户透视 3D 视图中，在小键盘上键入 1 5，并放大查看机器人。

< 步骤 14> 选择 – 无。

我们之前仍然选中了眼窝，所以这将取消对它们的选择。

< 步骤 15> 选择点选择模式（编辑模式旁边的方块），并使用 X 射线的渲染着色。将设置与图 16.33 进行对照。

刚刚所做的三个设置已用黄圈标出。

图 16.33　启用了点选择模式，渲染视图着色方式和透视模式

< 步骤 16> 选中 DotRobot 左臂末端的两个点。从我们的角度看，这条手臂在右边。因为开启了透视模式，我们实际上选中了 8 个点。

< 步骤 17> 在小键盘上键入 3。

< 步骤 18> 在 AnimAll 面板上单击"插入"。

> 动画摄影表中出现了三个黄点。与图 16.34 进行对照。在手臂末端可以看到四个高亮的点。

< 步骤 19> 转到动画摄影表中的第 10 帧。

< 步骤 20> 使用 g 键和鼠标将所选顶点向左上方移动，如图 16.35 所示。

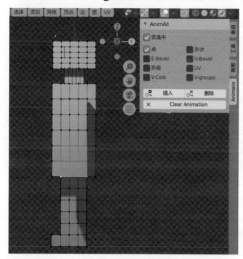 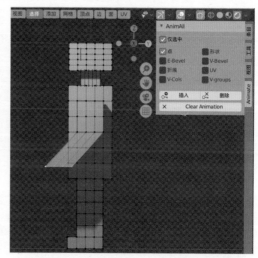

图 16.34　使用 AnimAll 来插入关键帧　　　图 16.35　给 DotRobot 的左臂制作动画

< 步骤 21> 再次单击"插入"。

< 步骤 22> 在物体模式下对目前的动画进行测试。

> 我们需要进入物体模式，选择第 1 帧，然后播放动画，暂停，并回到第 10 帧，再回到编辑模式。

> 接下来，在动画的第 20 帧中，我们要把手臂移回起始位置。一个简单的方法是复制并粘贴第 1 帧的关键帧。

< 步骤 23> 框选第 1 帧的三个点，如图 16.36 所示。

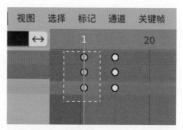

图 16.36　在第 1 帧框选关键帧

這可能有些棘手。一定要从橙色条的左上角开始框选，否则你将只会选中一个新的帧。之后，将鼠标向右下方拖动。

<step 24> 单击右键，查看上下文菜单，如图 16.37 所示。

<step 25> 选择复制。

当然，也可以直接键入 <Ctrl>C，在 Mac 上是 <command>C。

<step 26> 选择第 20 帧，键入 <Ctrl>V，在 Mac 上是 <command>V。

<step 27> 像刚才那样再次测试动画。

我们已经成功了一半。接下来，我们将向后　图 16.37　**动画摄影表上下文菜单**
摆动手臂。我们需要在 3D 视图中再次选中手臂顶点。

<step 28> 将鼠标悬停在右边的 3D 视图中，在小键盘上键入 1，再次框选左臂末端的点。

<step 29> 在小键盘上键入 3。

<step 30> 转到第 30 帧。

<step 31> 将手臂向右上方移动一点。

<step 32> 通过单击 AnimAll 中的"插入"来插入关键帧。

<step 33> 选择第 40 帧，并键入 <Ctrl> V。

剪贴板上应该还保存着第 1 帧的关键帧，所以我们可以再次把它粘贴到第 40 帧。

<step 34> 把动画的结束点设置为 40。

<step 35> 转到物体模式。

只能在物体模式下查看由 AnimAll 创建的动画。

<step 36> 播放动画。

动画可以运行，但它在开始和结束时有点生硬。为了解决这个问题，请按照以下步骤操作。

<step 37> 右键单击手臂位于左上方时的关键帧，将控制柄类型改为"矢量"。

<step 38> 对手臂位于右上方时的关键帧重复上述步骤。

<step 39> 再次播放动画。

现在更流畅了，因为动画在循环时不会再减速和加速了。

<step 40> 保存工作并退出 Blender。

在 个恰当的时机保存并退出是一个好习惯。接下来，正如你所预料到的那样，是时候为另一只手臂制作动画了。

< 步骤 41> 启动 Blender，然后**文件 – 打开近期文件 – DotRobot.blend**。

可以发现，我们又回到了显示着正确的 3D 视图的物体模式。而且，我们正在启用透视模式的情况下使用实体视图着色方式。为了好玩，请按以下步骤操作。

< 步骤 42> 播放动画。

动画仍然可以工作，但在物体模式下以实体视图着色方式显示着的它看起来与之前有很大的不同。

< 步骤 43> 切换到编辑模式和渲染视图着色方式。

< 步骤 44> 小键盘 1。

我们这样做是为了选择另一只手臂末端的点。

< 步骤 45> 框选左边手臂末端的点，如图 16.38 所示。

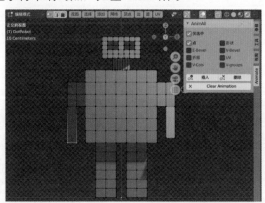

图 16.38　**选中 DotRobot 右臂末端的点**

< 步骤 46> 转到物体模式。

这很重要，因为只有处于物体模式下，我们才能在接下来的步骤中移动 DotRobot。

< 步骤 47> 在动画摄影表中左右拖动当前帧标记，观察这对 DotRobot 造成的效果。

< 步骤 48> 如图 16.39 所示，将当前帧标记拖到动画摄影表中的第 1 帧处。

DotRobot 的两只手臂应该是笔直垂下的。

图 16.39　**在动画摄影表中拖动当前帧标记**

<步骤 49> 将鼠标悬停在右边的 3D 视图上，并输入 <Ctrl> 小键盘 3。

我们现在看到的是正交左视图，因为我们在键入小键盘 3 时按住了 Control 键。DotRobot 看起来很暗，这是因为光线在另一边。

<步骤 50> 转到编辑模式。

<步骤 51> 在 AnimAll 中，勾选"点"。

<步骤 52> 在 AnimAll 中单击插入。

<步骤 53> 切换到物体模式，将当前帧标记拖到第 10 帧，然后回到编辑模式。将 3D 视图与图 16.40 进行对照。

可以看到，左臂处于向前摆动的位置。我们将把右臂向后移动。

<步骤 54> 键入 g，将选中的手臂向后移动，然后单击左键以最终确定新的位置。

与图 16.41 进行对照。

<步骤 55> 在 AnimAll 中单击"插入"。

<步骤 56> 物体模式，移动到第 20 帧。

<步骤 57> 编辑模式，将选定的手臂移动到下垂，单击"插入"。

<步骤 58> 物体模式，移动到第 30 帧。

<步骤 59> 编辑模式，将选定的手臂向前移动，单击"插入"。

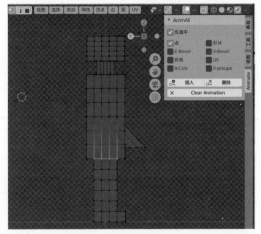

图 16.40　在这里设置，可以给 DotRobot 的右臂制作动画

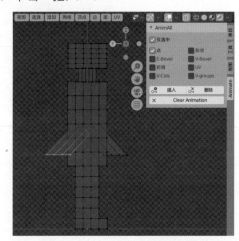

图 16.41　机器人右臂向后移动

< 步骤 60> 物体模式，移动到第 40 帧。

< 步骤 61> 编辑模式，将选中的手臂移到下面，单击"插入"。

< 步骤 62> 物体模式，播放动画。

恭喜，机器人手臂正按照我们想要的方式摆动。这整个过程可以说比较枯燥，但在游戏开发中，我们有时必须处理乏味的工作。如何才能将繁琐的过程自动化是一个值得思考的问题。不过这次我们直接手动完成了。这是一个很好的练习，也许下一次你会想到一个完成这一过程的更快捷的方法。

< 步骤 63> 保存。

休息一下，然后再继续进行下一节中为腿部制作动画的工作。

16.6　机器人行走的动画

本节中，我们将在上一节的工作的基础上，为 DotRobot 的腿制作动画。请站起来到处走走，留意在摆动手臂时，自己的腿是如何动作的。在绝大多数情况下，左腿向前迈步时，右臂也同时向前挥动，当右腿向前迈步时，左臂也同时向前挥动。实际的人类行走时的物理是非常复杂的，但在这里只是在为一个卡通机器人做动画，所以并不需要很逼真。

在 Blender 中，移动腿部的方式与移动手臂的方式不尽相同，因为所有这些点和面都是腿部的组成部分。与其说是移动脚，不如说是完全选中每条腿，并围绕腿部顶部附近的一个轴心点来旋转顶点。

< 步骤 1> 为右边的 3D 视图选择渲染视图着色方式，打开透视模式。

< 步骤 2> 小键盘 1。进入编辑模式。

我们可以快速地从物体模式切换到编辑模式，然后再切换回来，具体做法是键入 <Tab>。

< 步骤 3> 在点选择模式下，框选机器人的顶部，除了腿和躯干底部以外，其他的都要框选，如图 16.42 所示。

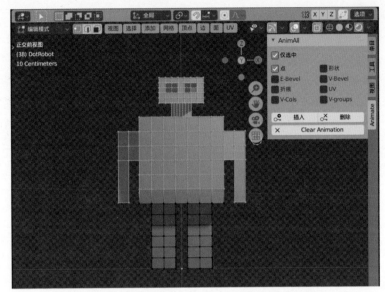

图 16.42　**为了隐藏 DotRobt 的上半身而选中它们**

没错，为了便于制作腿部动画，我们要隐藏整个上半身。

< 步骤 4>　键入 h（小写）。

这将暂时隐藏 DotRobot 的上半身。

< 步骤 5>　键入 <Alt>h 以重新显示 DotRobot 的上半身，然后再次键入 h。

这只是为了测试能否轻松地重新显示几何体。

接下来，我们要把 3D 游标移到腿的顶端，以便把轴心点放在那里。

< 步骤 6>　框选躯干的底部，输入 <Shift>S，**游标 –> 选中项**。

这就会出现一个饼状菜单，然后 3D 游标被移动到如图 16.43 所示的位置。

< 步骤 7>　小键盘 7，小键盘 1。

这将向我们展示 3D 游标所在位置的顶视图。

< 步骤 8>　选择"变换轴心点"图标，选择"3D 游标"，如图 16.44 所示。

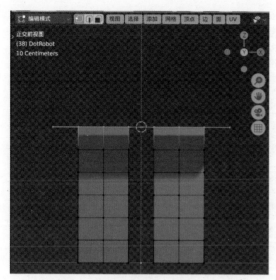

图 16.43　被移动到轴心点处的 3D 游标

图 16.44　将轴心点移到 3D 游标处

< 步骤 9> 框选 DotRobot 的右腿（从我们的角度看是左边的那条腿）。忽略腿部最顶端的点。

< 步骤 10> <Ctrl> 小键盘 3。

< 步骤 11> 键入 r 并通过移动鼠标来旋转所选的腿，然后单击右键取消。

< 步骤 12> 转到物体模式。

< 步骤 13> 将帧标记拖到动画摄影表中的第 10 帧。

确保在摄像机视图中，右臂在后，左臂在前。

< 步骤 14> 回到编辑模式。

< 步骤 15> 键入 r，将腿向前摆动，如图 16.45 所示。单击左键确定即可。

< 步骤 16> 在 AnimAll 中，勾选"点"，然后插入。

这就为向前迈出的腿创建了一个关键帧。我们刚刚意识到，第 1 帧、第 20 帧和第 40 帧的关键帧都是一样的，所以接下来要这么做。

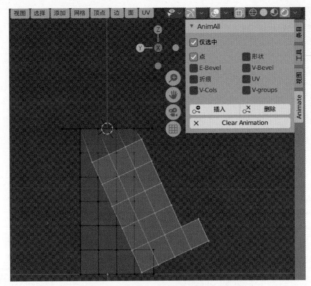

图 16.45　在第 10 帧将右腿向前摆动

< 步骤 17a>　键入 r，将腿旋转回原本的直立位置。

< 步骤 17b>　把帧标记拖动到第 1 帧。

< 步骤 18>　单击"插入"。

< 步骤 19>　移动到第 20 帧和插入。

< 步骤 20>　移动到第 40 帧并插入。

< 步骤 21>　将腿向后旋转，到第 30 帧，然后插入。

< 步骤 22>　物体模式，然后播放动画。

　　　　　　可以看到右腿在来回摆动。

< 步骤 23>　保存。

< 步骤 24>　小键盘 1，编辑模式，然后对另一条腿重复步骤 9–23。

　　　　　　我们必须在这个过程中做一些调整。你也许能够在不参照本书的情况下独立

　　完成，请试一试吧。如果出了问题，就加载刚刚保存的文件并重新尝试。

< 步骤 25>　保存！

　　　　　　这是一个重要的里程碑。我们使用 Blender 从零开始创建了一个很不错的动画

　　机器人。

还有一些事情需要处理。首先，动画中的那个小卡顿又出现了。为了找出它的成因，请完成以下工作。

< 步骤 26> 找到动画摄影表上方的和 3D 视图之间的边界，然后向上拖动边界，使动画摄影表占据绝大部分窗口。

< 步骤 27> 展开 Cube，与图 16.46 进行对照。

仔细看一下 Vertex 188 和下面的关键帧。控制柄类型是圆形的，而不是方形的。我们需要把第 1 帧和第 40 帧的所有控制柄类型都设置为"矢量"。

< 步骤 28> 单击汇总行中的第 1 帧的关键帧，按住 <Shift> 单击第 40 帧。

现在，最左列和最右列应该都被选中了。

< 步骤 29> 在关键帧区域的某个地方单击右键，从中选择"控制柄类型"，选择"矢量"。

被选中的控制柄现在应该都变成正方形了，这表明它们是矢量类型。

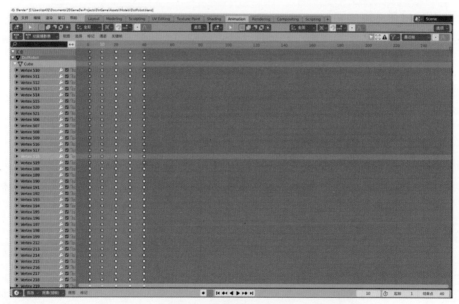

图 16.46　DotRobot 的动画摄影表中的大量关键帧

< 步骤 30> 折叠 Cube 关键帧，将动画摄影表缩小到原来的大小。

< 步骤 31> 播放动画。

这样就好多了。行走过程中不再有卡顿现象了。现在我们要做的就只剩下生

成行走动画的 png 文件了。

< 步骤 32> 再次保存。

< 步骤 33> 选择 Rendering 工作区。

< 步骤 34> 在属性编辑器中选择"输出属性"标签。

< 步骤 35> 把步长改为 2。

< 步骤 36> 把文件格式改为"FFmpeg 视频"。

< 步骤 37> 渲染 – 渲染动画。

< 步骤 38> 转到输出文件夹（默认是 C:/tmp），双击 mpeg 动画查看。

应该可以看到一个很短的动画片段。在视频播放器中打开循环播放，以看到行走循环在游戏中的显示方式。这只是个测试。接下来，我们将生成 .png 文件。

< 步骤 39> 在 Blender 中，将文件格式改为 .png。

< 步骤 40> 渲染 – 渲染动画。

< 步骤 41> 在 GIMP 中查看第一个 .png 文件。

注意，背景并不是透明的。我们本应看到棋盘格图案的背景，但现在的背景却是黑色的。什么地方出错了？

< 步骤 42> 回到 Blender 中，看看输出属性的"输出"部分。

在"文件格式"下面，可以看到"颜色"有三个选择：BW、RGB 和 RGBA。现在被选择的是 RGB，但我们需要 ALpha 通道来保持背景透明。

< 步骤 43> 为颜色选择"RGBA"。

< 步骤 44> 再次渲染，在 GIMP 中再次查看第一个 .png 文件。现在的背景应该是棋盘格图案了。

< 步骤 45> 在 Blender 中，回到 Animation 工作区，保存并退出。

我们已经做好了行走循环的四个方向中的一个。在 Unity 中稍作查看之后，我们会继续制作其他方向。

现在我们有20个文件要处理，它们名字分别是 0001.png, 0003.png, ..., 0039.png。创建 Assets/Art/DotRobotWalkDown 文件夹，将这 20 个文件复制到那里。在 Windows 10 中选择了超大图标并按名称排序后，它们看起来应该与图 16.47 差不多。

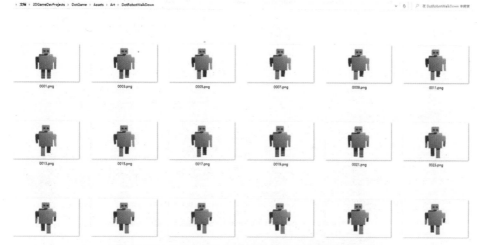

图 16.47　DotRobot 向前行走的行走循环动画文件

现在我们已经准备好在 Unity 中运行这个动画了。

< 步骤 46> 在 Unity 中启动 DotGame 项目。

Unity 需要花几秒钟来加载新的 .png 文件。

< 步骤 47> 全选作为一组的所有新 .png 文件，将每单位像素改为 1024。

想要进行多选时，进入 DotRobotWalkDown 文件夹，单击第一个 .png 文件，然后按住 shift 单击最后一个文件。这时，所有 20 个文件的名字都应该以蓝色高亮显示。然后我们就可以在检查器中同时对所有 20 个文件进行修改了。

< 步骤 48> 在层级面板中选中 DotRobot。

< 步骤 49> 打开动画窗口。

< 步骤 50> 在动画窗口中单击"创建"。

< 步骤 51> 将新动画命名为"DotRobot_Walk_Down.anim"并保存在 Assets/Animations 中。

< 步骤 52> 拖动动画标签页，使其成为一个独立的窗口，以便同时查看项目窗口和动画窗口。

< 步骤 53> 在项目窗口中，选中 20 个机器人精灵，把它们拖到动画窗口的第 0 帧。 结果应该与图 16.48 一致。

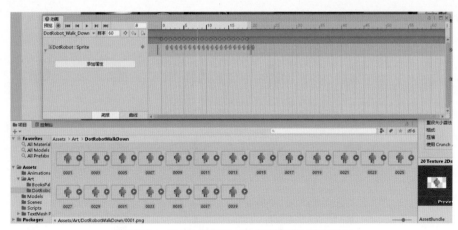

图 16.48 Unity 中的 DotRobot 向前走的动画

现在的动画弹出窗口中有 20 个帧，范围是从 0 到 19。

< 步骤 54> 将动画窗口中的样本设置从 60 改为 12。

< 步骤 55> 通过单击动画弹出窗口中的播放按钮来预览动画。

应该可以在场景面板中看到 DotRobot 正在行走的动画。

< 步骤 56> 将动画窗口移回底部面板区域的控制台旁边。

< 步骤 57> 如果没有在游戏面板中启用"播放时最大化"的话，请启用，然后播放游戏，再然后停止播放。

机器人看起来很不错。如果把它变大一些可能会更好，但我们会把这个调整留到以后处理。接下来，我们将创建其他三个动画。我们所要做的就是旋转 DotRobot，渲染并导出到 Unity，然后再重复这个过程两次。没错，旋转机器人比移动和调整摄像机和灯光的方向要容易得多。

< 步骤 58> **文件 – 保存**。让 Unity 继续运行，只是把窗口最小化。

< 步骤 59> 启动 Blender，重新加载之前保存的 DotRobot.blend 文件。

< 步骤 60> 将鼠标悬停在右边的 3D 视图中，然后在小键盘上键入 7。

< 步骤 61> 输入 r 90 < 回车键 >。

< 步骤 62> 在最下面的时间线中单击"播放动画"按钮。

在左边的摄像机视图中，可以看到 DotRobot 在向左走。

< 步骤 63> 选择 Rendering 工作区。

< 步骤 64> 在输出部分，改变文件夹为 Assets/art/DotRobotWalkLeft/。

< 步骤 65> **渲染 – 渲染动画。**

< 步骤 66> 在 Unity 中，像之前一样把新的动画精灵的每单位像素数改为 1024。

< 步骤 67> 在动画窗口中，展开 DotRobot_Walk_Down 文本框，并单击"创建新剪辑 ..."
在 Animations 文件夹中使用"DotRobot_Walk_Left.anim"作为名字。

< 步骤 68a> 从 DotRobotWalkLeft 文件夹中把 20 个精灵拖动到第 0 帧，并像之前一样
把样本改为"12"。

< 步骤 68b> 保存。

< 步骤 69> 重复制作 Walk_Left 动画时的步骤，制作 Walk_Up 和 Walk_Right 动画。

< 步骤 70> 现在，我们在动画窗口中为 DotRobot 设置了四个动画片段，如图 16.49 所示。

图 16.49　**Unity 动画窗口中现实的 DotRobot 的四个行走方向**

哇，这一章的内容真多，而我们甚至还没有把 DotRobot 彻底做好。尽管如此，我们还是必须得休息一下了，所以现在是时候保存工作，转而为游戏制作一些不同的敌人了。

一般来讲，一个小型的独立开发团队可能由一个程序员、一个美术人员、一个音效师、也许一两个关卡设计师和一些测试人员组成。

在本章中，我们扮演了美术人员的角色，制作了一个角色：DotRobot。在下一章中，我们将继续扮演美术人员的角色，制作其他一些敌人的图形。

通常情况下，程序员不会画画，美术人员不会编程，但神秘的是，他们可以通力协作，一同制作游戏。如果大多数人都承担过其他人的职责的话，对团队而言将大有裨益。尽管如此，这并不是一个硬性要求。在这个团队规模越来越大的时代，专注于自己在项目中的职责是完全没有问题的。

第 17 章　用 Blender 制作带有纹理的敌人

　　我们将为 DotGame 制作另外三个敌人：尖刺球、障碍物和问号。尖刺球是旋转着的像海胆一样的东西，只要看到玩家就会进行攻击。障碍物是个大方块，可以通过推动它们来移动。问号看起来就和英语里的普通的问号一样。当玩家撞上问号时，它们会产生随机效果，从给玩家加分到把玩家移到关卡中的另一个地方。和第 16 章一样，我们将使用 Blender 来为这些敌人制作动画。

　　在这一过程中，我们将探索 Blender 中的纹理和材质。通常来讲，纹理是应用在 3D 模型表面的方形图像。材质可能结合了多种纹理和其他表面属性，可以模拟现实生活中不同类型的材质。举例来说，锤头闪亮的金属表面和锤柄的木质表面都是材质的一种。

17.1　尖刺球

<步骤 1> 打开 Blender，删除默认的 Cube。

　　　　对于这个敌人，我们将以棱角球为基础开始制作。

<步骤 2> 使用 Modeling 工作区。

<步骤 3> 添加 – 网格 – 棱角球。

<步骤 4a> 在 3D 视图的左下角，展开"添加棱角球"菜单，把"细分"设置为 1。在小键盘上输入 3 5。

<步骤 4b> 视图 – 框显所选。

　　　　现在的屏幕看起来应该与图 17.1 保持一致。

　　　　这是一个多面体，由 20 个等边三角形组成，是 5 个柏拉图立体[①]之一。

<步骤 4c> 把文件保存在 Assets/models 中，命名为"Spiker.blend"。

　　　　我们还没有完成这个 Blender 文件，但为了把它存放在正确的文件夹中，我们将提前保存它。如此一来，之后需要快速关闭系统时，就可以直接保存并关闭电源，而不必考虑保存路径了。

---

① 译注：古希腊哲学家柏拉图认为，正多面体只有 5 种：正四面体（4 个顶点、4 个面、6 条边）、正方面体（8 个顶点 6 个面、12 条边）、正八面体（6 个顶点、8 个面 12 条边）、正十二面体（20 个顶点、12 个面、30 条边）以及正二十面体（12 个顶点、20 个面、30 条边）。

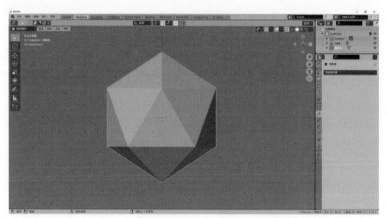

图 17.1　在 Blender 中创建一个棱角球

在添加棱角球时，尽管我们位于 Modeling 工作区，Blender 仍然回到了物体模式，尽管我们是位于建模工作区。

< 步骤 5>　单击 <Tab> 键，切换回编辑模式。

< 步骤 6>　在大纲视图中将"棱角球"重命名为"Spiker"（尖刺球）。

在 Blender 中，双击名字就可以进入重命名模式，和 Unity 中的单击并等待不一样。

< 步骤 7>　进入"边选择模式"，然后边 – 边线倒角。输入 V，只对顶点进行倒角。然后移动鼠标，得到类似图 17.2 的图形。

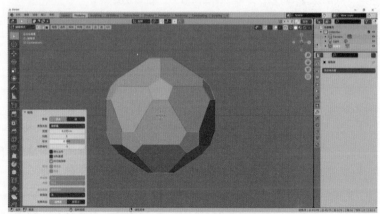

图 17.2　将顶点变成五边形

< 步骤 8>　面部 – 沿法向挤出面。输入 1< 回车键 >。用滚轮把视图拉远一点。与图 17.3 进行对照。

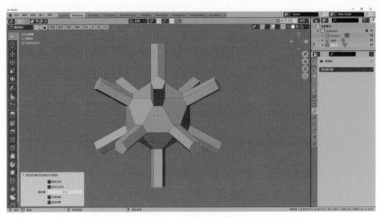

图 17.3　挤出五边形

<步骤 9> 将轴心点改为"各自的原点"，如图 17.4 所示。

图 17.4　将轴心点设置为"各自的原点"

<步骤 10> 键入 s 并移动鼠标，将五边形柱子变成尖刺，如图 17.5 所示。

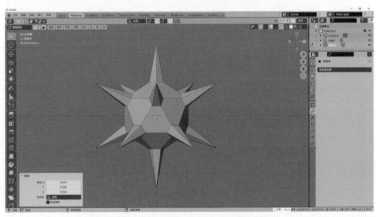

图 17.5　最终的尖刺球模型

我们将为尖刺球制作动画，它已经有了一个相当不错的外观了。在做动画之前，我们要先开始学习 Blender 中的纹理和材质的基础知识，并为尖刺球模型创建一个简单的材质。实际上，我们也可以在导出到 Unity 后再为它添加 Unity 中的材质，但在 Blender 中制作材质会更具有真实感。

首先，我们要进入 Animation 工作区，设置摄像机和灯光。为了与其他预渲染对象保持一致，我们将以与 DotRobot 的 blend 文件中相同的方式设置灯光和摄像机。

< 步骤 11> 选择 Animation 工作区。

< 步骤 12> 把摄像机的位置设置为（0m, –13m, 7m），旋转设置为（70, 0 ,0）。

从摄像机视图来看，尖刺球的位置太靠下了，所以我们要向上移动尖刺球，使其完全可见，如以下步骤所示。

< 步骤 13> 选中尖刺球，输入 g z 2。

< 步骤 14> 把鼠标悬停在在右边的 3D 视图中，在小键盘上键入 3 5。

我们可以清楚地在相机视图中看到尖刺球了。接下来，我们将把尖刺球变成红色。

< 步骤 15> 选择 Shading 工作区。放大尖刺球，与图 17.6 进行比较。

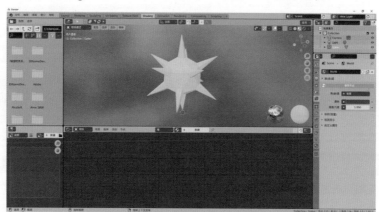

图 17.6　显示着尖刺球的 Shading 工作区

< 步骤 16> 在属性编辑器中选择材质属性，然后单击"新建"。

属性编辑器现在应该与图 17.7 差不多。

你很可能只看到了材质部分的上半部分，因为它太长了，无法把全部内容都显示出来。可以使用鼠标滚轮来查看全部内容。创建这个材质后，两个节点出现在了 Shading 工作区的底部面板上。

< 步骤 17> 使用鼠标滚轮在底部的着色器编辑器中显示"原理化 BDSF"和"材质输出"
节点。与图 17.8 进行对照。

< 步骤 18> 选择"原理化 BDSF"节点中的基础色（目前为白色），并将其改为你喜欢
的一种红色。

现在的尖刺球应该是红色的。如果愿意的话，也可以在属性编辑器中访问基
础色。可以看到，那里的基础色也变成了红色。

图 17.7　属性编辑器中显示的新材质

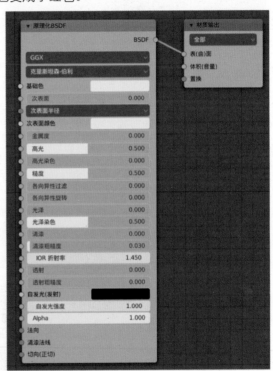

图 17.8　Blender 中的新材质的节点

< 步骤 19> 返回到 Animation 工作区。

嗯，情况不妙。红色消失了。这是因为我们在使用实体视图着色方式。

< 步骤 20> 把两个 3D 视图都改成渲染视图着色方式。

这样就好了。我们刚刚为尖刺球添加了一个漂亮的红色材质。这非常简单。
我们没有添加纹理，只是添加了一个纯色。我们将在以后探索纹理。对于这个对象，
一个红色的塑料材质就可以了。

< 步骤 21> 保存并退出 Blender。

这是一个保存和退出的好时机，休息一下，然后再回来为尖刺球制作动画。

< 步骤 22> 启动 Blender，文件 – 打开近期文件 – Spiker.blend。

渲染视图着色方式又没了，所以要通过以下步骤重新设置它。

< 步骤 23> 为两个 3D 视图选择渲染视图着色方式。

< 步骤 24> 将鼠标悬停在右边的 3D 视图上时，在小键盘上键入 7。

正如你所看到的，尖刺球的一个尖刺指向上方，下面的两排各有五个尖刺，还有一个尖刺指向下方。我们打算做一个围绕 Z 轴旋转的动画。

< 步骤 25> 在选中了尖刺球的情况下，键入 r 并移动鼠标来观察旋转。

单击右键以取消。

可以发现，无需把尖刺球旋转 360°，就可以产生一个循环。由于对称性，只需要旋转 360° 的 1/5 就可以达成目的了。

< 步骤 26> 在右下角将动画的结束点设置为 40。

< 步骤 27> 在右边的窗口中键入 I 并选择旋转。

< 步骤 28> 在动画摄影表中选择第 41 帧。

< 步骤 29> 在右边的视图中键入 r，并将尖刺球顺时针旋转 72°。

可以简单通过输入 72 并按下回车键来做到这一点。

< 步骤 30> 把鼠标悬停在"旋转"坐标处，键入 i。

现在，第 1 帧和第 41 帧都有关键帧了。

< 步骤 31> 播放动画。

看起来很不错，但它的速度忽快忽慢。为了解决这个问题，像之前为 DotRobot 做的那样改变控制柄。

< 步骤 32> 右键单击"汇总"关键帧，将控制柄类型改为矢量。

< 步骤 33> 再次播放该动画。

这一次，动画就变得流畅了。剩下要做的就是渲染了。

< 步骤 34> 转到 Rendering 工作区。

< 步骤 35> 在输出属性部分中，将步长设置为 10。

将步长设置为 10 是一个合理的推断。每旋转 72° 就会得到四个精灵，而这应该就已经足够平滑了。如果动画在游戏中看起来过于生硬德胡，可以随时通过把步长调小来重新渲染。

< 步骤 36> 在 DotGame/Assets/art 中创建一个名为 SpikerRotation 的子文件夹。

< 步骤 37> 回到 Blender 中，将输出文件夹改为新创建的 SpikerRotation 文件夹。

< 步骤 38> 确保仍然使用 PNG 作为文件格式，RGBA 作为颜色。

< 步骤 39> 在"渲染属性"的"胶片"部分中，勾选"透明"。

< 步骤 40> **渲染 – 渲染动画**。

< 步骤 41> 保存并退出 Blender。

这个对象的创建和动画制作比 DotRobot 容易得多。接下来我们要创建的是障碍物，但在这之前，我们要学习如何在 Blender 中制作纹理并使用它们。

17.2　Blender 中的纹理

在这个小节中，我们将探索如何在 Blender 中创建纹理并使用它们。我们将在 GIMP 中创建一个岩石纹理，并为默认的立方体贴上这个纹理。纹理的源材质来自 pixabay.com。

< 步骤 1> 进入 pixabay.com，搜索"stone wall rock"。搜索到的第一张图片应该和图 17.9 一样。登录并下载该图片的 1920 × 1280 分辨率的 .jpeg 文件。

图 17.9　**由 pixabay 上的 PeterH 创作的图像**

你应该会直接登录到自己的 pixabay 账户，因为我们之前曾使用过这个账户。

这个纹理有点不合规范。它不是正方形，也不是无缝的。但对我们而言已经够用了。

< 步骤 2a> 在 DotGame Unity 项目中创建 Assets/art/Blockade 文件夹。

< 步骤 2b> 把纹理文件 stone–3630911_1920.jpg 复制到 Blockade 文件夹中。

在我们自己制作纹理时，通常会使用 GIMP 编辑该文件并进行一些调整。但现在没有这么做的必要。

< 步骤 3> 打开 Blender，选择 Shading 工作区。

　　　　我们现在看到的是使用材质预览视图着色方式的默认立方体。这个着色方式可以显示我们所设置的任何纹理，但不会有照明效果。这将使我们在处理它们时清楚地看到使用中的材质。

< 步骤 4> 如果还没有选中默认立方体的话，请选中它，并在属性编辑器中选择材质属性。

< 步骤 5> 单击基础色（目前是白色）左边的小圆圈。然后选择图像纹理。

　　　　现在的底部面板显示着三个节点，如图 17.10 所示。

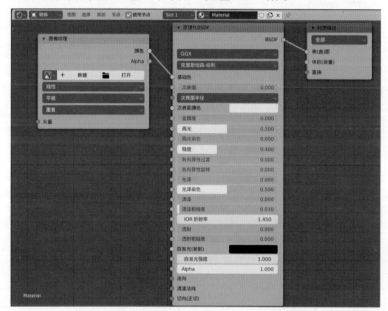

图 17.10　在 Blender 中使用一个图像纹理

< 步骤 6> 在基础色部分单击打开。导航到步骤 2 中的石头纹理，单击"打开图像"。

　　　　我们将立即看到默认立方体上出现了纹理。但它和我们的预期不太一样。

< 步骤 7> 转到 UV Editing 工作区。

　　　　"UV"指的是用于纹理的坐标系统。UV 坐标和 XY 坐标很像，只是使用了不同的字母，因为我们已经在 3D 模型中使用 XYZ 坐标了。

< 步骤 8> 在右边的 3D 视图中选择材质预览视图着色方式。放大查看默认的立方体。

　　　　然后将现在的 Blender 窗口与图 17.11 进行对照。

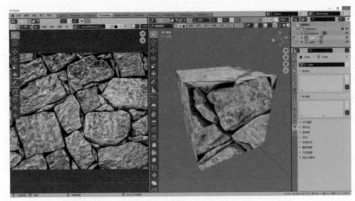

图 17.11　Blender 中的 UV　Editing 工作区

<步骤 9> 在左边的 UV 编辑器中，键入 a 进行全选，键入 s 来缩放，然后移动鼠标。

可以看到，在通过移动鼠标来缩放纹理中展开着的几何体时，立方体的纹理也在发生变化。那个十字形的矩形阵列代表了立方体的面和边。可以想象一下，这个十字图形会折起来，包裹在立方体上。

我们可以对"展开"（unwrapping）进行控制，如以下步骤所示。

<步骤 10> 在右边的 3D 视图中进入面选择模式，键入 a 来全选，然后单击右键并选择 **UV 展开面 – 智能 UV 投射**。

现在的 UV 编辑器中的 6 个方块是以不同方式排列的。

<步骤 11> 在 UV 编辑器中，在上方选择的面选择模式，然后选择左上角的面，键入 g 并移动鼠标。

这显示了每个面是如何被映射到纹理上的。我们可以逐一排列这些面，也可以通过使用一个内置的 UV 展开面方法来让 Blender 为我们完成这项工作。

这一节对纹理如何在 Blender 中工作的基本概念进行了演示说明。现在，我们已经做好了准备，可以继续前进，在下一节中创建带有纹理模型了。这个项目没有保存的必要，所以可以不保存，直接退出 Blender。

17.3　障碍物

我们对这个游戏对象的计划是创建一个看起来很重的、类似于立方体的物体，它可以在迷宫中被缓慢地推动，或许也可以被拉动。我们将以默认的立方体为基础，改变它的形状以使其更有意思，应用上一节中的岩石纹理，并将其作为一张图像导出到 Unity 中。我们不需要为这个物体制作动画。我们之前已经为这个项目设置了文件夹，所以可以直接创建 .blend 文件。

<步骤 1> 启动 Blender，在 Assets/models 中将文件保存为 Blockade.blend。

<步骤 2> 选择 Modeling 工作区。

<步骤 3> 通过在小键盘上键入 5 和 1 来使用正交前视图。

<步骤 4> 通过单击 3D 视图顶部中央的磁铁图标来启用吸附模式。

<步骤 5> 键入 g z，将立方体向上移动 1 米。

<步骤 6> 键入 a，确保选中了所有顶点。

<步骤 7> 将鼠标悬停在立方体的左上放。然后键入 <Ctrl>B 来启动倒角交互。可以看到一条从立方体中心延伸到鼠标指针的虚线。如图 17.12 所示，将鼠标从立方体上移开一点，然后单击鼠标左键。

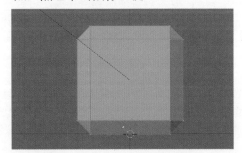

图 17.12　Blender 中的倒角

<步骤 8> 展开视图左下方的倒角对话框，将宽度改为 0.2 米。

<步骤 9> 滚动鼠标滚轮，放大查看默认立方体。

<步骤 10> 在大纲视图中把默认立方体的名字改为"Blockade"。

<步骤 11> 将鼠标悬停在障碍物附近，键入 <Ctrl>R 以进入环切模式。

<步骤 12> 将鼠标移到障碍物的左边缘附近，直到看到一条水平的黄线为止。在环切模式中移动鼠标时，会出现不同的可能环切。我们要的是水平的那条。

<步骤 13> 滚动鼠标滚轮，将切割次数增加到 6。

<步骤 14> 单击左键，进入位置模式。在这种模式下，我们可以调整环切的位置。试着向上和向下移动鼠标。

<步骤 15> 右键单击以取消选择新位置，并通过单击左键来选择原有中心位置作为环切口。

积累了更多经验之后，你将能在一秒钟内完成这些环切的步骤。如果愿意的话，请现在就试试，用 <Ctrl>Z（Mac 上为 <command>Z）撤销环切，并手动重复步骤 12 到步骤 15。

< 步骤 16> <Alt>S（Mac 上为 <option>S）以进行法向缩放。将鼠标向障碍物中心稍稍移动，然后单击左键。

< 步骤 17> 在左下角展开法向缩放对话框，并将偏移量设为 -0.2 米。

将障碍物与图 17.13 进行对照。

<步骤 18> 在属性编辑器中，单击修改器属性图标。

< 步骤 19> 添加细分表面修改器。

< 步骤 20> 将视图层级从"1"改为"2"。

< 步骤 21> 转到 Layout 工作区，放大查看障碍物。

与图 17.14 进行对照。

即使还没有添加纹理，障碍物看起来也很敦实。这正是我们想要的。接下来，我们将像在上一节所做的那样添加纹理。

< 步骤 22> 转到 Shading 工作区。

< 步骤 23> 视图 – 框显所选（或按下小键盘上的"."）。

< 步骤 24> 转到材质属性。

< 步骤 25> 单击基础色旁边的小圆圈。选择图像纹理。

< 步骤 26> 打开 Assets/art/Blockade/stone 3630911_1920.jpg。

< 步骤 27> 修改器属性。

< 步骤 28> 在属性编辑器中，单击"应用"。

这将使表面细分修改器被持续应用。

< 步骤 29> Modeling 工作区。

< 步骤 30> 面选择模式。

< 步骤 31> 使用实体视图着色方式。

< 步骤 32> 按住鼠标中键，移动鼠标直到视图看起来与图 17.15 一致。

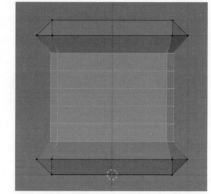

图 17.13　Blender 中的法向缩放命令

图 17.14　障碍物模型

现在，我们可以看到由表面细分修改器生成的许多面。这个修改器很受欢迎，因为它可以在一开始使用的是简单的低多边形模型的情况下快速生成更细化的几何图形。

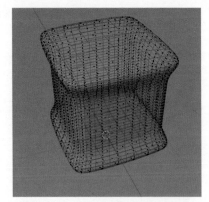

<步骤 33> 使用渲染视图着色方式。

这和我们的预想不太一样，所以我们常看一下 UV 中是什么情况。

<步骤 34> UV Editing 工作区。

<步骤 35a> 将鼠标悬停在右侧视图中，然后键入 a 来选择所有面。我们仍然需要处于面选择模式。

图 17.15　面选择模式下的障碍物

<步骤 35b> 将鼠标悬停在左边的视图中，也键入 a。

<步骤 36> 将鼠标停留在 UV 编辑器中，键入 s 并使网格放大，如图 17.16 所示。

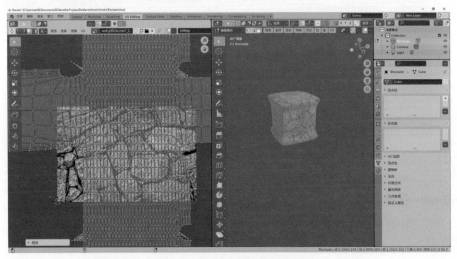

图 17.16　使用 UV 编辑器来为障碍物调整 UV 坐标

<步骤 37> Layout 工作区。

这样就好多了，尽管它有些杂乱并且不太贴合实际。但我们要暂时、也许是一直忍受这一点。

我们的下一个目标是设置摄像机和灯光，以便或多或少地与其他游戏对象更加相称。与其复制摄像机和灯光的坐标，不如手动调整它们。

< 步骤 38> Animation 工作区。

没错，我们不打算为这个对象制作动画，但这个工作区非常适合用来调整摄像机和灯光。

< 步骤 39> 在两个 3D 视图中都使用渲染视图着色方式。

< 步骤 40> 在右侧视图中使用正交顶视图（小键盘 7）。缩放以同时看到相机部件、灯光部件和障碍物。

< 步骤 41> 关闭吸附模式。选中摄像机。键入 g，将其移到红线（X 轴）上。

< 步骤 42> 键入 r，旋转相机，以在摄像机视图中再次看到障碍物。

< 步骤 43> 将灯光移到离障碍物稍近的地方。与图 17.17 进行对照。

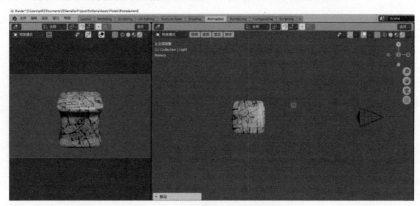

图 17.17　障碍物，纹理和灯光

剩下的就是渲染了。

< 步骤 44> 保存。

在渲染前保存工作是个好习惯。

< 步骤 45> Rendering 工作区，**渲染 – 渲染图像**。

这只是一个为了便于观察而进行的测试。可以通过滑动鼠标滚轮来观察细节。

可以看到，障碍物顶部附近有一条水平的长条。我们该如何解决这个问题呢？答案很简单，使用平滑着色。

< 步骤 46> Shading 工作区。选中 Blockade。单击右键打开上下文菜单。

< 步骤 47> 选择"平滑着色"。

< 步骤 48> Rendering 工作区，**渲染 – 渲染图像**。

水平的长条仍然存在，但它更柔和、更平滑了。现在是时候调整渲染设置了。这次的渲染设置将与 Spiker 的渲染设置类似，但不同之处在于，我们要渲染的是一张图像，而不是一个动画。

< 步骤 49> 在渲染属性中的胶片部分，勾选"透明"。

< 步骤 50> **渲染 – 渲染图像。**

应该可以看到背景中的棋盘格图案。

< 步骤 51> 在弹出的窗口中，单击图像 – 保存。

< 步骤 52> 确保文件格式是 png，RGBA 颜色。

< 步骤 53> 导航到 Assets/art/Blockade，并将图像命名为 Blockade.png。

< 步骤 54> 关闭渲染弹窗，保存并退出 Blender。

我们在 Blender 中进行了大量练习，由于重复的练习，我们对一切都越发熟练了。虽然到目前为止，你只是简单地在按照书上的步骤进行操作，但你正在逐渐掌握完全独立创作所需要的技能。

在下一节中，我们将再建立一个敌人的模型。

17.4 问号

问号应该很容易创建。我们只需创建一个看起来像问号的模型，给它制作一些动画，就完成了。动画和纹理其实并不是必要的，但为了学习，我们仍然要这么做。往好处想，给问号制作动画是个好主意，可以吸引玩家的注意力，否则它一动不动的，很容易被忽略。大体上来讲，它会有一个永久的闲置动画。我们将会制作一个小幅度的上下伸缩，也许还会添加左右旋转。

与其一步一步地亲自为问号建模，不如使用 Blender 的文本功能，区区几步就可以自动创建一个非常真实的问号模型。

< 步骤 1> 在 DotGame 项目中创建 Assets/art/QuestionMark 文件夹。

< 步骤 2> 启动 Blender。

< 步骤 3> 删除默认的立方体。

< 步骤 4> 把项目保存为 Assets/models/QuestionMark.blend。

< 步骤 5> Shift–A 并选择"文本"。

这将在 3D 游标处（目前在原点）创建一个文本对象，。

<步骤 6> <小键盘> 7，获得一个透视顶视图。

<步骤 7> 框显所选（<小键盘><.>）。

<步骤 8> 键入 <Tab> 进入编辑模式。通过查看视图左上角附近来检查自己是否处于编辑模式。现在的屏幕应该与图 17.18 一致。

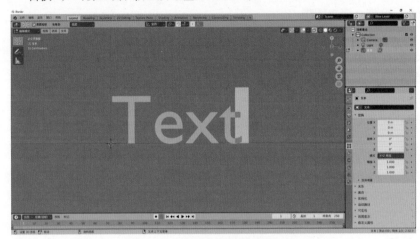

图 17.18　在 Blender 中编辑文本

可以看到右边有一个很粗的光标。我们现在看到的是一个巨大的文本输入框。如果想的话，可以尝试输入一些内容。

<步骤 9> 输入一个问号。

Blender 的内置字体中的问号看起来很奇怪。这不是我们想要的，所以我们要用不同的字体来得到一个更标准的问号。

<步骤 10> 在属性面板中，选择靠近图标栏底部的"物体数据属性"图标。这个图标看起来很像字母 a。

可以看到，其中有相当多的选项。我们的首要任务是换一种字体。

<步骤 11> 展开"字体"，单击"常规"字体一行中的文件夹图标。

<步骤 12> 导航到 Assets\TextMesh Pro\Fonts 并选择 LiberationSans.ttf。

任何以 .ttf 为扩展名的 TrueType 字体都可以使用，不过 LiberationSans 字体是一个很好的选择，因为它是内置在 Unity 中的，因此可以免费在任何 Unity 项目中使用。

<步骤 13> 单击"打开字体文件"。

这样就好多了。现在的问号看起来有点太细了，刚这很容易解决。

< 步骤 14> 删除文本中除问号以外的所有内容。

　　　　可以通过按下键盘上的左箭头，然后连按四次退格键来删除四个默认字母。

< 步骤 15> <Tab> 进入物体模式。再次进行框选，也就是 < 小键盘 ><.>。

< 步骤 16> 在物体数据属性中，展开"几何数据"。

< 步骤 17> 偏移量 0.01 米，挤出 0.01 米，倒角深度 0.01 米。

　　　　哇，变化真大。请记住，倒角可以使 3D 物体看起来更美观。接下来，我们
要把问号变成黄色。

< 步骤 18> 选择材质属性，添加一个新的材质，把基础色设置为黄色。

< 步骤 19> 选择渲染视图着色方式以查看这个黄色材质。与图 17.19 进行对照。

< 步骤 20> **文件 – 保存**。

　　　　接下来我们要制作动画。为了给问号制作动画，我们需要把文本对象转换为
网格。

< 步骤 21> **物体 – 转换到 – 网格**。

< 步骤 22> 编辑模式。

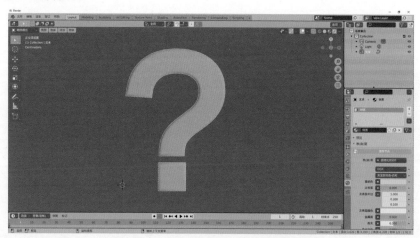

图 17.19　**Blender 中的一个巨大的问号**

　　　　粗光标已经消失了，我们可以看到具体的网格了。现在我们已经准备好为这
个网格制作动画了。

< 步骤 23> Animation 工作区。

　　　　我们必须调整摄像机和灯光，就像之前对其他敌人所做的那样。事后看来，

更好的做法也许是以其他的一个项目作为基础，然后删去其中的网格。这样的话摄像机和灯光就已经就位了。不过还有一个办法。我们可以使用 Blender 的附加功能，从其他 blend 文件中导入特定对象。

<步骤 24> 选中灯光，然后键入 x 来删除它。按回车键确认。

<步骤 25> 用同样的方法删除摄像机。

<步骤 26> 文件 – 附加，选择 Spiker.blend 并单击"附加"。

接下来的这一步有一点反直觉。我们并不是要单击 Light 和 Camera 文件夹。

<步骤 27> 双击 Object 文件夹。

<步骤 28> 单击 Camera，按住 Shift 并单击 Light，最后单击"附加"。

正如大纲视图所示，我们再次有了 Light 和 Camera。

我们仍然需要更新左边的视图。

<步骤 29> 将鼠标悬停在左边的视图中，然后在小键盘上键入 0。

在靠近摄像机视图底部的位置显示着一个小问号。我们需要在保持摄像机和灯光不变的情况下对这个问号做一些调整。

<步骤 30> 把鼠标悬停在右边的视图中，然后在小键盘上键入 3 5。

<步骤 31> 在大纲视图中选中 Text 对象，将鼠标悬停在视窗中，然后执行框显所选。

现在我们可以从侧面看到问号的情况了，如图 17.20 所示。

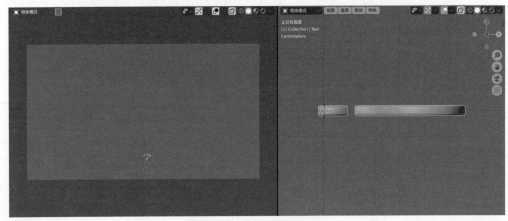

图 17.20　为问号设置动画

<步骤 32> 键入 r，移动鼠标直到问号直立起来，然后单击左键以确认。

<步骤 33> 键入 s, 放大问号, 使其高度占据相机视图的一半, 如图 17.21 所示。

<步骤 34> 把鼠标悬停在右侧视图中, 在小键盘上键入 1 和句号。

<步骤 35> 将两个视图都设置为"渲染视图着色方式"。

不难发现, 我们还有一个问题。灯光是从后面照过来的。这对尖刺球而言是合适的, 但并不适合问号。

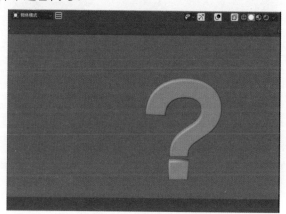

图 17.21　被放大的问号

<步骤 36> 在右边的视图中, 在小键盘上键入 7 来获得顶视图, 然后拉远以同时看到摄像机和灯光。

<步骤 37> 将灯光向摄像机的方向移动, 直到问号变成亮黄色为止。

我们还将调整问号的位置。但首先, 我们要做一件早就该做的事: 把 Text 对象重命名为"QuestionMark"。

<步骤 38> 在大纲视图中, 将 Text 重命名为"QuestionMark"。

<步骤 39> 选中问号, 放大右边的视图, 键入 g 并使问号居中。

<步骤 40> 调整灯光的位置, 使其位于问号的右前方。

现在我们可以在相机视图中清楚地看到问号了。

我们终于可以开始制作动画了。

<步骤 41> 选中 QuestionMark 对象。

<步骤 42> 在右边的视图中按下小键盘 1。

<步骤 43> 调整问号的位置, 使 3D 游标位于它的底部中心, 如图 17.22 所示。

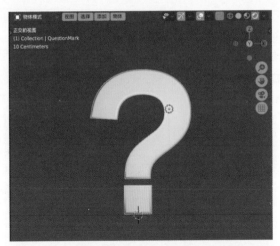

图 17.22　调整问号的位置，使其与 3D 游标对齐

可以看到一旁的物体原点。用于缩放的轴心点也在那里。如果好奇的话，可以尝试缩放一下。我们希望轴心点能够与 3D 游标一致。

< 步骤 44> 单击右边视图顶部的变换轴心点图标，选择 3D 游标。

虽然现在其实没有这么做的必要，但是我们可以把物体原点（左下角的橙点）也放在 3D 游标的位置。

< 步骤 45> **物体 – 设置原点 – 原点为 3D 游标。**

为了便于以后参考，最好了解一下如何通过这些菜单来操作物体原点和轴心点。现在，让我们回到动画制作上。

< 步骤 46> 在动画摄影表的右下角将动画的结束点设置为"40"。

执行这一操作时，我们实际上不在动画摄影表面板中，而是在动画摄影表下面的时间线中。

< 步骤 47> 在右边视图中键入 i 并选择"位置 + 旋转 + 缩放"。

< 步骤 48> 把当前帧标记拖动第 20 帧。

< 步骤 49> 键入 s z，缩小到大致 0.9 的比例。

< 步骤 50> 键入 s x，放大到大约 1.1 的比例。

< 步骤 51> 键入 i，选择"位置 + 旋转 + 缩放"。

< 步骤 52> 把第 1 帧的关键帧复制到第 41 帧。

< 步骤 53> 播放该动画。

　　　　　哇哦，看起来有点怪异。也许在 Unity 中运行这个动画会快一点。

< 步骤 54> 保存。

　　　　　接下来是我们熟悉的领域。重申一下，我们剩下的唯一一个任务就是对渲染
　　　　进行设置。

< 步骤 55> Rendering 工作区。

< 步骤 56> 在渲染属性中，勾选"胶片"部分的"透明"复选框。

< 步骤 57> 在输出属性中，将步长设置为 4，并检查在文件格式和颜色是否选择了 PNG
　　　　和 RGBA。

< 步骤 58> 选择 Assets/art/QuestionMark 文件夹作为输出文件夹。

< 步骤 59> 渲染 – 渲染动画。

< 步骤 60> Animation 工作区。

< 步骤 61> 保存并退出 Blender。

　　在本节中，我们创建了一个新敌人和一个简单的动画。我们越来越熟悉 Blender 的
界面了，而且熟悉了键盘快捷键之后可能会更加熟练。Blender 以所有操作都有对应的
键盘快捷键而闻名，这使我们在掌握了常用命令的快捷键后，能有很高的效率。通常情
况下，使用键盘比使用鼠标要快得多，特别是在掌握了盲打的情况下。在如今的科技时代，
打字快是一个巨大的优势。

　　本章中，我们创建了三个新的敌人。我们又学到了不少关于 Blender 的知识。由于
交互界面的不同，在 Blender 和 Unity 之间切换可能会比较麻烦，所以我们抵制住了立
刻前往 Unity 查看动画效果的诱惑，集中精力学习了一段时间的 Blender。在下一章中，
我们将把所有这些新图形放到 Unity 中。如果运气比较好的话，我们就不必回到 Blender
中重做任何东西了，但意外情况随时可能发生，所以哪怕需要回到 Blender 中，也不要
感到自责。

第 18 章 敌人的运动和碰撞

在本章中，我们将把前两章中的动画导入到 Unity 中并使它们工作。我们将依次处理这些敌人，从 DotRobot 开始，然后是尖刺球、障碍物和问号。我们的目标是把它们放进目前唯一的一个关卡中，并使游戏可玩。这个过程将类似于我们在几章之前处理 Dottima 时采取的步骤。

18.1　DotRobot 的运动和碰撞

<步骤 1> 将 DotGame 加载到 Unity 中。

  Unity 需要花一些额外时间来导入 Assets 文件夹中的新动画，但除此之外，一切都保持着 DotRobot 那一章结束时的样子没变。关卡里有一个 DotRobot，他只是在进行着向下行走的动画，没有真的移动。我们想让一个 DotRobot 在关卡的右侧走一圈。Dottima 只要不撞上他就可以活下来。

  DotRobot 将顺时针绕着右边的棕色书走，并使用以下游戏逻辑：当 DotRobot 碰到墙时，他会停下来，向右转 90°，然后继续前进。如果实施得好的话，只要在运行这个游戏关卡，DotRobot 就将一直处于循环之中。在完成这项工作之后，我们再去操心如何让 DotRobot 做一些更有趣的事情。

<步骤 2> 将 DotRobot 移动到关卡右侧的起始位置，如图 18.1 所示。

图 18.1　DotRobot 的起始位置

我们使用的是移动工具，而不是 g 命令，因为后者只在 Blender 中有效。

我们现在要添加一些测试代码来移动 DotRobot，并根据移动的方向使用恰当的动画。

<步骤 3> **窗口 – 动画 – 动画器**，并重新排列方框，参照图 18.2。

从这个初始设置中可以看到，DotRobot 从 Down 动画开始，并无限期地持续运行该动画。

<步骤 4> 在 scripts 文件夹中创建 DotRobot 脚本，并将其分配给层级面板中的 DotRobot 对象。

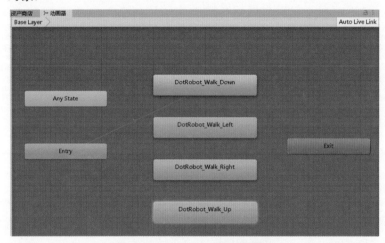

图 18.2　DotRobot 动画器窗口

我们将从一个简单的尝试开始，在启动游戏时将 DotRobot 向下移动。

<步骤 5> 把 DottimaController 中的代码复制过来替换 DotRobot 中的代码，并参照以下代码进行编辑：

```
public class DotRobot: MonoBehaviour
{
    public float speed;
    private Rigidbody2D rb;
    public Animator animator;
    void Start()
    {
        rb = GetComponent<Rigidbody2D>();
    }
```

```
                private void FixedUpdate()
            {

                Vector2 moveInput = new Vector2(0.0f, -1.0f);
                rb.velocity = moveInput.normalized * speed;
                animator.SetFloat("Speed", rb.velocity.magnitude);
            }
        }
```

我们只是简单地把 moveInput 赋值中的 Vector2 的内容替换成了一个指向正下方的 2D 矢量。如果现在尝试运行的话，它虽然不至于崩溃，但会出现一个错误，因为我们还没有为 DotRobot 设置刚体。

< 步骤 6> 为 DotRobot 添加一个 2D 刚体组件。运行游戏。

嗯，机器人正在向下移动，但速度很慢。它其实本应是静止的，因为现在的速度被设置为 0。之所以会缓慢向下移动，是因为我们忘记关闭重力了。

< 步骤 7> 将重力大小设置为 0，然后再次运行游戏。机器人是静止的，就像我们所期望的那样。

< 步骤 8> 在检查器中将速度设置为 1，并再次运行游戏。

好的，现在机器人在向下移动了，不过移动的速度太快了。

< 步骤 9> 将速度设为 0.3，然后再试试。

机器人看起来像是在滑行，但这可能是在不创建更贴近现实的行走动画的情况下所能达到的最好效果了。我们将保持现在的样子，并开始解决下一个紧迫的问题：DotRobot 穿过了底部的墙壁。

< 步骤 10> 回到场景面板，然后在检查器中为 DotRobot 添加一个 2D 盒状碰撞器，并参照图 18.3 编辑碰撞器。在调整碰撞器的时候，用鼠标滚轮放大 DotRobot 以便仔细查看。

图 18.3　在 Unity 中为 DotRobot 设置盒状碰撞器

< 步骤 11> 运行游戏，看 DotRobot 是否会被卡在底部。

< 步骤 12> 运行游戏，使 Dottima 和 DotRobot 碰撞。

惊喜吧！我们成功了，在一定程度上。当 Dottima 撞上 DotRobot 时，DotRobot 就会旋转起来。虽然看起来很有趣，但这种类型的碰撞显然不是我们想要的。现在，我们要冻结旋转，就像之前为 Dottima 所做的那样。

< 步骤 13> 在检查器中，找到 DotRobot 的 Rigidbody 2D 的 Constraints 的冻结旋转部分，勾选 "Z"。

Z 轴是垂直于屏幕的。勾选这一复选框可以防止出现我们在上一步骤中看到的旋转。

< 步骤 14> 测试冻结 Z 轴旋转是否有效。

我们的下一个目标是让 DotRobot 在脚本控制下显示四种不同的动画。第一步是让 DotRobot 根据 DotRobot 脚本中的代码来运行向左走的动画。

< 步骤 15> 在检查器中，单击 "DotRobot"（脚本）中 "动画器" 一栏中的小圆圈，在弹出的窗口中选择 DotRobot 动画器。

< 步骤 16> 在 DotRobot.cs 的 Start 方法中插入以下代码：

```
animator.Play("DotRobot_Walk_Left");
```

< 步骤 17> 播放游戏。

DotRobot 仍然在以同样的方式移动，只不过播放的是朝左走的行走动画，而不是朝下行走的动哈。

< 步骤 18> 在 DotRobot 类中添加以下代码。

```
private void OnCollisionEnter2D(Collision2D collision)
{
    animator.Play("DotRobot_Walk_Left");
}
```

< 步骤 19> 在 Start 方法中把初始动画改为 "DotRobot_Walk_Down"。

< 步骤 20> 播放游戏。

现在，DotRobot 在碰到底部的书时，会变成向左行走的动画。不过它仍然停留在原地。

接下来，我们要在代码中引入四个方向的概念。每个方向都有一个数字代码，存储在名为 "direction" 的变量中。

< 步骤 21> 在 Visual Studio 中仔细地输入以下代码，以替换 DotRobot.cs 中的原本内容：

```
using System.Collections;
using System.Collections.Generic;
using UnityEngine;
public class DotRobot: MonoBehaviour
{
    public float speed;
    private Rigidbody2D rb;
    public Animator animator;
    private int direction;// four directions 0,1,2,3
                         // down, left, up, right
    void Start()
    {
        rb = GetComponent<Rigidbody2D>();
        animator.Play("DotRobot_Walk_Down");
        direction = 0;
    }
    private Vector2 dirVector;
    private void FixedUpdate()
    {
        if (direction == 0) dirVector = new Vector2(0.0f, -1.0f);
        if (direction == 1) dirVector = new Vector2(-1.0f, 0.0f);
        if (direction == 2) dirVector = new Vector2(0.0f, 1.0f);
        if (direction == 3) dirVector = new Vector2(1.0f, 0.0f);
        rb.velocity = dirVector.normalized * speed;
        animator.SetFloat("Speed", rb.velocity.magnitude);
    }
    private void OnCollisionEnter2D(Collision2D collision)
    {
        direction = (direction + 1) % 4;
        if (direction == 0) animator.Play("DotRobot_Walk_Down");
        if (direction == 1) animator.Play("DotRobot_Walk_Left");
        if (direction == 2) animator.Play("DotRobot_Walk_Up");
        if (direction == 3) animator.Play("DotRobot_Walk_Right");
    }
}
```

　　显然有必要解释一下这段代码。我们添加了一个名为 "direction" 的变量，它在 Start 方法中被初始化为 0。在 FixedUpdate 中，当前的方向决定了四个 2D 矢量中的哪一个被用来计算 DotRobot 的速度矢量。在 CollisionEnter2D 方法中，我们添加了方向代码，使 DotRobot 转向它的右边。代码中还有一个奇怪的带百分号的表达式：

```
direction = (direction + 1) % 4;
```

这个百分号是 C# 语言中内置的一个取余函数。这个函数将左边的数字转换为它除以右边的数字后的余数。当方向为 3 时，上述表达式将方向改为 0，否则方向将被递增。这样做的效果是让 DotRobot 向右转。这种增加整数的方法通常适用于处理一定范围内的整数的时候。

< 步骤 22> 运行游戏。

好吧，这段代码在第一次转弯时是有效的，但在那之后 DotRobot 就被卡住了。原因是它走得太靠下了，撞上了一旁的书本精灵。以下代码可以解决这个问题。

< 步骤 23a> 在 OnCollisionEnter2D 函数的开头处插入以下代码：

```
Vector2 newPosition = new Vector2(
    transform.position.x - dirVector.x * 0.1f,
    transform.position.y - dirVector.y * 0.1f);
rb.MovePosition(newPosition);
```

这可能不是很浅显易懂。我们基本上是把 DotRobot 向着他来的方向推了 0.1 个单位。DotRobot 现在能够快乐地在这个矩形路径上跑来跑去了。0.1 这个数字是通过实验发现的。为了更好地理解这段代码的工作原理，可以暂时把它改为 0.3 并运行游戏试试。在试验完成之后，请务必再把它设置回 0.1。

我们终于注意到了一个关于 Speed 参数的错误警告。这似乎引起任何问题，但我们最好还是调查一下。

< 步骤 23b> 运行游戏，然后停止。

< 步骤 24> 查看底部的控制台面板，可以看到以下错误的多个实例：

```
Parameter 'Speed' does not exist.
UnityEngine.Animator:SetFloat(String, Single)
```

< 步骤 25> 单击这些错误信息中的一个。

随后会出现以下提示，告诉我们哪里出错了：

```
DotRobot:FixedUpdate() (at Assets/scripts/DotRobot.cs:31)
```

结尾处的 31 是一个行号。你的行号可能略有不同。在 Visual Studio 中可以看到，第 31 行是从 Dottima 动画中遗留下来的一行代码。我们不再需要它了，但为了以防万一，最好把它注释掉。

< 步骤 26> 在 DotRobot 中，如下修改 SetFloat 语句：

```
//animator.SetFloat("Speed", rb.velocity.magnitude);
```

开始的双斜杠将代码变成了注释，这与删除代码有着相同的效果。我们这样做只是为了防止在以后的开发过程中希望把这行代码加回来。被注释的代码变成了绿色，表示它没有在被使用，仅仅是一个注释。

< 步骤 27a> 在控制台面板中，单击"播放时清除"。

如此一来，我们再次运行游戏时，以前的错误信息会被删除。

< 步骤 27b> 测试并保存。

衷心希望以后不会再在控制台面板中看到任何错误或警告了。为了将来考虑，最好尽早修复所有编译器错误和警告。这样做的话，即使游戏仍在运行，也可以觉察到任何新出现的错误或警告。

在下一节中，我们将对尖刺球进行处理。

18.2 尖刺球的运动和碰撞

尖刺球只有一个简单的旋转动画。我们先在 Unity 中看看它的效果。

< 步骤 1> 在 Assets/art/SpikerRotation 中，选中的精灵分别为 0001、0011、0021 和 0031。像往常一样，先单击第一个精灵，然后按住 Shift 键来选中其他 4 个精灵。

< 步骤 2> 将每单位像素数设置为"1024"。

< 步骤 3> 将 0001 精灵拖入场景面板，如图 18.4 所示。

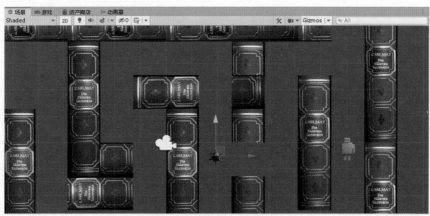

图 18.4　Spiker 的初始位置

< 步骤 4> 在检查器中将 0001 游戏对象重命名为 "Spiker"。

尖刺球现在这样已经不错了，所以我们将继续下一步，加入动画。

< 步骤 5> 窗口 – 动画 – 动画，单击 "创建"。

< 步骤 6> 在 Assets/animation 文件夹中，创建名为 Spiker_ Rotation.anim 的动画。

< 步骤 7> 选中 SpikerRotation 文件夹中的所有四个精灵，并将它们拖入动画窗口。

< 步骤 8> 在场景面板中选中尖刺球，并通过键入 f 来聚焦于它。

< 步骤 9> 如果有必要，就把动画窗口移开，以便看清尖刺球。与图 18.5 进行对照。

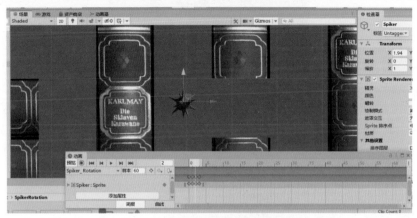

图 18.5　对尖刺球的动画进行测试

< 步骤 10> 通过单击动画窗口中的 "播放" 图标来播放动画。

尖刺球的旋转速度很快。我们知道，可通过调整 "样本 / 秒" 来减慢动画，它目前是 60。

< 步骤 11> 将样本改为 "12"，然后播放。

这个速度比较合理，但在每秒只有 12 帧的情况下，它看起来有些生硬。不过，既然它都叫尖刺球了，有一些抖动也是正常的。

接下来，我们将添加一些基本的运动和碰撞。我们将借用 DotRobot 的代码，并删去其中不需要的动画控制代码。在未来的开发过程中，我们将对尖刺球的运动代码进行实验，让它做一些更有趣的事情。

< 步骤 12> 为尖刺球添加一个 2D 刚体组件。

< 步骤 13> 把重力大小设置为 "0"。

< 步骤 14> 冻结 Z 旋转。

<步骤 15> 为尖刺球添加一个 2D 盒状碰撞器。

<步骤 16> 编辑碰撞器以使其紧贴着尖刺球，如图 18.6 所示。

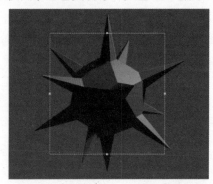

图 18.6　用于 Spiker 的盒状碰撞器

在如何编辑碰撞器上，我们做了一些判断。因为尖刺球会在 Dottima 靠得过于近时杀死她，所以最好让碰撞器小一点，以让 Dottima 免于一些无妄之灾。

<步骤 17> 测试游戏。

正如我们所料，尖刺球待在原地，但 Dottima 可以把它推来推去。

接下来，我们将添加运动代码。

<步骤 18> 在脚本文件夹中，右键单击创建 – C# 脚本，命名为"Spiker"。

<步骤 19> 将 Spiker 脚本拖到层级面板中的 Spiker 游戏对象上。

<步骤 20> 双击 Spiker 脚本，在 Visual Studio 中打开它。

<步骤 21> 在 Visual Studio 中，打开 DotRobot.cs。

这个脚本应该还处于开启状态，所以可以直接单击这一标签页。

<步骤 22> 用鼠标选择 DotRobot 类的内容，然后键入 <Ctrl>C，请 Mac 用户注意，如果选择了 Windows 键位映射的话，需要使用 <control> 键而不是 <command> 键进行剪切、粘贴和撤销操作。

如果选择了 Mac 键位映射的话，则需要使用 <command>。本书假定读者使用的是 Windows 键绑定。

<步骤 23> 在 Spiker.cs 中，选择 Spiker 类的内容，键入 <Ctrl> V。

<步骤 24> 删除所有调用 animator.Play 的代码行。与以下代码列表对照：

```
public class Spiker : MonoBehaviour
{
    public float speed;
```

```
private Rigidbody2D rb;
public Animator animator;
private int direction;// four directions 0,1,2,3
                     // down, left, up, right
void Start()
{
    rb = GetComponent<Rigidbody2D>();
    direction = 0;
}
private Vector2 dirVector;

private void FixedUpdate()
{
    if (direction == 0) dirVector = new Vector2(0.0f, -1.0f);
    if (direction == 1) dirVector = new Vector2(-1.0f, 0.0f);
    if (direction == 2) dirVector = new Vector2(0.0f, 1.0f);
    if (direction == 3) dirVector = new Vector2(1.0f, 0.0f);

    rb.velocity = dirVector.normalized * speed;
    //animator.SetFloat("Speed", rb.velocity.magnitude);
}
private void OnCollisionEnter2D(Collision2D collision)
{
    Vector2 newPosition = new Vector2(
        transform.position.x - dirVector.x * 0.1f,
        transform.position.y - dirVector.y * 0.1f);
    rb.MovePosition(newPosition);
    direction = (direction + 1) % 4;
}
}
```

这段代码的开头处有一个瑕疵。你能猜到是什么吗？这可能比较难以发现。我们声明了 animator，但是除了被注释掉的那一行以外，animator 变量完全没有被使用。我们可以放下地忽略这个问题。Unity 并没有对此提出警告，这意味着 Unity 觉得它无关紧要。往远处想想，我们以后可能会想要访问这个动画器，所以我们会保留那行代码。

如果现在对游戏进行测试的话，你会发现没有什么不同，尖刺球仍然待在原地。能猜到为什么吗？没错，这是因为速度被设置为 0。

< 步骤 25> 在检查器中把速度设置为 1.0。

你可能已经注意到了这一点，但是由于某种原因，Unity 在检查器中显示变量时是首字母大写的。C# 中的变量是区分大小写的，所以 speed 和 Speed 是不同的变量。这种大写只会出现在检查器中，仅用于显示目的。

<步骤 26> 测试游戏。

尖刺球在移动了了！为了好玩，请尝试按照以下步骤操作。

<步骤27> 再次测试，用Dottima把尖刺球推到DotRobot上。观察它们相互碰撞后会怎样。

其实也没什么特别的，只是当尖刺球与 DotRobot 碰撞时，它们都会向右转身并继续前进。

<步骤 28> 保存。

本章已经接近尾声了。障碍物和问号比较容易处理，因为它们不需要移动。在下一节中，我们将把它们导入到场景中并为它们设置碰撞器。

18.3　障碍物和问号的碰撞

在本节中，我们将继续为 DotGame 中的敌人导入图形。下一个要处理的是障碍物。

<步骤 1> 进入 Assets/art 中的 Blockade 文件夹，选择 Blockade 精灵。
<步骤 2> 再次将每单位像素数改为"1024"，然后在检查器中单击"应用"。
<步骤 3> 将障碍物拖入场景中，放置在位于关卡右上角附近的出口处。

障碍物太小了，所以我们要通关以下步骤把它放大。

<步骤 4> 选择障碍物，将它的变换缩放改为"（2,2,1）"。
<步骤 5> 调整位置使其居中，然后与图 18.7 进行对照。

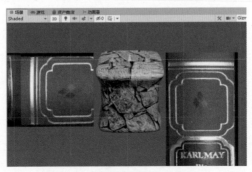

图 18.7　放置障碍物以挡住出口

这个对象不需要脚本，只需要常规的 2D 刚体和盒状碰撞器组件。

< 步骤 6> 为障碍物处添加 2D 刚体组件。

< 步骤 7> 将重力大小设置为 0。

< 步骤 8> 在 Constraints 的"冻结旋转"部分，勾选 Z。

< 步骤 9> 添加一个 2D 盒状碰撞器，并编辑它以与图形相匹配。

< 步骤 10> 测试。

这在目前来说效果不错。我们可以把障碍物对象推开，离开关卡。我们以后会用这个物体做更多有趣的事情。在出口的可能应该是一扇门，而不是障碍物，但这样已经足够好了。

< 步骤 11> 保存工作。

接下来，我们将把问号带入场景。这将与尖刺球相当相似，只是更简单一些，因为问号只会待在原地等待被碰撞。

< 步骤 12> 转到 Assets/art 中的 QuestionMark 文件夹。

< 步骤 13> 在导入设置中把所有 10 个精灵的每单位像素数改为 1024。

这对你来说应该已经很熟悉了。首先选中所有精灵，然后在检查器中进行更改。

< 步骤 14> 将 0001 精灵拖入层级面板，重命名为"QuestionMark"，键入 f 聚焦于它，然后将它移到关卡中央的底部，参照图 18.8。

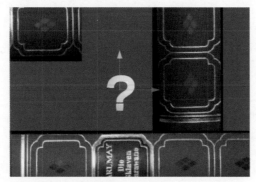

图 18.8　被放置到 DotGame 中的问号

< 步骤 15> 打开动画窗口。

< 步骤 16> 选择 QuestionMark 对象，单击动画窗口中的创建。

< 步骤 17> 在 Animations 文件夹中，创建 QuestionMark_Idle.anim。

< 步骤 18> 把 QuestionMark 文件夹中的十个精灵拖到动画窗口中。

< 步骤 19> 播放动画并在场景中查看。放大显示问号以更仔细地观察。

< 步骤 20> 这个动画的速度依旧太快了，所以请把样本改为 12。

有点烦人的是，在输入新数字时，我们需要在单击播放图标之前按下回车键。如果忘记回车了的话，样本就又会回到之前的 60。

现在的动画很符合我们的要求。我们不需要为这个对象设置刚体，只需要一个 2D 盒状碰撞器即可。

< 步骤 21> 在 QuestionMark 对象上添加一个 2D 盒状碰撞器组件，并编辑碰撞器，使其略小于 QuestionMark 精灵，如图 18.9 所示。

图 18.9　QuestionMark 游戏对象的 2D 盒状碰撞器

< 步骤 22> 测试游戏。

问号可能挡住了我们的路。这个问题只是暂时的，因为我们以后将添加代码，使问号在与玩家碰撞后消失，而不是挡住玩家。现在，我们只需将它移开即可。

< 步骤 23> 在场景编辑器中，将问号向右下方移动一点，让 Dottima 能够通过。

< 步骤 24> 再次测试。

问号现在这样已经可以了。我们有了一个可以起效的碰撞器和一个看起来很不错的闲置动画。

< 步骤 25> 保存并退出。

这仍然算不上是个游戏，但很快就是了。在关卡中移动并与敌人互动逐渐变得有趣了起来。画面看起来相当不错，尽管它们的美术风格其实并不统一。就算这个游戏有着奇怪的混合型美术风格，也没有关系。我们所做的一切要么以真实世界物体的照片为基础，要么是用 2D 美术程序绘制的 2D 美术，当然，我们还使用了 Blender，一个非常强大的 3D 建模和动画程序。

在下一章中，我们将添加武器和抛射物，为这个目前是非暴力的游戏带来一些令人兴奋的轻度卡通暴力。当然，考虑到这个故事的性质相当纯洁，肯定不会涉及任何暴力血腥场面。

第 19 章　武器和抛射物

本章将介绍如何创建 DotGame 中的武器和抛射物的图形和代码。我们将从箭矢开始做起，它是 Dottima 用来对敌人造成伤害的轻型武器。然后，我们将创建炸弹，它有着更强大的威力，爆炸一次就能摧毁大多数类型的敌人。我们还将使用 Unity 中的粒子系统来帮助实现炸弹的动画效果。

19.1　箭矢

在开始设计箭矢图形之前，我们需要考虑它们将如何在游戏中被使用。我们将通过水平或垂直的非动画箭矢来保持简单的图形。它们将被 Dottima 射出，Dottima 将神奇地不需要弓就可以射箭。箭矢将由她携带并指向她面朝的方向。我们将使用 Unity 中的旋转功能，所以只需要创建一个水平精灵即可。箭矢不会有重力，而且会有无限的射程。箭矢会击中其他物体，根据物体类型的不同，箭矢会或者不会造成伤害。Dottima 会捡起掉在关卡中的箭。她最多可以携带十支箭，所以如果试图捡起超出这个数目的箭矢的话，那些箭矢就会掉在地上。

可以用 GIMP、Blender 或网络上的图片来制作箭矢的精灵。因为它们似乎与 Dottima 密切相关，所以用 GIMP 比较合适，因为我们就是用它制作 Dottima 的。

< 步骤 1> 在 Assets/Art 中创建 Arrow 文件夹。

< 步骤 2> 打开 GIMP，把背景色设为"白色"。

< 步骤 3> 文件 – 新建 ... 并将宽度和高度设置为"1024 像素"。

　　　　　应该会出现一个白色的大方块，我们可以在上面绘制箭矢。比起棋盘格样式的透明背景，白色背景能让我们看得更清楚。我们之后再设置透明度。

< 步骤 4> 在新建的 Arrow 文件夹中把文件保存为"Arrow.xcf"。

　　　　　正如我们之前所做的那样，我们要尽快用恰当的名字保存文件，以确保在必要时能够快速进行保存并关闭系统。

< 步骤 5> 将前景色设为黑色。

< 步骤 6> 选择铅笔工具（快捷键 N），将大小设置为"36"。

< 步骤 7> 选择路径工具（快捷键 B），参照图 19.1 绘制箭矢的轮廓。这可以通过依次单击各个点来完成，<Ctrl> 单击来关闭循环。如果过程中出了问题，可以用 <Ctrl>Z 来撤销操作。如果使用的是 Mac，请使用 <command> 而不是 <Ctrl>。

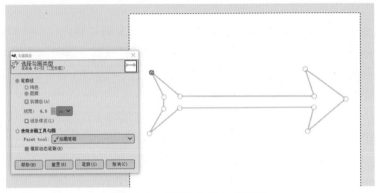

图 19.1　GIMP 中箭矢的轮廓

< 步骤 8> 在路径部分的底部单击"勾画路径"，选择铅笔工具，然后单击"笔廓"。将结果与图 19.2 进行对照。

如果对这幅图不满意的话，请随意地重做。现在我们已经知道该怎么做了。举例来说，你可能想让箭矢更粗，或是想稍微改变一下形状。

< 步骤 9> 用红色填充箭矢内部。

接下来，我们要使背景透明。这可以通过以下方法轻松完成。

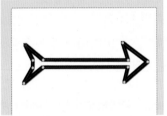

图 19.2　箭矢的轮廓

< 步骤 10> 选择 – 全部。

< 步骤 11> 图层 – 透明 – 添加透明通道。

右边应该显示着通道。现在除了有红色、绿色、蓝色三个通道以外，还新增了 Alpha 通道，如图 19.3 所示。

注意通道名称旁边的小图标。它们显示的是每个通道的内容的迷你版本。Alpha 通道现在是纯白的。

图 19.3　为箭矢添加了透明通道

< 步骤 12> **颜色 – 颜色到透明**。

< 步骤 13> **将不透明度阈值改为 0.0**，如图 19.4 所示，然后单击确定。

需要把不透明阈值设置为 0，以使红色是实心的而不是部分透明的。

< 步骤 14> **文件 – 导出为 ......Arrow.png**。确保当前文件夹是 Arrow 文件夹。

无需更改默认设定，直接单击"导出"。

< 步骤 15> **文件 – 保存并退出 GIMP**。

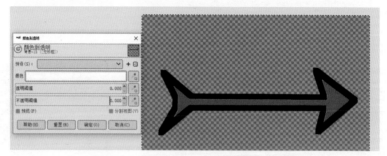

图 19.4　GIMP 中的"颜色到透明"命令

现在，我们想看看箭矢在游戏中是怎样的。

< 步骤 16> 在 Unity 中打开 DotGame。

< 步骤 17> 进入 Assets/Art/Arrow，选择 Arrow 精灵。

< 步骤 18> 将每单位像素数从 100 改为"1024"，然后单击"应用"。

是的，这最后一步可以通过 Unity 编辑器的脚本来自动完成。实现到这一点不算简单，所以我们目前将继续使用人工手段。在大型项目中，编辑器脚本是提高工作流程效率的有效方法，但对于小型项目，尤其是初学者而言，这是个最好推迟到以后再谈的话题。如果实在好奇的话，可以去看几个关于 Unity 编辑器脚本的教程视频，然后搜索"Unity Pixels Per Unit Editor Scripting"（Unity 每单位像素数 编辑器脚本），试用一下 answer.unity.com 上提供的编辑器脚本。

现在，我们回到 Unity 来看一下箭矢的情况。

< 步骤 19> 将箭矢拖到"层级"面板中。然后，将其移到 Dottima 的上方，如图 19.5 所示。

这看起来很合理，但是箭矢不是特别对称，这有些令人烦躁。我们可以考虑之后再重制图形，使箭矢对称。现在，我们要继续进行下一步，使箭矢在游戏中发挥作用。

这个箭矢目前来说有点太大了，所以请按以下步骤处理。

< 步骤 20> 在检查器中把变换缩放 X 和 Y 改为 "0.8"。

现在我们要设置箭矢，使它指向前方，并位于 Dottima 之下。

< 步骤 21a> 把 Z 旋转改为 "90"，Z 位置改为 "1"，然后移动箭矢，如图 19.6 所示。

图 19.5　Dottima 上面的箭矢　　　图 19.6　箭矢指向前方，并位于 Dottima 之下

Z 位置被改为 1，使得箭矢位于 Dottima 之下。如果愿意的话，可以试着把它设置为 -1，看看会有什么样的效果，然后再把它设置回 1。把 Z 轴想象成顺着我们朝向屏幕的视角延伸的坐标轴。Z 的值越大，游戏对象离我们就越远。Dottima 的 Z 坐标是 0。当两个游戏对象的 Z 坐标相同时，我们无法预测哪个游戏对象会是显示在上面的那个，所以确保显示顺序的一个方法是给两个对象设置不同的 Z 坐标。在 Unity 中还有其他实现这一目的方法。如果愿意的话，可以在 Unity 手册中的 "Sprite Renderer"（精灵渲染器）一节中阅读更多信息。

< 步骤 21b> 选中箭矢，关闭播放时最大化，然后播放游戏。

可以看到，正如我们所预料到的那样，箭矢原地不动，因为没有脚本来控制它的运动。检查器中显示着箭矢的位置、旋转和比例，而且它们没有任何变化。

< 步骤 22> 在 "层级" 面板中选中 DottimaFace 并继续玩游戏。

当 Dottima 在关卡中响应我们的控制而移动时，X 和 Y 位置在变。当 Dottima 左右移动时，改变的是 X 坐标，而当 Dottima 上下移动时，改变的是 Y 坐标。Z 坐标一直保持为 0。

< 步骤 23> 停止游戏，然后将 "层级" 面板中的 Arrow 拖到 DottimaFace 上。现在的 "层级" 面板应该与图 19.7 一致。

图 19.7　DotGame 的"层级"面板中显示着作为 Dottima 子对象的 Arrow

前面使箭矢成为了 DottimaFace 的子对象。DottimaFace 旁边现在多了一个下箭头图标。

<步骤 24> 折叠再展开 DottimaFace 的子对象。这可以通过单击旁边的下箭头图标来实现。

<步骤 25> 再玩一次游戏。

我们现在可以看到让箭矢成为子对象的作用了。它现在会跟着它的父对象走。注意，即使箭矢在关卡中移动，它的位置也不会改变。它的位置是相对于父对象的，而不是绝对的。这些数字也与之前有很大不同。X 和 Y 都小于 1，因为箭矢的相对位置离父对象的位置不是很远。

在移动时，可以发现箭矢显示在书本之下，这看上去有些奇怪。以下步骤要解决这个问题。

<步骤 26> 把 DottimaFace 的 Z 位置改为"–2"，并再次播放游戏。

从绝对值来看，Dottima 现在的 Z 值是 -2，箭矢是 -1，而书本是 0。箭矢仍在 Dottima 之下，但会显示在书本之上，正如我们所愿。

接下来，我们要让箭矢在玩家按下按键的时候射出去。这需要一个脚本。一如既往地，我们要循序渐进地完成这种复杂的任务。首先，我们要为箭矢的移动写一个脚本。

<步骤 27> 在 Scripts 文件夹中创建一个名为 Arrow 的脚本，并将其分配给箭矢。

<步骤 28> 将 Spiker 类的内容复制到 Arrow 类中，然后编辑，使其看起来像这样。

```
public class Arrow : MonoBehaviour
{
    public float speed;
    private Rigidbody2D rb;
    private int direction;// four directions 0,1,2,3
                          // down, left, up, right
```

```
        void Start()
        {
            rb = GetComponent<Rigidbody2D>();
            direction = 2;
            rb.MoveRotation(90.0f);
        }
        private Vector2 dirVector;
        private void FixedUpdate()
        {
            if (direction == 0) dirVector = new Vector2(0.0f, -1.0f);
            if (direction == 1) dirVector = new Vector2(-1.0f, 0.0f);
            if (direction == 2) dirVector = new Vector2(0.0f, 1.0f);
            if (direction == 3) dirVector = new Vector2(1.0f, 0.0f);

            rb.velocity = dirVector.normalized * speed;
            //animator.SetFloat("Speed", rb.velocity.magnitude);
        }
        private void OnCollisionEnter2D(Collision2D collision)
        {
            Vector2 newPosition = new Vector2(
                transform.position.x - dirVector.x * 0.1f,
                transform.position.y - dirVector.y * 0.1f);

            rb.MovePosition(newPosition);
            speed = 0f;
        }
    }
```

我们只需要做一些小改动。箭矢的移动方式和尖刺球一样，只不过它不会在发生碰撞时转向，而是会被反弹回来，并通过将速度设置为 0 而停在原地。

在测试之前，我们需要设置场景。这个箭矢是独立于 Dottima 的，所以我们需要按以下步骤取消它的父子关系。

< 步骤 29> 将 "层级" 面板中的 Arrow 从 DottimaFace 上拖到 QuestionMark 下面。

< 步骤 30> 为箭矢添加 2D 刚体组件。

< 步骤 31> 一如既往地，将重力大小设置为 "0.0"。

< 步骤 32> 在场景中向上拖动箭矢，使其不再与 Dottima 重叠。

< 步骤 33> 添加一个盒状碰撞器 2D，并编辑它以与箭矢相匹配。

<步骤 34a> 把箭矢的速度设置为 6。

<步骤 34b> 运行游戏。

箭矢应该会向前射出，撞到上面的书墙，然后在反弹一下之后停下来。为了好玩，请试着让 Dottima 和静止的箭矢碰撞一下。我们可以把箭矢推来推去，而它自己当然不会移动，因为在与书墙碰撞时，它的速度被设置为 0 了。

现在，是时候对碰撞进行更多的区分了。我们想让箭矢根本碰不着 Dottima。

<步骤 35> 用以下代码替换 OnCollisonEnter2D 函数：

```
private void OnCollisionEnter2D(Collision2D collision)
{
    if (collision.gameObject.tag == "Player")
    {
        Physics2D.IgnoreCollision(collision.collider,
        gameObject.GetComponent<Collider2D>());
        return;
    }
    Vector2 newPosition = new Vector2(
        transform.position.x - dirVector.x * 0.1f,
        transform.position.y - dirVector.y * 0.1f);

    rb.MovePosition(newPosition);
    speed = 0f;
}
```

这会检查发生碰撞的对象是否是玩家，如果是的话，就忽略它。为了使这段代码发挥作用，我们还需要这样做。

<步骤 36> 选中 DottimaFace，在检查器中选择 Player 标签。

<步骤 37> 测试。

测试 Dottima 在移过箭矢上方时，是否不会发生碰撞。

<步骤 38> 将箭矢向下移动到 Dottima 的上面，然后测试。

在思考过后，我们决定让箭矢成为独立的对象，而不是 Dottima 的子对象。它们将有三种存在模式。它们可以待在关卡里，准备被 Dottima 拾取，也可以沿着直线飞行，直到击中目标，又或者当 Dottima 把它们收到一个看不见的箭筒里时，它们会从屏幕中消失。在造成伤害后，箭矢应该被销毁。

我们将在下一节中实现射击功能。

19.2　射箭

在本节中,继续研究箭矢,并添加射箭的代码。现在,我们假设 Dottima 有无限支箭矢。

你可能还记得,在上一个项目中,想要让场景中有一个对象的多个副本时,使用预制件是一个好主意。因为这样就可以通过编辑预制件来轻松地一次性修改所有副本了。

< 步骤 1>　在"项目"面板中,选择 Prefabs 文件夹。

我们在创建项目时就已经创建了这个文件夹。它目前仍然是空的,但很快就不是了。

< 步骤 2>　将 Arrow 对象拖到 Prefabs 文件夹中。

现在的"层级"面板应该与图 19.8 一致。

图 19.8　带有 Arrow 预制件的"层级"面板

Unity 允许我们直接编辑预制件资源。区分预制件本身和它的实例是很重要的。我们将依次尝试两种查看 Arrow 预制件的方法。

< 步骤 3>　单击"项目"面板中 Prefabs 文件夹中的 Arrow 预制件。

这将使检查器显示预制件,但对编辑的支持并不完整。为了获得完整的编辑支持,请按如下步骤操作。

< 步骤 4>　在检查器中单击"打开预制件"。

我们现在正在编辑预制件。"层级"面板不见了,取而代之的是 Arrow 预制件。现在我们可以对预制件进行修改了。

< 步骤 5>　将 Z 旋转从 90 改为 0。

将这个预制件的默认 Z 旋转设为 0 似乎更加合理,这就是我们为什么要更改它。

< 步骤 6>　单击"层级"面板中的 < 图标。它位于 Arrow 标题的左边。

这将使我们回到常规的"层级"面板,并使"场景"面板恢复原状。请注意,箭矢仍然指向上方。在 Arrow 的实例中，Z 轴旋转仍然是 90。现在，检查器中的位置和旋转的条目是以粗体显示的。这表明它们的值可能与预制件的默认值不一样。

< 步骤 7> 单击"层级"面板中的 Arrow 右侧的 > 图标。

这将再次把我们带到 Arrow 实例的父预制件的编辑视图中。

< 步骤 8> 像步骤 6 那样回到"层级"面板中。

这些对预制件进行的操作没有对游戏造成任何形式的影响，也不应该有。为了确定这一点，请按以下步骤操作。

< 步骤 9> 测试游戏。

在作者的系统中，游戏似乎有些卡顿。不过在你的系统上可能没什么问题。我们已经有一段时间没有构建过游戏了，所以现在是时候这么做了。

< 步骤 10> 文件 – 构建并运行。

当作为一个独立应用程序而不是在 Unity 编辑器内运行时，游戏运行得更顺畅。随着游戏变得越来越复杂，我们经常会看到这种动画平滑度上的差异。

这是 Unity 的一个非常有价值的功能，它让我们能够便捷地测试新功能，而不必在每次想测试时都要先等待构建完成。在早些年进行游戏开发的时候，经常需要等待五分钟或更长时间才能构建完毕，这使得当时的迭代开发更加困难且更加耗时。

< 步骤 11> 保存。

游戏现在看上去不错，我们还测试了一个构建，所以这是一个保存的好时机。既然我们已经为 Arrow 创建了预制件，不妨也为其他敌人创建预制件。Dottima 不需要成为预制件，因为游戏里永远只有一个 Dottima。是的，在遥远的未来，你可能会支持多人游戏，但现在考虑实在太早了。

< 步骤 12> 为 DotRobot、Spiker、Blockade 和 QuestionMark 制作预制件。

现在的预制件文件夹应该看起来与图 19.9 一致。

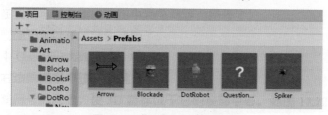

图 19.9　DotGame 的预制件

现在，让 Dottima 能够射箭其实非常简单。

<步骤 13> 在 DottimaController.cs 中，在 FixedUpdate 函数之后添加以下函数：

```
private void Update()
{
    if (Input.GetKeyDown("space"))
    {
        Instantiate(shot, new Vector3(transform.position.x,
            transform.position.y, 1.0f), Quaternion.Euler(0, 0, 90.0f));
    }
}
```

<步骤 14> 在上面的 Animator 声明后添加以下声明：

```
public GameObject shot;
```

<步骤 15> 选中"层级"面板中的 DottimaFace，在检查器中，在 Dottima Controller（脚本）部分找到 Shot 一栏。单击右边的小圆圈，并选择 Arrow 预制件。

　　或者，也可以将预制件从 Prefabs 文件夹中拖到 Shot 一栏中。现在的 Dottima Controller（脚本）部分应该与图 19.10 保持一致。

图 19.10　设置 Dottima　Controller

<步骤 16> 测试。

　　只需按下空格键，看看箭矢是否从 Dottima 所处的位置开始被垂直射出。来回顾一下这段更新后的代码吧。首先，我们使用的是 Update，而不是 FixedUpdate，因为检查输入时需要 Update 函数。GetKeyDown 函数只有在空格键被按下时才为 True。Quaternion.Euler 函数的调用设置了箭矢的初始旋转。

　　现在有相当多的问题要解决。首先，我们要取消箭矢之间的碰撞。

<步骤 17> 如下修改 Arrow.cs 的 OnCollisionEnter2D 中的 if 语句：

```
if (collision.gameObject.tag == "Player" || collision.gameObject.tag == "Arrow")
    {
        Physics2D.IgnoreCollision(collision.collider,
            gameObject.GetComponent<Collider2D>());
        return;
```

```
}
```

两条竖线是"或"逻辑符号。这个语句的含义如下：如果标签是"Player"
或"Arrow"，则忽略产生的碰撞。

当然，我们也需要给 Arrow 预制件添加一个标签，才能让这段代码起效。
没有内置的标签名称"Arrow"，所以我们需要自己创建它。

< 步骤 18> 编辑 Arrow 预制件。

< 步骤 19> 在顶部的标签部分，通过单击朝下的三角图标来展开菜单。

< 步骤 20> 单击"添加标签 ..."。

我们现在看到的是"Tags&Layers"（标签和图层）部分。

< 步骤 21> 单击标签部分的加号图标，将新标签命名为"Arrow"。

< 步骤 22> 单击"层级"面板中靠下的 Arrow 对象。

< 步骤 23> 在检查器中，把标签从"Untagged"更改为新建的"Arrow"。

步骤可真多。这是一个 Unity 游戏开发的弊端，但总的来说，考虑到所有那
些优点，这些小麻烦就不算什么了。

< 步骤 24> 测试游戏。

现在我们可以射出许多箭，让它们堆成一堆，如图 19.11 所示。

图 19.11　一堆箭矢

接下来，我们要让箭矢沿着 Dotima 的运动方向前进。这说起来容易，做起
来难。我们必须在 Arrow 脚本中把 dircction 变量变成公共变量。然后在实例化箭
矢时，我们将设置适当的方向。编辑 Arrow 脚本。

< 步骤 25> 如下修改 Arrow 脚本：

```
using System.Collections;
using System.Collections.Generic;
using UnityEngine;

public class Arrow : MonoBehaviour
{
    public float speed;
    private Rigidbody2D rb;
    public Animator animator;
    public int direction;// four directions 0,1,2,3
                         // down, left, up, right

    void Start()
    {
        rb = GetComponent<Rigidbody2D>();

    }
    private Vector2 dirVector;
    private void FixedUpdate()
    {
        if (direction == 0) dirVector = new Vector2(0.0f, -1.0f);
        if (direction == 1) dirVector = new Vector2(-1.0f, 0.0f);
        if (direction == 2) dirVector = new Vector2(0.0f, 1.0f);
        if (direction == 3) dirVector = new Vector2(1.0f, 0.0f);

        rb.velocity = dirVector.normalized * speed;
        //animator.SetFloat("Speed", rb.velocity.magnitude);
    }

    private void OnCollisionEnter2D(Collision2D collision)
    {
        if (collision.gameObject.tag == "Player" || collision.gameObject.tag == "Arrow")
        {
            Physics2D.IgnoreCollision(collision.collider,
                gameObject.GetComponent<Collider2D>());
            return;
        }
        Vector2 newPosition = new Vector2(
```

```
                transform.position.x - dirVector.x * 0.1f,
                transform.position.y - dirVector.y * 0.1f);

        rb.MovePosition(newPosition);
        speed = 0f;
    }
}
```

这里所做的改动并不多，但这是个确保自己的代码与本书所提供的官方
代码相匹配的好机会。我们要利用这个机会来阅读这段代码，并尝试理解它。
direction 变量现在是公共的，这意味着其他类可以看到并改变箭矢的运动方向。
Start 函数检索了 2D 刚体组件并将其存储在 rb 变量中，使得之后的编码更加简单
了。dirVector 是一个局部变量，用于计算箭矢的速度矢量。碰撞代码关闭了箭矢
与玩家和其他箭矢之间碰撞，如果碰撞到其他对象，则会使箭矢朝它来的方向回
弹 0.1f 单位。碰撞代码还在碰撞发生后通过将速度设置为 0 来停止箭矢的运动。

因为 direction 现在是公共变凉了，我们需要在 Arrow 预制件中初始化它。

<步骤 26> 在 Arrow 预制件中把方向初始化为 0。

现在，我们要向前飞跃一大步……

<步骤 27> 用以下代码替换 DottimaController 中的代码：

```
using System.Collections;
using System.Collections.Generic;
using UnityEngine;


public class DottimaController : MonoBehaviour
{
    public float speed;
    private Rigidbody2D rb;
    public Animator animator;
    public GameObject shot;
    private int direction;
    private float zrot;
    private Arrow arrow;

    void Start()
    {
```

```
        direction = 0;
        rb = GetComponent<Rigidbody2D>();
}

private void FixedUpdate()
{
    Vector2 moveInput = new Vector2(
    Input.GetAxisRaw("Horizontal"), Input.GetAxisRaw("Vertical"));
    rb.velocity = moveInput.normalized * speed;
    animator.SetFloat("Speed", rb.velocity.magnitude);
}
private void Update()
{
    float x,y;
    x = rb.velocity.x;
    y = rb.velocity.y;
    if (x != 0 || y != 0)
    {
        if (y < x) if (y < -x) direction = 0;
        if (y > x) if (y < -x) direction = 1;
        if (y > x) if (y > -x) direction = 2;
        if (y < x) if (y > -x) direction = 3;
    }

    if (Input.GetKeyDown("space"))
    {
        if (direction == 0) zrot = -90f;
        if (direction == 1) zrot = 180f;
        if (direction == 2) zrot = 90f;
        if (direction == 3) zrot = 0f;
        GameObject ar = Instantiate(
            shot,
            new Vector3(
            transform.position.x,
            transform.position.y, 1.0f),
            Quaternion.Euler(0, 0, zrot)
            );

        ar.GetComponent<Arrow>().direction = direction;
        if (x != 0 || y != 0) ar.GetComponent<Arrow>().speed += speed;
```

```
                }
            }
        }
```

　　其中有相当多的较为粗糙的新代码，但在仔细对照着输入后，它应该可以工作。在测试它之前，我们先要回顾一下。在 Update 函数的开头处，我们查看了速度矢量，并计算了四个方向中的哪一个是最接近的。想象一下，用 y=x 和 y=-x 这两条线将 x-y 平面切成四个象限。代码确定速度矢量位于哪个象限，并设置为相应的方向。这是本书中为数不多的需要有解析几何知识才能理解代码的地方之一。如果还是不明白的话，请不要在意，小心地输入代码，然后继续下一步。

　　这段代码的难点在于这样的一个条件：在计算一个新方向时，x 和 y 不能都为 0。换句话说，如果 Dottima 是静止的，那么就会朝着最近一次计算出的方向射箭。

　　箭矢的实例化部分也需要一些说明。首先，我们根据方向来决定箭矢的旋转。在实例化箭矢之后，通过复制 Dottima 的当前方向来设置箭矢的方向。最后，当 Dottima 不处于静止状态时，我们把 Dottima 的默认速度加到箭矢的发射速度上，使得箭矢在 Dottima 移动时会飞得更快。

　　在测试前一次性地输入这么多代码已经是极限了。这段代码最初是如何开发出来的丑陋现实就略过不表了。有时候，最好直接复制别人的代码，尝试去理解它，并祈祷它能工作。

< 步骤 28> 测试游戏。

　　如果没有任何错别字或其他问题的话，现在应该可以向 Dottima 的运动方向射箭了。当她处于静止状态时，她最近一次的运动方向决定了箭的方向。

　　这里有一个非常讨厌的 bug。在射箭时，Dottima 会向旁边弹跳一下。尽管箭矢不应该与 Dottima 发生碰撞，但在实例化的瞬间，无论如何都会发生一次碰撞。这与 Unity 处理碰撞的方式有关，而且这个问题并不容易解决。不过，可以用一个非常巧妙的方法来避免这种情况的发生。

< 步骤 29> 编辑 Arrow 预制件的盒状碰撞器，让它只覆盖箭矢的尖端。

　　请确保编辑的是预制件，而不是"层级"面板中的 Arrow 对象。既然现在可以射箭了，就已经不再需要 Arrow 游戏对象了。

< 步骤 30> 删除"层级"面板中的 Arrow 游戏对象。

< 步骤 31> 保存并退出。

　　我们还需要对箭矢做更多处理，但现在不妨歇一歇，做些别的。

19.3 炸弹

在视频游戏中，炸弹这种抛射物通常会被抛出或推出固定的距离，然后在一段时间后爆炸，造成巨大的伤害，同时显示爆炸效果。在本节中，我们将在 Blender 中为炸弹建模，然后将其导入 Unity 中进行观察。我们将在下一节中处理投掷炸弹和随之而来的爆炸和伤害的问题。

在 Blender 中为炸弹建模非常简单。首先，我们要在网上找一张参考图片。使用参考图片是开始制作新的 3D 模型时常用的技术。通常情况下，我们的目标是精确复制参考图片中的几何图形。但这次，一个差不多一样的模型就足够了。

< 步骤 1>　访问 Pixabay，搜索"Cartoon bomb"（卡通炸弹）。

　　　　　当然，也可以直接用谷歌搜索。无需过于担心参考图片的版权和许可问题，因为我们不会直接使用参考图片，只是用它们来寻找灵感而已，并可能会在 Blender 中把几何图形改成和它们差不多的样子。考虑到合法性，我们将使用下面这张来自 Pixabay 的免费图片作为参考。

< 步骤 2>　选择如图 19.12 所示的图片。

　　　　　我们甚至不需要下载这张图片，不过为了方便将来参考，这么做也是可以的。虽然可以在游戏中直接使用这张图像，但我们决定不这样做。我们想通过制作一个 Blender 模型来更好地控制这个图形元素。另外，我们也不

图 19.12　pixabay.com 上找到的免费卡通炸弹图片

希望导火线上有爆炸图形。恕我直言，制作爆炸前燃烧导火线的动画是过犹不及的。取而代之的做法是，我们将添加粒子系统，制作一些火花的动画。我们还将为炸弹的爆炸添加一个粒子系统。

< 步骤 3>　打开 Blender，删除默认的立方体。

< 步骤 4>　<Shift> A – 网格 – 经纬球。

　　　　　这是制作炸弹的一个不错的原型。在继续之前，别忘了保存文件！

< 步骤 5> 文件 – 另存为 ...bomb.blend，保存路径一如既往地选择 assets/models 文件夹。

< 步骤 6> 使用 Modeling 工作区。

< 步骤 7> < 小键盘 > 1 5。

< 步骤 8> 边选择模式，< 小键盘 > 句号。

提醒一下，小键盘上的句号位于底部的 0 旁边。

这将聚焦于当前选中的物体。

< 步骤 9> 使用实体视图着色方式，启用透视模式。

< 步骤 10> <Alt A> 全部取消选中。

< 步骤 11> 键入 b，框选球体的顶部两行，如图 19.13 所示。

图 19.13　选择球体的顶部两行

< 步骤 12> 键入 x 并选择面。

我们削平了球体的顶部。

< 步骤 13> 框选顶部的边，输入 e z，将鼠标向上移动约 0.3 个单位，然后，鼠标单击以停止溢出。

像往常一样，我们可以在 3D 视图顶部看到移动了多少个单位。

< 步骤 14> < 小键盘 >7，句号，用鼠标滚轮将视图拉远。与图 19.14 进行对照。

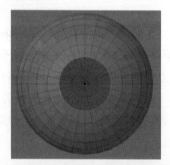

图 19.14　炸弹模型制作过程中的俯视图

< 步骤 15> 键入 e s，缩小约 0.5 个单位。

< 步骤 16> < 小键盘 >1，< 小键盘 > 句号。将视图拉远。

< 步骤 17> 键入 e z，将鼠标向下移动约 1 个单位。

< 步骤 18> 键入 f，用一个面为向下的圆柱体做底。

< 步骤 19> 转到 Layout 工作区，< 小键盘 > 句号。与图 19.15 进行对照。

图 19.15　炸弹外壳完成

这与参考图片并不完全吻合，但已经非常接近了。我们最终得到了一个很大的引信圆柱体，这正是我们想要的，目的是更清楚地看到它。

接下来，我们将制作导火线。

< 步骤 20> <Shift> A – **网格** – **柱体**。展开左下角的"添加柱体"。

< 步骤 21> 将深度设 3 米，调整半径，使其紧贴炸弹的顶部开口，大约为 0.18 米。与图 19.16 进行对照。

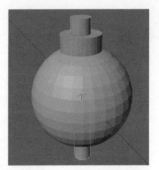

图 19.16　**为炸弹添加引信**

< 步骤 22> Modeling 工作区。

< 步骤 23> 在大纲视图中，将柱体的重命名为"Fuse"，球体重命名为"BombBody"。在接下来的几个步骤中，我们将调整引信的位置，缩短它，并使它弯曲。

< 步骤 24> < 小键盘 >1，< 小键盘 > 句号，将视图拉远。

< 步骤 25> 键入 g z，将引信向上移动，使其与炸弹主体的顶部对齐。

与图 19.17 进行对照。

< 步骤 26> <Ctrl>R，滚动鼠标滚轮以将切割次数设为 20，然后单击两次以停止环切。

这个环切是为了之后使引信弯曲而准备的。引信现在太长了，所以我们要把它缩小。

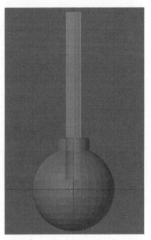

图 19.17　**向上移动引线**

< 步骤 27> 键入 a 以选择全部，s z 并移动鼠标，以 0.5 左右的系数缩放它。

引信现在漂浮在炸弹上方。别担心。接下来，我们要使它弯曲。

这可以在 Layout 工作区中实现。

< 步骤 28> 转到 Layout 工作区。键入 < 小键盘 >5 1。

< 步骤 29a> 选择左边的"游标"图标，或单击空格键。

< 步骤 29b> 单击引信底部往上约 20% 的位置。

3D 游标现在位于导火线上，正是我们想要的位置。

< 步骤 30> **物体** – **设置原点** – **原点为 3D 游标**。

<步骤 31> 在属性编辑器中，选择修改器属性，然后单击添加修改器。

<步骤 32> 选择"简易形变"，单击"弯曲"，将角度设为"90"，限制为"0.20"和"1.00"。轴向为 Y。将屏幕与图 19.18 进行对照。

<步骤 33> 返回到 Modeling 工作区。

我们看到了修改器的效果，但引信的网格仍然和修改前一样。在还没有应用修改器的时候，Blender 会保留之前的网格。应用修改器会使修改永久化。如果在编辑模式下单击应用，Blender 显示错误信息。

图 19.18　使引信弯曲

<步骤 34> 回到 Layout 工作区，应用修改器，然后再回到 Modeling 工作区。

<步骤 35> 将引信复位。可能需要稍微旋转一下它。请参照图 19.19。

我们刚刚完成了炸弹的建模工作。接下来，我们将添加材质和灯光，让它更加美观。

图 19.19　弯曲的引信已就位

<步骤 36> 回到 Layout 工作区。选中 Camera。键入 < 小键盘 >0，g，然后把炸弹放在摄像机视图的中心。

<步骤 37> 快速测试一下渲染。

可以看到，照明不太好，炸弹的表面也不光滑。

<步骤 38> 保存并退出 Blender。

这是个暂停的好时机。休息一下吧！在开发游戏的时候，很容易一发不可收拾，忘记要时不时地休息一下。结果回过神来的时候，已经是凌晨 3 点，导致第二天什么也做不了。不要让这种事情发生！

<步骤 39> 将 bomb.blend 加载到 Blender 中。

<步骤 40> 如果没有选中左上角的框选图标的话，请选择。

<步骤 41a> 通过键入 < 小键盘 >5 并拖动鼠标中键回到用户视图。

<步骤 41b> 选中 BombBody 对象。

<步骤 42> **物体 – 平滑着色。**

<步骤 43> 在物体数据属性中，选择"法向"并勾选"自动光滑"。角度保持默认的
30 度就可以了。

<步骤 44> 选中 Fuse，重复上两个步骤。

<步骤 45> 切换到渲染视图着色方式，放大以查看炸弹。将屏幕与图 19.20 进行比较。

可以看到，启用了自动光滑功能的平滑着色对 3D 渲染物体的外观有显著改
善。这种显示 3D 物体的方式隐藏了法向之间的角度小于 30 度的面与面之间的棱。
如果仔细观察的话，虽然仍然可以看到炸弹轮廓上的棱角，但整体看起来几乎就
是完美的圆形。

现在是时候给炸弹添加材质了。只要选择几个不错的颜色就可以了。

<步骤 46> 转到 Shading 工作区。

<步骤 47> 选中 BombBody，为它添加一个材质，并将基础色改为黑紫色。糙度设为 0.3，
金属度设为 0.5。

这是个不错的开始。它开始真正地看起来像个炸弹了。

<步骤 48> 选中 Fuse，并使其变成红色。其余的使用默认设置即可。

<步骤 49> 渲染 – 渲染图像， 与图 19.21 进行对照。

图 19.20　**启用了自动光滑功能的平滑着色**

图 19.21　**炸弹的黑紫色和红色材质**

这次没有必要为炸弹添加花哨的纹理。如果觉得那么做能改善外观的话，可
以留到以后再做。

现在，灯光该怎样设置呢？和之前一样，从另一个 blend 文件中导入 Light
和 Camera。

<步骤 50> 删除现有的 Light 和 Camera。

<步骤 51> 追加 Spiker.blend 并选择 Object 文件夹，然后选择其中的 Camera 和 Light。

< 步骤 52> 在大纲视图中选择 Camera，然后键入 < 小键盘 >0。

< 步骤 53> 键入 g，用鼠标使炸弹居于摄像机视图中央。

这看起来很不错。引信是背光的，所以我们要对灯光进行快速调整。

< 步骤 54> < 小键盘 > 7。用鼠标滚轮将视图拉远。选中 Light，使它更靠近摄像机，如图 19.22 所示。

< 步骤 55> < 小键盘 > 0。

现在看起来好多了。我们已经做好了渲染的准备。我们决定暂时不给炸弹制作动画，而是只使用静止的图像。

< 步骤 56> 使用 Rendering 工作区。

< 步骤 57> 单击渲染属性中的"胶片"并勾选"透明"。

< 步骤 58> 在输出属性中，检查是否仍然使用的是 PNG 文件格式和 RGBA 颜色。

< 步骤 59> 渲染 – 渲染图像，与图 19.23 进行比较。

图 19.22　为炸弹渲染设置的灯光和摄像机

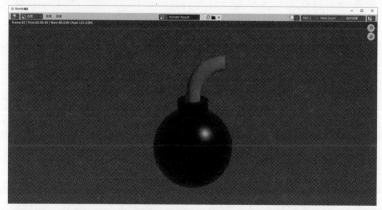

图 19.23　炸弹渲染完毕，准备在 Unity 中使用

< 步骤 60> 在渲染弹出窗口中，**图像 – 另存为 ...**，在 Assets/Art 中使用 bomb.png 这个名字进行保存。

< 步骤 61> 关闭渲染弹出窗口，保存并退出 Blender。

< 步骤 62> 将 DotGame 加载到 Unity，并查看 Assets 文件夹。

< 步骤 63> 在 Art 文件夹中选择"bomb"，像往常一样，将每单位像素数设置为 1024，然后应用。

< 步骤 64> 将炸弹拖到场景中，然后测试游戏。

炸弹看起来有点太小了，但我们将暂时让它保持原样。

< 步骤 65> 将炸弹制作成预制件，再次测试，保存并退出。

如果全面而认真地读到这里，最后这几个步骤你应该感到非常熟悉。通过勤奋的练习和大量的重复，游戏开发者的生产力很容易就能提高三倍、五倍、十倍，甚至更多。对于编程来说更是如此，生产效率因素可能会高得惊人。超级程序员写代码的速度比我们阅读和理解代码的速度还要快，很少会出现 bug，并且能写出的代码和 50 人的团队一样多，代码质量甚至还更高。对我们这些凡人而言，有一个鼓舞人心的事实：制做出伟大的游戏并不需要那么的天赋异禀。在游戏开发中，除了掌握编码和提升生产效率之外，还有很多事情。不过，使用自己所选择的工具集来提升自己的技能绝对是有帮助的。

19.4 投掷炸弹

我们首先要考虑如何与炸弹互动。炸弹会被放置在关卡中，当 Dottima 与它碰撞时，炸弹会显示在 Dottima 头顶，以表明 Dottima 当前持有它。然后，当 Dottima 按下空格键时，会有两种可能：当 Dottima 处于静止状态时，炸弹会被扔在原地，否则，它会向四个方向之一掷去。炸弹在投掷过程中会有动画，它会膨胀收缩，并最终落在关卡中的某处。如果炸弹落在一本书上，它将滑落到关卡地面上。随后，在固定时间的延迟后（可能是一到两秒），炸弹会爆炸，造成附近物体的损坏和物理反应。

哇，工作量看起来相当大。希望能顺利地完成。我们将从炸弹的碰撞器开始做起。

< 步骤 1> 在场景面板中，选中炸弹并将其移动到 Dottima 前方。

我们会经常测试它，所以要通过让炸弹靠近 Dottima 来节省时间。

< 步骤 2> 编辑炸弹的预制件，将 Z 位置改为 -3，然后回到"层级"面板中的实例，也将其改为 -3。

　　这样做是为了让炸弹显示在 Dottima 和屏幕上的所有其他东西的上方。我们必须同时更新预制件和实例，因为实例的变换位置和旋转不与预制件相关联。其根据是，检查器中的坐标是以粗体显示的。

< 步骤 3> 暂时移动炸弹，使其与 Dottima 重叠，并放
　　　　大显示它，如图 19.24 所示。

　　　　当 Dottima 带着炸弹在关卡中移动时，我们正是希望以这种方式显示炸弹。现在，请务必把炸弹向上移动回它原来的位置。这也测试了渲染优先级是否有效。Dottima 的 Z 值是 -2，炸弹则是 -3。

图 19.24　持有炸弹的 Dottima

< 步骤 4> 为 bomb 预制件添加一个 2D 圆形碰撞器，并编辑它以与炸弹主体相匹配。

　　　　回到场景视图时，可以看到一个绿色的圆圈环绕着炸弹主体。这就是 3D 圆形碰撞器。只有在检查器中展开了 2D 圆形碰撞器的情况下，这个绿色轮廓才会被显示出来。

< 步骤 5> 为 bomb 预制件添加一个 2D 刚体，并将重力大小设置为 0。

< 步骤 6> 为了有趣，可以玩玩游戏，尝试与炸弹相撞。然后在关卡中推动炸弹，再试试向炸弹射箭。

　　　　这并非游戏原定的玩法。尽管如此，在游戏尚不完整的时候玩一玩也是很有趣的。你永远不知道自己可能会发现什么。举例来说，你可能没有想过在向炸弹射箭时应该发生什么。你可以让炸弹在被射中后立即爆炸，也可以延迟爆炸，又或者没有任何效果。现在，我们将在心里默默记下这些发现，等游戏玩法被进一步完善之后再进行测试。

　　　　你还注意到，因为物理引擎处理了圆形碰撞器，所以炸弹已经在做翻滚动画了。所以，对于这个动画，我们唯一要做的就只剩下在投掷炸弹时就让它开始旋转了。

　　　　接下来，我们要为 Dottima 写一些代码，以处理炸弹的交互。

< 步骤 7> 在 DottimaController 类中添加以下代码：

```
private void OnCollisionEnter2D(Collision2D collision)
{
    if (collision.gameObject.tag == "Bomb")
    {
        collision.gameObject.transform.SetParent(gameObject.transform);
```

```
        collision.gameObject.transform.localPosition =
            new Vector3(0.0f, 1.0f, -1.0f);

        Physics2D.IgnoreCollision(collision.collider,
        gameObject.GetComponent<Collider2D>());
    }
}
```

这段代码只适用于与炸弹的碰撞。首先，它通过设置炸弹的父对象，使炸弹成为 Dottima 的子对象。然后调整本地位置，使炸弹在 Dottima 移动时一直悬浮在她上方。偏移量的数字是在有根据的情况下做出的猜测。我们打算在测试中调整它们。为了使这段代码发挥作用，我们需要另外编辑一下 bomb 预制件。

< 步骤 8> 为 bomb 预制件创建并添加一个"Bomb"标签。

< 步骤 9> 将 2D 刚体的身体类型设置为"Kinematic"。

这将关闭炸弹的物理计算，因为它现在已经与 Dottima 关联了。

< 步骤 10> 测试游戏。

代码生效了，只不过炸弹显示得距离 Dottima 有点远。

< 步骤 11> 把偏移量改为"（0.0f, 0.6f, -1.0f）"并再次测试。

这样好多了。

< 步骤 12> 继续调整水平和垂直偏移量并进行测试，直到炸弹在水平方向上居中，并且一半的炸弹主体与 Dottima 重叠。启用"播放时最大化"，以更仔细地观察。

可以尝试使用游戏面板中的缩放滑块来进一步地放大画面。

最终的偏移量大约是"（0.025f, 0.55f, -1.0f）"。

< 步骤 13> 再次测试，尝试在携带炸弹时射箭。

你以前可能没有想到过这种情况。Dottima 在携带炸弹的时候能不能射箭？尽管这是可以实现的，但为了让事情简单化，我们不会允许 Dottima 同时射出两种抛射物。

我们将需要在 DottimaController 脚本中引入一个状态变量。

< 步骤 14> 在 DottimaController.cs 中如下进行编辑。在声明部分添加这一行代码：

```
public int dottimaState=0;// 0 no bomb, 1 with bomb
```

在 GetKeyDown 代码行之前添加以下代码：

```
if(dottimaState==0)
```

在碰撞方法的 IgnoreCollision 语句后添加以下代码：

```
dottimaState = 1;
```

< 步骤 15 > 测试对代码的改动。

现在应该能在拿起炸弹之前射箭，但拿起炸弹之后就不行了。

接下来，我们将不再投掷炸弹，而是在按下空格键时直接放下炸弹。在那之后，应该可以再次射箭了。

< 步骤 16 > 在 DottimaController 的声明部分添加以下代码：

```
private GameObject bomb;
```

< 步骤 17 > 在 GetKeyDown 部分之后插入以下代码：

```
if (dottimaState == 1)
{
    if (Input.GetKeyDown("space"))
    {
        bomb.transform.SetParent(null);
        dottimaState = 0;
    }
}
```

< 步骤 18 > 在碰撞代码中添加以下代码：

```
bomb = collision.gameObject;
```

这段代码检查 Dottima 是否持有炸弹，如果有并且按了空格键，那么炸弹的父对象就会被设置为 null，使炸弹只是停在原地。我们还添加了一行将 dottimaState 改回 0 的代码，从而允许 Dottima 再次射箭。

< 步骤 19 > 测试一下。

这很有效，只不过我们不能再次拾取炸弹了。这没有关系，反正炸弹是要爆炸的。

在查看碰撞代码时，我们意识到可以通过使用 bomb 变量来提高代码的可读性。

< 步骤 20 > 在 OnCollisionEnter2D 中对 bomb 的初始赋值之后，将 "collision.gameObject" 替换为 "bomb"。更改完毕后的代码应该是这样的：

```
if (bomb.tag == "Bomb")
{
    bomb.transform.SetParent(gameObject.transform);
```

```
bomb.transform.localPosition = new Vector3(0.025f, 0.55f, -1.0f);

Physics2D.IgnoreCollision(collision.collider,
    gameObject.GetComponent<Collider2D>()
    );
dottimaState = 1;
}
```

除了提升代码的可读性之外，这个更改对游戏没有任何影响。提升代码可读性是个好习惯，如此一来，在几周甚至几年后，你或未来的其他程序员仍然可以维护这些代码。

终于到了为炸弹编写脚本的时候了，炸弹的脚本将会处理炸弹被扔出去时的路径，当然还有炸弹的爆炸。

< 步骤 21> 在 Scripts 文件夹中为 bomb 预制件创建一个名为 Bomb.cs 的脚本。

< 步骤 22> 在 Bomb.cs 中键入以下代码：

```
using System.Collections;
using System.Collections.Generic;
using UnityEngine;
public class Bomb: MonoBehaviour
{
    public int bombState = 0;// 0=idle, 1=fuse
    private float fuseTimer;
    public float fuseLength = 2.0f;
    // Start is called before the first frame update
    void Start()
    {
        bombState = 0;
        fuseTimer = fuseLength;
    }
    // Update is called once per frame
    void Update()
    {
        if (bombState == 1)
        {
            fuseTimer -= Time.deltaTime;
            if (fuseTimer <= 0.0f)
                Destroy(gameObject);
        }
```

```
        }
    }
```

这段代码对你来说应该已经是驾轻就熟的了。这里有一个名为 fuseTimer 的倒计时器，它从 2 秒开始倒数，当数到零或以下时，炸弹就会自毁。Bombstate 变量最初被设置为 0，所以如果现在测试这段代码，游戏行为不会有任何可测试的变化。

<步骤 23> 在 DottimaController.cs 中的 GetKeyDown 部分的开头插入以下代码：

```
bomb.GetComponent<Bomb>().bombState = 1;
```

这行代码将炸弹的状态改成了爆炸倒计时。我们还没有做好爆炸的过程。

<步骤 24> 测试。

拿起炸弹，再放下它，等待两秒钟，炸弹就消失了。

完美！

我们相当喜欢这个交互，所以干脆不投掷炸弹或许会更好。也许把炸弹放在一个位置然后跑开，就已经是 Dottima 的实用武器了。我们决定接下来对爆炸进行编码，做做试验。

所有这些代码都将被添加到 Bomb.cs 之中。我们将找到附近的所有对象并在倒计时为 0 时以某种方式破坏它们，而不只是销毁炸弹。代码将检查附近的对象是否为机器人或尖刺球，如果是，则将直接摧毁该对象。真正的伤害系统将留到以后添加。

<步骤 25> 在 Bomb 脚本中，用以下代码替换 Update 函数：

```
void Update()
{
    if (bombState == 1)
    {
        fuseTimer -= Time.deltaTime;
        if (fuseTimer <= 0.0f)
        {
            DamageNearbyObjects(gameObject.transform);
            Destroy(gameObject);
        }
    }
}
void DamageNearbyObjects(Transform tr)
{
```

```
Collider2D[] colliders = Physics2D.OverlapCircleAll(tr.position, 3.0f);
for (int i = 0; i < colliders.Length; i++)
{
    if (colliders[i].gameObject.tag == "Spiker")
    {
        Destroy(colliders[i].gameObject);
    }
    if (colliders[i].gameObject.tag == "Robot")
    {
        Destroy(colliders[i].gameObject);
    }
}
}
```

哇，这看起来比实际情况更糟糕。Update 函数中只有一行代码调用了新函数 DamageNearbyObjects。我们必须告诉该函数圆心的位置，在这个圆内的所有机器人或尖刺球对象都会被摧毁。当然，我们还需要完成以下步骤。

< 步骤 26> 为 Spiker 预制件添加"Spiker"标签，为 Robot 预制件添加"Robot"标签。

< 步骤 27> 在关卡中的某处放置第二个炸弹。

< 步骤 28> 测试一下，把两个炸弹分别放在不同的敌人旁边，尝试破坏它们。

看到了这段代码是如何工作的之后，我们将稍作回顾。Unity 内置函数 Physics2D.OverlapCircleAll 返回一个与指定圆相交的碰撞器数组。接着，代码循环浏览这个数组，挑选想要的对象，并破坏它们。

游戏现在实际上是可玩的。我们已经决定就此打住，放弃投掷炸弹的计划。单纯地放置炸弹已经很有趣了。如果时间允许，我们可以以后再添加投掷机制。

箭矢仍然不可用，我们将在下一节中解决这个问题。

19.5　重新审视箭矢

有了可以使用的炸弹后，是时候重新审视一下箭矢了。就像炸弹一样，我们想知道是否能使事情简单化，保持目前的箭矢机制大体不变。我们决定给 Dottima 无限支箭矢，让箭矢在发生碰撞后消失。我们会使箭矢能够改变机器人的方向，并摧毁尖刺球。这已经是在保留可玩性的情况下，我们所能做的最简单的处理了。

< 步骤 1> 用以下代码替换 Arrow.cs 中的碰撞方法：

```
private void OnCollisionEnter2D(Collision2D collision)
{
    if (collision.gameObject.tag == "Player"
    || collision.gameObject.tag == "Arrow")
    {
        Physics2D.IgnoreCollision(
        collision.collider,
        gameObject.GetComponent<Collider2D>()
        );
        return;
    }
    if (collision.gameObject.tag == "Spiker")
    {
        Destroy(collision.gameObject);
    }
    Destroy(gameObject);
    /*
    Vector2 newPosition=new Vector2(
    transform.position.x - dirVector.x * 0.1f,
    transform.position.y - dirVector.y * 0.1f);
    rb.MovePosition(newPosition);
    speed=0f;
    */

}
```

我们简单地添加了一些摧毁任何与箭矢碰撞的尖刺球的代码。我们还添加了
一行代码，它的作用是在箭矢发生任意碰撞后销毁箭矢。最后一段代码的作用是
反弹 0.1 个单位，但因为箭矢会被销毁，所以我们不再需要这段代码了。不过，
我们仍然想要保留这段代码，以防将来想要以其他方式处理发生碰撞之后的箭矢，
所以这里只是把它们注释掉了。

< 步骤 2> 通过向尖刺球射箭和在机器人旁边放置炸弹来测试游戏。

现在，玩家只需要一个按钮来使用两种武器，并且可以消灭关卡中的所有敌
人。我们正在迅速地将所有这些劳动成果变成一个有趣的游戏。不过，要做的事
情还有很多。接下来，我们将添加粒子系统，使游戏更加美观。

< 步骤 3> 保存。

19.6　Unity 中的粒子系统

我们在 DotGame 中的下一个任务是为炸弹添加粒子系统。一个系统模拟引信的火花，另一系统则模拟炸弹摧毁附近物体时产生的爆炸效果。这些视觉效果纯粹是装饰性的，它们会使游戏更加生动。

本节中，我们将探索 Unity 中的粒子系统，并在下一节将它们添加到炸弹中之前对它们进行一些实验。Unity 中的粒子系统通过模拟并渲染许多小图像来生成视觉效果。

< 步骤 1>　阅读《Unity 手册》中的"粒子系统"部分。

可以直接在网上搜索"Unity Particle Systems"（Unity 粒子系统），快速了解一下。也可以随意地浏览几个视频。没有什么能比亲眼看到粒子系统的运行更快地掌握这个概念。

< 步骤 2>　在 Unity 中打开 DotGame 项目。

< 步骤 3>　**游戏对象 – 效果 – 粒子系统。**

现在，默认的粒子系统正在场景中央运行着。如你所见，检查器中有许多设置，场景视图中还有一个粒子效果面板，如图 19.25 所示。

< 步骤 4>　为了理解 Unity 在这里做了些什么，我们先勾选"显示边界"复选框，然后拉远视图，如图 19.26 所示。

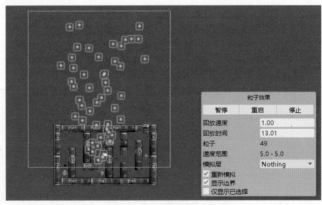

图 19.25　**粒子效果面板**　　　　　图 19.26　**默认的粒子系统**

可以看到黄色的大方框，它囊括了粒子系统中所有的粒子。

< 步骤 5>　尝试单击粒子效果面板上的暂停、重启和停止按钮。

< 步骤 6>　使用鼠标滚轮将关卡放大并居中。

<步骤7> 取消勾选"循环播放",然后单击"重启"。

　　　　　粒子系统将在5秒后停止。"5"是检查器中的"持续时间"一栏中设置的。

　　　　当"循环播放"被勾选时,将无视持续时间。

<步骤8> 勾选"循环播放"并单击"重启"。

<步骤9> 将鼠标悬停在"起始生命周期"上,将数值拖动到1左右。

<步骤10> 将鼠标悬停在"起始速度"上,将数值拖动到2左右。

　　　　　将粒子系统与图19.27进行对照。

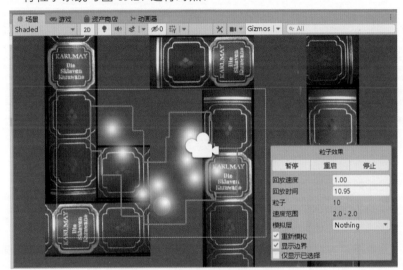

图 19.27　缩小粒子系统的大小

<步骤11> 在检查器中试验粒子系统的其他设置。

　　　　　虽然不需要理解所有这些设置的作用,但最好了解一下具体都有哪些设置。

<步骤12> 删除"层级"面板中的"Particle System"。

　　　　　我们不打算保留这个粒子系统,因为这只是一次尝试。接下来,我们将要建立火花和爆炸效果的粒子系统。

19.7　爆炸和引信的火花效果

　　我们要建立的第一个粒子系统将会放在 bomb 预制件的引信末端。在放置炸弹后,bomb 脚本将打开该粒子系统,并启动倒计时器。我们想要的是以球形轨迹迸发的明亮的小型火花。

< 步骤 1> 游戏对象 – 效果 – 粒子系统。

我们立即可以在屏幕某处看到默认的粒子系统。

< 步骤 2> 在检查器中将变换位置改为（0，0，–3）。

粒子周围有橙色的方框。不显示它们会更好，所以请按以下步骤操作。

< 步骤 3> 展开 Gizmos（小工具）菜单，取消勾选"选择轮廓"。

Gizmos 菜单在场景面板顶部靠近中间的位置。如果愿意的话，也可以通过单击 Gizmos 按钮来关闭其中的所有小工具。场景中目前有两个小工具，一个相机图标和一个表示相机视图的细的方框。你可能想要通过将 3D 图标滑块向左滑动一点来缩小相机小工具。

< 步骤 4> 播放游戏，看看粒子效果在游戏中是什么样的。

和场景视图中基本上是一样的，只不过背景换成了黄色。

< 步骤 5> 将粒子系统重命名为"Sparks"。

< 步骤 6> 将起始生命周期改为 0.07。

这使火花的范围变小了许多，因为粒子只存续了 0.07 秒。

< 步骤 7> 将起始大小改为"0.25"。

现在的粒子变小了许多。

< 步骤 8> 在"发射"部分中，将"随单位时间产生的粒子数"改为 200。

现在有了一个水平的粒子带。我们想让这些粒子从同一个点发射出来。

< 步骤 9> 在"形状"部分中，将形状改为"球体"，半径为 0。

真不错。它开始看起来像引线上的火花了。

< 步骤 10> 在"层级"面板中选中"Sparks"，并键入 f 以聚焦于火花。

< 步骤 11> 将初始颜色改为图 19.28 中的带渐变的随机颜色。首先，展开"起始颜色"对话框最右边的下拉菜单。选择"随机颜色"。然后单击颜色栏，打开 Gradient Editor（渐变编辑器）。在编辑器中输入 0%、50% 和 100% 位置，分别使用红色、黄色和橙色这三种颜色。做起来总是比说起来容易！

< 步骤 12> 将火花移到其中一个炸弹的引信末端。放大视图以精确地放置它。

< 步骤 13> 测试游戏。

带有火花的炸弹应该与图 19.29 一致。

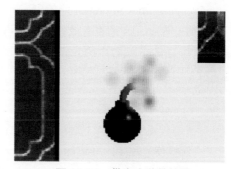

图 19.28　显示着三种颜色渐变的渐变编辑器　　图 19.29　带有火花的炸弹

　　　　再做一些调整可能会使它更加美观，但对于一个非常简单的粒子系统而言，现在这样已经很好了。玩家显然能看出这个炸弹就要爆炸了

　　　　接下来，我们将使这个粒子效果成为炸弹预制件的一个子元素，如此一来，当 Dottima 拾取炸弹后，火花就不会被留在原地了。

＜步骤 14＞ 删除另一个没有火花的炸弹。

＜步骤 15＞ 在"层级"面板中把 Sparks 拖到 bomb 预制件上。

　　　　看一下 Sparks 的 X 和 Y 位置是否接近于 0，Z 应该恰好为 0。

＜步骤 16＞ 删除 bomb 预制件。然后通过把"层级"面板中的 bomb 拖到 Prefabs 文件夹中来重新创建它。

＜步骤 17＞ 将新创建的 bomb 预制件拖回机器人附近的场景中，这样场景中就再次有两个炸弹了。

＜步骤 18＞ 测试游戏。

　　　　游戏的运行方式基本相同，只不过现在两颗炸弹都带有火花。我们还有一件事情要做：仅在炸弹的爆炸倒计时启动的情况下激活火花。

＜步骤 19＞ 在 Bomb.cs 中，在声明部分插入以下代码：

```
private ParticleSystem sparks;
```

<步骤 20> 在 Start 函数中插入以下几行代码:

```
sparks = GetComponentInChildren<ParticleSystem>();
sparks.Stop();
```

这段代码假设炸弹的某个子对象中存在一个粒子系统。只有这样, GetComponentIn Children 才能找到它。我们在这里冒了很大的风险。最好的做法是, 先添加检查 sparks 是否有效的代码, 再在代码中使用 spark。

<步骤 21> 在 Update 函数中的 bombState == 1 部分, 插入以下代码:

```
if (sparks.isStopped)
{
    sparks.Play();
}
```

这样便搞定了。在进行下一步之前, 试着理解这段新的代码。

<步骤 22> 测试它。

你可能想知道为什么在调用 sparks.Play() 时要测试火花是否处于未激活状态。原因是, 每次调用 Play() 函数时, 粒子系统都会被重置。在 Update 函数中重置粒子系统将逐一重置每一帧, 这将过程中将不会显示任何粒子特效, 非常无聊。如果感到好奇的话, 可以通过注释掉 if 语句试试看。

<步骤 23> 保存。

本节中唯一剩下的就是加入炸弹爆炸效果了。我们将通过获取一些火焰图像来开始。

<步骤 24> 登录 pixabay 账户, 搜索 "fire flame"。

<步骤 25> 选择如图 19.30 所示的图片, 然后下载 1280 × 852 版本。

图 19.30 Pixabay 中 Rudy 和 Peter Skitterians 创作的火焰图像

< 步骤 26> 创建 Assets/Art/Explosion 文件夹，并将 jpg 文件存放于此。

< 步骤 27> 在 GIMP 中，创建新的 1280×852 的图像，用透明填充背景。

< 步骤 28> 将新的 jpg 图像拖入 GIMP。

< 步骤 29a> **图层 – 透明 – 添加透明通道。**

< 步骤 29b> **颜色 – 颜色到透明**，选择黑色作为颜色。确保是纯黑色。

< 步骤 30> 与图 19.31 进行对照。

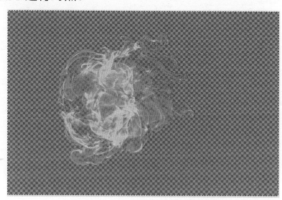

图 19.31 为火焰添加透明度

< 步骤 31> 在 Explosion 文件夹中将此图片保存为 explosion.png。

< 步骤 32> 回到 Unity 中，在 Assets 中找到 explosion.png 文件，把它拖到"层级"面板
中看一下，然后在"层级"面板中删除它。

我们已经准备好创建爆炸效果了。

< 步骤 33> 在项目面板中，选择 Art/Explosion 文件夹，单击 + 图标。

< 步骤 34> 从弹出的上下文菜单中选择材质。

< 步骤 35> 输入"ExplosionMat"作为新材质的名称。

< 步骤 36> 从 Explosion 文件夹中把 Explosion 资源拖到检查器的 Main Maps 中的"反
射率"上。

< 步骤 37> 在检查其中，将"Rendering Mode"（渲染模式）改为"Transparent"（透明）。

< 步骤 38> 将"Shader"（着色器）改为"Sprites/Default"。

我们现在有一个可以在爆炸粒子系统中使用的材质了。

< 步骤 39> **游戏对象 – 效果 – 例子系统。**

< 步骤 40> 将变换位置改为"（0, 0, –3）"。

< 步骤 41> 将新创建的粒子系统重命名为"Explosion"。

< 步骤 42> 在"渲染器"部分中，将材质改为"ExplosionMat"。

可以把材质拖到材质栏中，也可以单击材质栏右边的小圆圈，在弹出的菜单中选择 ExplosionMat 材料。将渲染器部分的设置与图 19.32 进行对照。

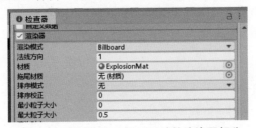

图 19.32　Explosion 粒子系统的渲染器部分

应该可以在场景面板中看到一些火球。

< 步骤 43> 在"形状"部分中，将形状改为"球体"，半径改为 0。

< 步骤 44> 在"发射"部分中，将随单位时间产生的粒子数改为 0。

粒子系统现在没有任何效果，因为它没有发射任何粒子。

< 步骤 45> 单击"突发"部分的 + 图标，观察粒子系统的效果。

突发的默认设置是在开始时一次性发射 30 个粒子。

这正是我们想要的爆炸效果。

< 步骤 46> 在 Explosion 部分的最上方将持续时间改为 1。

现在可以看到每秒钟会爆发 30 个粒子。

< 步骤 47> 将起始生命周期也改为 1。

这开始看起来像爆炸了，只不过是每秒都会发生一次的那种。在为这个粒子系统收尾时，我们将关闭循环，因为每个炸弹都只会爆炸一次。

< 步骤 48> 把起始大小改为"2"，起始速度也改为"2"。

现在我们有了一个近似于爆炸的效果了。如果我们偷懒的话，会直接在这里停下来，但我们还有其他事情要做。我们想让爆炸持续更长时间，并在最后有一个收尾。

< 步骤 49> 将持续时间改为"2"，起始生命周期改为"2"。

< 步骤 50> 勾选"生命周期内速度"旁边的复选框，以启用它。

< 步骤 51> 在"生命周期内速度"部分中，将速度修改器改为"曲线"。

可以通过单击右边的三角形来打开曲线选框。

< 步骤 52> 在底部选择第 5 条预设曲线，如图 19.33 所示。

图 19.33　速度修改器的粒子系统曲线

随着时间的推移，爆炸的膨胀速度放缓了，并在长达两秒的持续时间结束时稳定了下来。为了与游戏相称，可能需要调整一下爆炸的大小。我们还将再改进一下爆炸。我们将使粒子旋转。

< 步骤 53> 将 "开始旋转" 改为 "双常数间随机"，然后将常数设置为 "–180" 和 "180"。

< 步骤 54> 启用 "生命周期内旋转"。

这里可以保持默认设置不变。

爆炸现在结束得有些突兀，所以我们要用 "生命周期内颜色" 来使它淡出。

< 步骤 55> 启用 "生命周期内颜色"。

< 步骤 56> 单击颜色栏，进入梯度编辑器。单击右上角的旗标，将 Alpha 值设为 "0"，将左上角的旗标拖到中间，并在 1% 的位置单击创建新图标。现在的渐变编辑器应该看起来与图 19.34 一致。

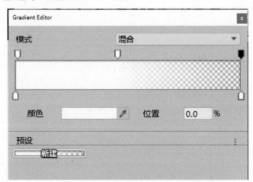

图 19.34　使爆炸效果淡出的透明度渐变

这能实现我们想要的效果，也就是在动画接近尾声的时候使爆炸效果淡出。

　　　　　　我们快要受不了了，就再做最后一个调整吧。

< 步骤 57> 在"发射"部分中，将"突发"中的数量从"30"改为"50"。

　　　　　　这就填补了爆炸中的一些空隙。

　　　　　　接下来，我们要把它放入游戏中，就像之前对火花所做的那样。

< 步骤 58> 取消勾选"循环播放"。

　　　　　　爆炸效果只会播放一次，而不会循环播放。

　　　　　　我们的计划是为炸弹的两种粒子效果设置两个变量。我们将在 Start 函数中设置这些变量。请参见以下代码：

< 步骤 59> 在 Bomb.cs 中的声明部分添加以下变量：

```
private ParticleSystem explosion;
private Component[] comparray;
```

< 步骤 60> 用以下代码替换 Start() 函数：

```
void Start()
{
    comparray = GetComponentsInChildren<ParticleSystem>();
    foreach (ParticleSystem p in comparray)
    {
        if (p.gameObject.name == "Explosion") explosion = p;
        if (p.gameObject.name == "Sparks") sparks = p;
    }
    bombState = 0;
    fuseTimer = fuseLength;
    sparks.Stop();
}
```

　　　　　　这段代码循环浏览炸弹的子对象的所有粒子系统，并检查它们的名称。当名称匹配时，就会设置爆炸和火花变量。还有一件事要做：

< 步骤 61> 在 Update 函数调用 DamageNearbyObjects 之前插入以下代码：

```
explosion.Play();
```

　　　　　　这就是爆炸发生的地方！为了使其发挥作用，我们需要使 Explosion 成为 bomb 预制件的一个子对象。下面是实现这一点的一个简单方法。

< 步骤 62> 在"层级"面板中删除两个炸弹中的一个。记住它的位置。

< 步骤 63> 将 Explosion 拖到"层级"面板中另一个炸弹上。这个炸弹现在有两个子对

象了。检查 Explosion 的变换位置是否为（0, 0, 0）。

< 步骤 64> 删除 Prefabs 文件夹中的 bomb 预制件，然后将"层级"面板中的 bomb 拖入 Prefabs 文件夹。

< 步骤 65> 将 bomb 预制件拖到场景中，放在第二个炸弹原本所在的位置。

< 步骤 66> 测试！

嗯，这并不成功。游戏一开始，两个炸弹上就出现爆炸动画了。然后，在放置炸弹并使用它时，却没有出现爆炸动画。是什么地方出了问题？

游戏开始后立刻爆炸是由于粒子系统默认的"唤醒时播放"设置造成的。我们忘记取消勾选这个复选框了。

< 步骤 67> 在 bomb 预制件中，找到 Explosion 预制件，取消勾选"唤醒时播放"。

< 步骤 68> 再次测试。

爆炸不再在游戏开始时立即播放了。但是，它在被使用后也并没有爆炸，即使我们之前在 Update 函数中加入了一行代码。原因就在那行代码的几行之后。我们在销毁炸弹！你猜怎么着？这意味着所有子对象也被摧毁，所以爆炸没有发生。一个简单的解决方法是，在销毁父对象之前解除 Explosion 的父子关系。

< 步骤 69> 在 Bomb.cs 的 explosion.Play 代码行前插入以下代码：

```
explosion.transform.SetParent(null);
```

< 步骤 70> 再测试一次。

现在，当引信倒计时数到 0 时，就会发生爆炸。只有一个小问题。考虑到炸弹爆炸半径有 3 个单位，爆炸动画实在太小了。我们决定更改爆炸动画，而是减少爆炸半径以与动画匹配。

< 步骤 71> 在 DamageNearbyObjects 的 Physics2D.OverlapCircleAll 调用中，将"3.0f"改为"1.5f"。

成功了！在爆炸的火光中穿行非常好玩。是的，Dottima 是防火的。

恭喜。我们有了个游戏玩法，而且它看起来不错。对于大多数游戏项目来说，实现第一个游戏玩法都是很令人心满意足的。根据最终发布的规模，可能还需要几周、几个月、甚至几年才能做完一个游戏。这个项目仍未完成，但进度若能看得见，就绝对是有帮助的。

< 步骤 72> 保存并退出 Unity。

在下一章中，我们将创建一些新关卡，添加计分，并为 Dottima 带来更多挑战。

第 20 章 生命、关卡设计和经典计分系统

本章将介绍 Dottima 的生命、附加关卡的创建和计分系统。我们将使用 Unity 的 GUI（图形用户界面）系统来显示生命、分数和任何需要的文本。此外，我们还将建立一个游戏状态系统来处理"关卡完成"（level complete）和"游戏结束"（game over）等信息。

目前，Dottima 在游戏中是无敌的，但她的好日子马上就要到头了。我们将保持简单，当 Dottima 与 Spiker 或 DotRobot 碰撞时，她就得死。Dottima 将有固定数量的生命，一旦生命耗尽，游戏就会结束。

我们将用当前的瓦片组创建更多关卡。我们将设计难度阶梯，使游戏一开始很容易，而后面的关卡越来越难。我们还会添加一个经典计分系统。玩家可以通过杀死敌人和完成关卡获得分数。为了使计分更有趣，我们将为每个关卡添加一个计时器，并在有剩余时间的情况下奖励额外分数。

20.1 Unity 的 GUI

在前面的章节中，我们积累了一些 UI 工作经验。现在是时候了解一下可用的资源了。

< 步骤 1> 进入《Unity 手册》2019.3 版，搜索"User Interfaces"，阅读介绍。

在手册中可以看到 2019.3 版 Unity 中的三个 UI 工具包。UIElements、Unity UI (Package) 和 IMGUI。在将来，UIElements 会是制作 UI 的推荐方式，但它现在仍待开发。UIElements 是一个大型改进版本，但它很复杂，目前并不适合初学者。使用 Unity UI (Package) 这样的老系统可能更保险、更简单。

< 步骤 2> 在左边的列表视图中单击"Unity UI"。

在那里可以找到 Unity UI 的文档，它看起来有些复杂。不，你不需要读完它，但最好知道这些东西在哪里，以备不时之需。

《Unity 手册》是为有经验的 Unity 用户编写的，所以如果还不理解手册中的所有内容的话，也完全没有关系。欢迎你自行探索手册，主要是为了获得一个大体印象。之后，就该回去制作游戏了。

20.2　生命

我们之前在《弹跳甜甜圈》游戏中做过类似的事情。那个游戏中有关卡数和分数，但只有一条命。所以，与其无谓地重复，不如从那个项目中复制一些代码。我们将把需要的代码一块一块地搬过来，并在必要时编辑它们，使其发挥作用。然后，我们将添加生命数。

< 步骤 1> 使用操作系统将 GameState.cs 和 Scoring.cs 从 Bouncing Donuts 项目的 Scripts 文件夹复制到 DotGame 的 Scripts 文件夹中。

< 步骤 2> 在 Unity 中打开 DotGame 并测试它。

在启动 Unity 时，你可能会看到一条消息，指出 Unity 正在导入"新"脚本。我们还没有使用那些脚本，所以游戏应该仍然可以运行，和之前没有任何区别。在 Scripts 文件夹的操作系统显示中，可以看到新的脚本文件现在有了 .meta 版本，和所有其他脚本一样。这些 .meta 文件是 Unity 用来跟踪其文件的重要辅助文件。为了确保与本书的内容一致，请将你的 Scripts 文件夹与图 20.1 进行对照。

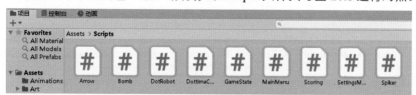

图 20.1　到目前为止的 DotGame 中的脚本

DottimaController 和 SettingsMenu 的名字被截断了。Assets 面板的右下角有一个滑块，可以用它来根据需要地调整视图，以看到完整名称。

在使用这些新导入的脚本之前，最好先阅读一下代码，做一些必要的修改。

< 步骤 3a> 双击 Scoring 脚本，在 Visual Studio 中查看它。

错误列表部分没有显示错误。这是个好兆头。脚本中只有一个公共变量，gamescore，它被初始化为 0，这肯定是没问题的。OnGUI 函数显示分数和关卡，以及游戏结束和关卡完成信息。我们想保留所有这些内容，所以我们现在不会对该文件做任何修改。脚本中还有一个 Awake 函数。我们不确定是否还需要它，所以要把它注释掉。

< 步骤 3b> 在 Scoring 脚本中注释掉 Awake 函数，然后保存。

<步骤 4a> 双击 GameState 脚本并查看它。

<步骤 4b> 同样注释掉 Awake 函数，然后保存。

这里同样没有其他必须的改动。在这个文件中，我们把 state 初始化为 GamePlay，把 level 初始化为 1。这两个文件应该正好能用，但我们需要把它们带入游戏中。

<步骤 5a> 创建一个新的空游戏对象并将其命名为"GameState"。然后为它添加 GameState 脚本组件。

<步骤 5b> 创建一个新的空游戏对象并将其命名为"Scoring"。然后为它添加 Scoring 脚本组件。

<步骤 6> 测试一下。

左上角显示着"Score：0"，右上角显示着"Level 1"。到目前为止还不错。我们之后会让这些东西发挥作用的。现在，是时候添加生命数的显示了。

<步骤 7> 在 Scoring.cs 的 OnGUI 中，在两个 GUI.Box 语句后插入以下代码：

```
GUI.Box(new Rect(Screen.width / 2 - 100, 20, 200, 50), "Lives" + lives);
```

<步骤 8> 另外，在 gamescore = 0 的声明后插入以下代码。

```
public static int lives = 5;
```

我们刚刚添加了生命计数器。现在只剩下死亡问题需要解决了，这个问题说起来容易处理起来难。首先，我们要用简单的方法来做这件事：

<步骤 9> 在 DottimaController.cs 中，在 OnCollisionEnter2D 的结尾处插入以下代码：

```
if (collision.gameObject.name == "DotRobot")
{
    Scoring.lives--;
    gameObject.transform.position = new Vector3(-7.0f, -3.0f, -2.0f);
}
```

<步骤 10> 测试。

很糟糕，但这是迭代开发的一个好例子。开发中的每一步都要尽可能地小，即使这一步会导致明显有缺陷的结果。这段代码只减少了一条命，并让 Dottima 回到了关卡起点。接下来的步骤将使我们更接近于类似于死亡序列的东西。我们需要用一个标签测试来替换名字测试，在有多个机器人时，标签测试会更加稳健。

<步骤 11> 检查 Spiker 预制件是否有 Spiker 标签，DotRobot 是否有 Robot 标签。

< 步骤 12> 如下修改碰撞代码中的 DotRobot 的 .name 测试：

```
if (collision.gameObject.tag == "Robot" ||
    collision.gameObject.tag == "Spiker")
```

注意，由两条竖线组成的 "||" 是逻辑或运算符。可以这样理解这段代码：如果标签等于 DotRobot 或 Spiker，那么就减少一条命并让 Dottima 回到起点。在这种情况下，打字的准确性是至关重要的。编译器不会发现字符串常量中的打字错误，代码将直接无法工作。换句话说，要确保字符串常量中没有错别字，并且它们与标签名称完全匹配。

< 步骤 13> 测试。

现在，Dottima 如果碰到尖刺球或机器人就会死亡。在测试过程中，我们突然发现了一个相当严重的 bug。当 Dottima 持有一个炸弹时，她还可以拾取第二个炸弹！然后当她放置炸弹时，炸弹爆炸了，但她仍然持有着另一个炸弹。这第二个炸弹无法被放置，Dottima 将永远带着它。

当然，有一个简单的方法可以解决这个问题。Dottima 不应该能够同时持有两个炸弹。忠实于自己的原则，我们 "放下" 了一切（没有双关的意思），并将立即修复这个问题。

< 步骤 14> 在 DottimaController.cs 的 OnCollisionEnter2D 中插入以下代码作为第一行：

```
if (dottimaState == 0)
```

这可以确保 Dottima 在拾取一个炸弹时未持有另一个炸弹。

< 步骤 15> 测试。

没错，即使是这个简单且显然正确的代码也需要测试。为什么呢？可以看到，现在当 Dottima 试图拾取第二个炸弹时，她会与炸弹碰撞。这实际上是可行的，但如果不测试的话，我们可能不知道代码会这样做。让 Dottima 能够穿过第二颗炸弹或许会更好，但我们决定保持原样。

接下来，我们要考虑 Dottima 死后会怎样。显然，我们不希望她瞬间回到起点。我们真正想要的是一个死亡动画，然后重制关卡。我们将使用 Dottima 现有的状态变量，并添加死亡序列状态。

< 步骤 16> 编辑 DottimaController.cs，如下修改 dottimaState 声明：

```
public int dottimaState=0;// 0 no bomb, 1 with bomb, 2 dying
```

虽然严格来说是没有必要的，但我们仍然要尽量维护代码中的极少数注释。我们其实应该为这些状态创建常量变量，就像为游戏状态所做的那样，但为了赶进度，我们计划推迟这一任务，而推迟的期限可能是永远。

<步骤 17> 在 Update 函数的结尾处插入下面这段代码：

```
if (dottimaState == 2)
{
    float shrink = 0.9f;
    float rotspeed = 1.0f;
    rb.rotation += rotspeed;
    transform.localScale = (
        new Vector3(
            transform.localScale.x * shrink,
            transform.localScale.y * shrink,
            transform.localScale.z));
}
```

这段代码使 Dottima 处于濒死状态时旋转并缩小。在 Unity 中，我们需要在调整 transform.localScale 时建一个新 Vector3。现在，我们只需要考虑如何让 Dottima 进入这个状态。

<步骤 18> 在碰撞函数中，如下替换死亡部分：

```
if (collision.gameObject.tag == "Robot" ||
    collision.gameObject.tag == "Spiker")
{
    dottimaState = 2;
    Scoring.lives--;
    // gameObject.transform.position = new Vector3(-7.0f, -3.0f, -2.0f);
}
```

你正在切换到"濒死"状态，我们注释了让 Dottima 在起点复活的代码，以便查看动画。

<步骤 19> 通过在游戏中使 Dottima 死亡来进行测试。

好吧，虽然这起作用了，但是 Dottima 缩小得太快了。是时候调整缩小系数了。

<步骤 20> 将尖刺球移到 Dottima 旁边，将缩小系数改为 0.99f，然后再次测试。

移动尖刺球的目的是更快进行测试。事实上，Dottima 可能会在不到一秒钟的时间内死亡，而我们不需要做任何事。发布游戏的时候可不能这样！动画看起来好些了，但我们希望旋转速度能够更快，并且变成顺时针旋转。

< 步骤 21> 将 rotspeed 改为 "–2.0f"。

这样就好多了。不过,我们突然意识到,为了让各种性能不等的目标计算机都有相同的动画速度,我们需要使用 Time.deltatime。改进后的代码如以下步骤所示。

< 步骤 22> 用以下代码替换 shrink 和 rotspeed 的声明:

```
float shrink = 1.0f - 2.0f * Time.deltaTime;
float rotspeed = -400.0f * Time.deltaTime;
```

Time.deltaTime 是更新之间的时间,以秒为单位。每秒预计有 200 次更新,所以我们插入了 Time.deltaTime*200 这一模糊的系数,然后重新排列了常数。0.99f 必须被替换成(1.0f-0.01f),因为 0.01f 决定着缩小多少。

< 步骤 23> 测试。

动画效果与之前大致相同。请自由调整代码中的常数 2.0f 和 400.0f。

接下来,我们要修复一个明显的 bug。在死亡序列中,生命数显示为 "-1" 而不是 "4"。这是为什么呢?没错,这是因为濒死的 Dottima 仍在关卡中,并且仍在与尖刺球碰撞。这里有一个简单的解决方法。

< 步骤 24> 在 OnCollisionEnter2D 的开头处插入以下代码:

```
if (dottimaState == 2) return;
```

这个 return 跳过了所有后续代码。碰撞仍在发生,但相关代码不在濒死状态下运行。

< 步骤 25> 测试。

应该看到游戏顶部的生命值计数器从 5 递减到 4。也许等到死亡序列完成后再递减会更有意义。我们将在实现这一点的同时添加一个倒计时器。

< 步骤 26> 将以下代码添加到 DottimaController.cs 的声明部分中:

```
private float deathTimer = 1.0f;
```

< 步骤 27> 在 localScale 语句后插入这段代码。

```
if (deathTimer < 0.0f)
{
    Scoring.lives--;
    dottimaState = 0;
    rb.rotation = 0.0f;
    gameObject.transform.localScale = new Vector3(1.0f, 1.0f, 1.0f);
    gameObject.transform.position = new Vector3(-7.0f, -3.0f, -2.0f);
}
```

稍后将对这段代码进行说明。

<步骤 28> 如下修改与机器人和尖刺球发生碰撞的代码：

```
if (collision.gameObject.tag == "Robot" ||
    collision.gameObject.tag == "Spiker")
{
    // drop the bomb first
    if (dottimaState == 1)
    {
        bomb.GetComponent<Bomb>().bombState = 1;
        bomb.transform.SetParent(null);
    }
    dottimaState = 2;
}
```

这里有一些非常有趣的代码。deathTimer 是常见的倒计时器，它被初始化为 1.0f，也就是 1 秒钟。当 dottimaState 为 2 时，它开始倒计时，当它到达 0 时，生命计数器被递减，然后一堆代码将 Dottima 恢复到可游玩状态，然后她会回到起点。我们必须恢复旋转、大小和状态，然后就可以继续控制 Dottima 进行游戏了。碰撞代码必须处理 Dottima 死亡时持有着炸弹的情况。最简单也是最有趣的方法是扔下炸弹，并使其爆炸。

<步骤 29> 测试。

事情进行得相当顺利，但你可能会发现一个讨厌的 bug。玩了一段时间后，Dottima 不再进行死亡序列了。怎么会这样？这是开发过程中的一个典型的 bug，我们难以直接看出它产生的原因。经过进一步的测试，我们发现死亡序列在第一次死亡时起效，但之后就不行了。啊哈！这看起来像是一个初始化问题。在使 Dottima 复位时，我们没有重新初始化 deathTimer。所以……

<步骤 30> 在 Scoring.lives 递减前插入以下代码：

```
deathTimer = 1.0f;
```

<步骤 31> 测试并让 Dottima 多次死亡。死亡序列应该每次都会运行。

我们喜欢游戏目前的操作方式，所以决定放弃在死亡时完全重置关卡。这可能会对游戏性产生一些影响。例如，如果需要一定数量的炸弹才能通过关卡，而玩家因为死亡而失去了炸弹的话，那么他们就会被卡住。这看起来可能有些不公平，但我们以后会处理这个问题的。

<步骤 32> 保存。

是的，我们并没有处理生命值降为 0 的情况。这个问题适合留到以后再解决。在下一节中，我们将创建一些新的关卡。终于走到这一步了！

20.3　关卡

一直以来，我们都只有一个关卡。现在，我们要通过在 Unity 中建立新场景来创建新关卡，就像之前在《弹跳甜甜圈》中所做的那样。

<步骤 1> 在 Unity 的 Scenes 文件夹中，选择 Game 场景。这里现在有两个场景：Game 和 Menus。

<步骤 2> 将游戏场景重命名为"Level 1"。

<步骤 3> 选择 Menus 场景并测试。试着玩玩游戏。

即使重命名了 Game 场景，这仍然应该工作。原因在于该场景的加载方式。我们的代码没有使用名称，而是使用了场景编号。请在 MainMenu.cs 中查看这段代码。

<步骤 4> 在 Scenes 文件夹中选中 Level 1，编辑 – 复制。Unity 将复制生成关卡命名为"Level 2"，这正是我们想要的。

<步骤 5> 通过再次进行编辑 – 复制来创建 Level 3。

即使我们刚刚创建了这些新场景，场景面板仍然在显示着 Level 1。

<步骤 6> 对 Level 2 和 Level 3 做一些小改动，以便把它们区分开来。

一个简单的方法是删除一个炸弹或问号。我们还没有开始设计这些关卡，它们只是为之后的开发而设置的占位符。

我们的下一个目标是为关卡结束时发生的事情加入逻辑。这与《弹跳甜甜圈》非常相似。在那个游戏中，当主角（弹跳的甜甜圈）与甜甜圈盒子碰撞时，就到达了关卡的终点。在这个游戏中，我们要在最后靠近障碍物的地方放置隐形的碰撞器。

<步骤 7> 双击场景文件夹中的 Level 1。

<步骤 8> 创建一个空游戏对象，将其重命名为"ExitLocation"。

<步骤 9> 把它移到出口处，叠加在障碍物上。

<步骤 10> 如果有必要，将 Z 位置改为 0。

这其实并不重要，但 0 看起来更好。

< 步骤 11a> 删除障碍物。

我们不再需要它了。

< 步骤 11b> 为 ExitLocation 添加一个盒状碰撞器 2D 组件，并参照图 20.2 来编辑碰撞器。

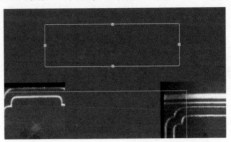

图 20.2　ExitLocation 的盒状碰撞器

< 步骤 12> 在 DottimaController.cs 中的 OnCollisionEnter2D 结尾处插入以下代码：

```
if (collision.gameObject.name == "ExitLocation")
{
    GameState.state = GameState.levelComplete;
}
```

< 步骤 13> 测试与 ExitLocation 的碰撞。

碰撞成功了，显示了"Level Complete"消息，但我们仍然可以玩这个关卡。

< 步骤 14> 在 DottimaController.cs 中的声明部分插入以下代码：

```
public float levelCompleteTimer = 2.0f;
```

其实这个变量不是必须设为公共变量，但这么做可以使我们玩游戏时能在检查器中看到它。

< 步骤 15> 在 Update 函数的开头插入这段代码：

```
if (GameState.state == GameState.levelComplete)
{
    rb.velocity = Vector2.zero;
    levelCompleteTimer -= Time.deltaTime;
    if (levelCompleteTimer < 0.0f)
    {
        SceneManager.LoadScene(2);
    }
```

```
}
```

这段代码对 levelCompleteTimer 进行倒计时，在倒计时为 0 后进入第 2 关。
它与《弹跳甜甜圈》中的代码基本相同。

SceneManager 代码行需要合适的 using 语句。

< 步骤 16a> 在文件顶部插入以下代码作为最后一条 using 语句。

```
using UnityEngine.SceneManagement;
```

< 步骤 16b> 从第 1 关开始测试。试着进入第 2 关。

它没有起作用。请查看 Unity 窗口底部的错误信息。

< 步骤 16c> 将第 2 关和第 3 关添加到构建设置中。

务必让构建场景的编号与关卡编号相匹配。

< 步骤 17> 测试并保存。

现在应该能够进入第 2 关了。

游戏屏幕右上方的关卡数显示并不正确。

< 步骤 18> 如下修改 LoadScene 的代码：

```
if (levelCompleteTimer < 0.0f)
{
    GameState.level++;
    SceneManager.LoadScene(GameState.level);
}
```

我们终于能走到游戏的终点了，目前的终点是第 3 关。在那时，LoadScene
代码行将会中止。我们之后再处理这个问题。接下来，我们要把 ExitLocation 添
加到第 2 关中。

< 步骤 19> 把第 1 关中的 ExitLocation 对象拖到 Prefabs 文件夹中。

< 步骤 20> 编辑第 2 关和第 3 关，删除终点处的障碍物也去掉，然后放入 ExitLocation
对象。

< 步骤 21> 从第 1 关开始测试。

关卡显示一切正常，直到我们来到了不存在的第 4 关。这时，控制台和
Unity 屏幕的底部会显示错误信息，正如我们所料。

为了处理这个问题，我们将添加另一个 GameState：theEnd。

< 步骤 22> 在 Scoring.cs 的 OnGUI 函数的末尾插入这段代码：

```
        if (GameState.state == GameState.theEnd)
        {
            GUI.skin.box.fontSize = 60;
            GUI.Box(newRect(
                Screen.width / 2 - 250,
                Screen.height / 2 - 50,
                500,
                100),
                "T H E   E N D");
        }
```

<步骤 23> 在 GameState.cs 中插入以下代码：

```
public const int theEnd = 4;
```

<步骤 24> 在 DottimaController 的结尾处，如下修改 ExitLocation：

```
if (collision.gameObject.name == "ExitLocation")
{
    if (GameState.level < 3)
        GameState.state = GameState.levelComplete;
    else
        GameState.state = GameState.theEnd;
}
```

<步骤 25> 在 DottimaController 的 Update 函数中靠近开头的地方，在 levelComplete 部分之后插入以下代码：

```
if (GameState.state == GameState.theEnd)
{
    rb.velocity = Vector2.zero;
    levelCompleteTimer -= Time.deltaTime;
    if (levelCompleteTimer < 0.0f)
    {
        GameState.level = 1;
        SceneManager.LoadScene(GameState.level);
    }
}
```

<步骤 26> 从第 1 关开始进行测试。

现在可以在第 3 关之后到达游戏结局了，但因为我们还没有制作一个真正的结局，游戏只会在第 1 关重新开始。这是非常老派的做法。20 世纪 80 年代的许多街机游戏都是这么做的。这些游戏没有结局，只是从第 1 关重新开始，有时难度会增加。

接下来，我们要再增加 3 个关卡，这样总共就有 6 个关卡了。

这可以通过一次鼠标单击和三次键盘输入来完成！

< 步骤 27> 在场景面板上，单击 Level 3，然后键入 <Ctrl>D 3 次。

我们现在需要修正 DottimaController，因为那段代码仍然假设只有 3 个关卡。为了使这段代码更容易维护，我们要为关卡数添加一个常量。

< 步骤 28> 在 DottimaController.cs 的声明部分，插入以下代码：

```
public const int lastLevel = 6;
```

< 步骤 29> 用以下代码替换 ExitLocation 部分：

```
if (collision.gameObject.name == "ExitLocation")
{
    if (GameState.level < lastLevel)
        GameState.state = GameState.levelComplete;
    else
        GameState.state = GameState.theEnd;
}
```

我们很确定这段代码是可行的，并且测试需要花上不少时间，所以我们将把测试推迟到添加了另外一个或两个功能之后。这违背了"立即测试每个可测试的更改"原则，但有时为了节省时间，一次性地测试多个更改也是可以的。希望我们不会后悔这么做。

生命计数器无法处理生命耗尽的情况的 bug 仍然存在。我们要测试一下这行代码：

< 步骤 30> 在 deathTimer < 0.0f 部分的最后插入以下代码：

```
if (Scoring.lives == 0) SceneManager.LoadScene(0);
```

< 步骤 31> 从 Menus 场景开始测试。

果然，到达第 4 关时，出现了一个错误信息。我们忘记把新场景添加到构建设置中了。在解决这个问题之前，我们要测试一下对生命数的处理。测试的结果是它并没有起效。当生命值耗尽时，游戏就结束了，而下一局游戏开始时的生命数为 0。

< 步骤 32> 如下修改 LoadScene(0) 代码行：

```
if (Scoring.lives == 0)
{
    Scoring.lives = 5;
    SceneManager.LoadScene(0);
}
```

< 步骤 33> 将第 4、5、6 关添加到构建设置中。确保每个场景的编号与关卡编号一致。

< 步骤 34> 再次测试。

貌似成功了。游戏变得越来越复杂了，所以我们在今后的测试中要注意未知的 bug。其实，应该在生命耗尽时显示游戏结束的信息，但现在却只会突然回到菜单。

< 步骤 35> 保存并退出 Unity。

对我们的项目来说，定期保存并退出是比较安全的做法，所以我们才要这么做。在下一节中，我们将添加一些经典计分系统。

20.4　计分

正如之前在《弹跳甜甜圈》中所做的那样，我们只有一种类型的分数：得分。如果不注意的话，得分很容易就会变得毫无意义。有很多大获成功的游戏都有着毫无意义的计分系统，而造成这一结果的通常是无限制的得分，或是另一个极端，一个容易达成的最高分。在街机游戏中，得分有时是意义非凡的，至今仍有人在尝试刷新已经发售了三十年的游戏的世界纪录。

在为这个游戏添加计分系统时，我们会选择一个简单的计分机制，并计划在接近完成时重新讨论"有意义的计分"这个话题。

很明显，我们想为杀死机器人和尖刺球奖励得分。还应该在每次完成一个关卡时奖励大量得分。

< 步骤 1> 在 Bomb.cs 中，用以下代码替换底部的 Spiker 和 Robot 部分：

```
if (colliders[i].gameObject.tag == "Spiker")
{
    Scoring.gamescore += 50;
    Destroy(colliders[i].gameObject);
}
if (colliders[i].gameObject.tag == "Robot")
{
```

```
        Scoring.gamescore += 100;
        Destroy(colliders[i].gameObject);
    }
```

　　这还挺简单的。我们只需要在 Destroy 调用之前插入 scoring 代码行即可。
我们还需要在 Arrow.cs 中做同样的事情。

< 步骤 2>　在 Arrow.cs 的碰撞代码中，在 Spiker 的 Destroy 调用前插入一条 50 分的
　　　　　gamescore 代码行，就像刚刚在 Bomb.cs 中为 Spiker 所做的那样。

< 步骤 3>　测试。

　　　　　代码应该能够跑起来了。

< 步骤 4>　在 DottimaController.cs 中，为 levelComplete 添加 500 分的 scoring 代码行，
　　　　　为 theEnd 添加 1000 分的 scoring 代码行。

< 步骤 5>　测试。

　　　　　到目前为止一切顺利。接下来，我们将放入一个关卡计时器，从 100 分倒数
　　　　　到 0。当 Dottima 到达一个关卡的终点时，她会得到倒数计时器中剩余的分数。
　　　　　添加这个特性是为了让得分更有意义。越快完成一个关卡，得到的分数就越多。
　　　　　让玩家来决定是否值得花费更多时间来杀死所有敌人。你，作为游戏的设计者和
　　　　　开发者，需要考虑如何布置关卡和调整得分，以使玩家需要在权衡之后才能做出
　　　　　决定，至少在一部分关卡中是这样。

< 步骤 6a>　在 Scoring.cs 的声明部分中插入以下代码：

```
    public static float levelTimer = 100.0f;
```

　　　　　我们创建了一个浮点数，用来记录在一个关卡上花费的时间。

< 步骤 6b>　用以下代码替换 Update 函数：

```
    void Update()
    {
        if (GameState.state == GameState.gamePlay)
        {
            levelTimer -= Time.deltaTime;
            if (levelTimer <= 0.0f) levelTimer = 0.0f;
        }
    }
```

　　　　　levelTimer 变量在游戏过程中以每秒 1 个单位的速度递减，然后停在 0。

< 步骤 7>　在 OnGUI 中，用以下代码替换第一个 GUI.Box 的调用：

```
GUI.Box(new Rect(20, 20, 400, 50), "Score: " + gamescore +
                    " Timer: " + (int)levelTimer);
```

请确保参照以上代码在引号内添加空格。如果不这样做，显示元素就无法正确分开。

计时器显示在分数的右边。必须把方框的宽度从 200 改为"400"。在本书开头，我们就学到了转换的知识。在这里，将 float 变量 levelTimer 转换为一个 int，以便只显示秒数。

< 步骤 8> 在 DottimaController.cs 的 Update 函数中的 level++ 语句和 level = 1 语句前插入下面两行代码：

```
Scoring.gamescore += (int)Scoring.levelTimer;
Scoring.levelTimer = 100.0f;
```

这两行代码会在关卡结束时为玩家奖励分数，并重置 levelTimer。

< 步骤 9> 测试。

到目前为止还不错，但我们发现了两个新的（或者是以前就有的）bug。一个是在失去所有生命时，就不会显示分数了；第二个是在重新开始游戏时，分数和 levelTimer 都没有被重置。另外，Dottima 在到达一个关卡的终点后仍然可以移动。我们首先要解决 Dottima 的问题。

< 步骤 10> 在 DottimaController.cs 中，在 FixedUpdate 函数的开头处插入以下代码：

```
// At the end of a level, stop updating Dottima
if (GameState.state == GameState.theEnd) return;
if (GameState.state == GameState.levelComplete) return;
```

< 步骤 11> 在 Update 函数中，紧接着 levelComplete 和 theEnd 部分之后插入同样的两行代码。

< 步骤 12> 在 MainMenu.cs 中，用以下代码替换 PlayGame 函数：

```
public void PlayGame()
{
    Scoring.gamescore = 0;
    Scoring.levelTimer = 100.0f;
    SceneManager.LoadScene(1);
}
```

这段代码并不是非常简洁，但它可以工作……吗？

< 步骤 13> 通过玩几次游戏来进行测试。

快要成功了。我们接下来需要以正确的方式处理游戏结束。

< 步骤 14> 在 DottimaController 中的 Update 函数的 levelComplete 部分后插入以下内容：

```
if (GameState.state == GameState.gameOver)
{
    rb.velocity = Vector2.zero;
    levelCompleteTimer -= Time.deltaTime;
    if (levelCompleteTimer < 0.0f)
    {
        Scoring.lives = 5;
        GameState.level = 1;
        GameState.state = GameState.gamePlay;
        SceneManager.LoadScene(0);
    }
}
```

< 步骤 15> 在 stop updating Dottima（停止更新 Dottima）部分插入以下代码。

```
if (GameState.state == GameState.gameOver) return;
```

要插入这行代码两次，一次在 Update 函数中，另一次在 FixedUpdate 函数中。

< 步骤 16> 在 Update 函数的结尾，将 Scoring.lives == 0 部分替换为 yixiadaima：

```
if (Scoring.lives == 0)
{
    GameState.state = GameState.gameOver;
}
```

< 步骤 17> 测试。

嗯，这应该是可行的，只不过 Game Over 的显示时间太短，只有两秒钟。

目前来说这是可以的，因为我们以后可能会用自己的场景来取代 Game Over 显示。

经过进一步思考，我们决定让"结局"真正来结束游戏。

< 步骤 18> 用以下代码替换 Update 函数中的 The End（结局）部分并进行测试。

```
if (GameState.state == GameState.theEnd)
{
    rb.velocity = Vector2.zero;
    levelCompleteTimer -= Time.deltaTime;
    if (levelCompleteTimer < 0.0f)
    {
```

```
                Scoring.lives = 5;
                Scoring.gamescore += 1000;
                GameState.level = 1;
                GameState.state = GameState.gamePlay;
                SceneManager.LoadScene(0);
            }
        }
```

这里所做的事情基本与 Game Over 部分相同，只不过添加了得分。

< 步骤 19> 保存。

我们的代码显然已经慢慢地变得丑陋了，至少某些部分是这样。每当看到重复的代码或者是超出一页的函数，重构代码的时机就成熟了。不，我们现在不打算这么做，但我们感觉很不舒服，希望能尽快找到时间来进行重构。

现在是时候继续前进，构建许多关卡了。

20.5 关卡设计

在本节中，我们将制作 DotGame 的前几个关卡。这种游戏可以很轻松地发展到有几百甚至几千个关卡。虽然受篇幅所限，本书无法涉及那么多关卡，但我们将制作足够多的关卡，使游戏变得趣味横生。

游戏设计中的一个传统是把前几个关卡设计得非常简单，其目的是在后面的关卡中出现真正的挑战之前，玩家能够先掌握游戏的操作方式。另外，有些游戏还添加了游戏教程。诺兰·布什内尔（Nolan Bushnell）[①] 所总结出的布什内尔定律是不会错的：

所有最好的游戏都是易学难精的，所以说游戏应该同时奖励两种类型的玩家。

这条定律出现在玩街机游戏需要花费 25 美分且平均游戏时间为 3 分钟的时代。

我们决定把前几个关卡做得非常简单，然后逐渐增加难度，同时引入新的游戏元素。我们将从一个空白关卡开始。

---

① 译注：被誉为电子游戏之父，毕业于犹他州立大学。1972 年，他以 250 美元的资本创办了最早的视频游戏公司雅达利并推出看第一个电子游戏《乒乓球》（Pong）。1974 年，19 岁的乔布斯来到雅达利并在 4 天时间内开发完产品。拿到奖励之后前往印度。1975 年，红杉资本先后注资雅达利 90 万美元，1976 年以 2800 万美元出售给华纳。1980 年，诺兰离开雅达利。

< 步骤 1> 清除第 1 关中的所有敌人。与图 20.3 进行对照。

图 20.3　DotGame 的第 1 关

　　即使是这样的一关也是有挑战性的。Dottima 能以多快的速度到达出口？这决定了玩家的得分。这一关教玩家如何走到出口。只要他们知道用方向键来移动 Dottima，就不可能会出错。我们要在心里记下要添加操作说明。

< 步骤2> 在第 2 关，删去所有敌人，然后放入四个尖刺球，如图 20.4 所示。然后进行测试。

图 20.4　DotGame 的第 2 关

　　这一关教玩家如何射箭。我们需要告诉玩家使用空格键射箭，否则他们很难过关。

< 步骤 3> 参照图 20.5 来布置第 3 关，然后测试。

图 20.5　DotGame 的第 3 关

　　游戏现在的难度稍有增加。我们必须选择 Maze1 网格瓦片地图，并打开瓦片地图编辑器，以删除那一个方块。为什么一定要删除那个方块呢？试着在不做这一改动的情况下播放游戏，然后等待一会儿，看看那些尖刺球会对障碍物造成什么样的影响。

<步骤 4> 参照图 20.6 修改第 4 关，然后测试。

图 20.6　DotGame 的第 4 关

　　我们引入了炸弹和机器人。我们应该说明一下使用炸弹。这一关也相当简单。在下一关中，我们将添加多个机器人和炸弹，还将更改关卡的布局。

< 步骤 5> 参照图 20.7 修改第 5 关，然后测试。

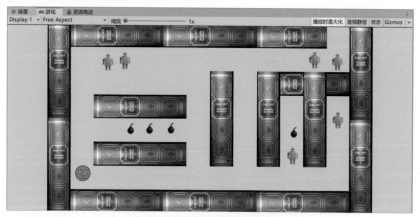

图 20.7　DotGame 的第 5 关

如果放弃杀机器人的话，这一关其实很容易。只要稍微等一下，然后走到终点就可以了。如果必须杀死所有机器人才能通过这一关的话，那么这一关会更有趣。我们或许可以为障碍物设置逻辑，使其在所有机器人都消失后才会消失。也许，将来我们会实现这一点。

问号还没有登场，所以接下来我们将把它放置在第 6 关中。

< 步骤 6> 参照图 20.8 修改第 6 关，然后测试。

图 20.8　DotGame 的第 6 关

这没有什么可测试的。我们被卡住了，因为这些问号目前除了挡住 Dottima 之外没有任何效果。

< 步骤 7> 在 QuestionMark 预制件上添加一个脚本，命名为"QuestionMark"，其内容如下所示：

```csharp
using System.Collections;
using System.Collections.Generic;
using UnityEngine;

public class QuestionMark : MonoBehaviour
{
    private void OnCollisionEnter2D(Collision2D collision)
    {
        if (collision.gameObject.name == "DottimaFace")
        {
            int randomscore = Random.Range(10, 101);
            Scoring.gamescore += randomscore;
            Destroy(gameObject);
        }
    }
}
```

这个脚本应该能解决问题。在 Dottima 与一个问号碰撞时，我们会得到一个介于 10 和 100 之间的随机分数，并且问号将消失。当然，这些问号还可以有许多其他的随机动作，但就目前而言，一个随机分数已经足够了。

< 步骤 8> 测试第 6 关。

这里有个谜题！我们要如何绕过那两个机器人？在继续阅读之前，尝试解决这个谜题吧。这里有一个小提示：用炸弹炸掉其中一个，然后用箭矢射击另一个机器人，使其转向。

恭喜，游戏制作完成了。它很短，也很有趣，而且可能太简单了，但这是一个很不错的开始。谁知道这将带领我们走向什么样的未来呢？时间和空间是有限的，所以我们首次发布之前的所有游戏开发工作就只有这么多。不过，我们还没有彻底完成。游戏现在还没有音频、标题界面和致谢等。

< 步骤 9> 从 Menu 场景开始测试游戏，然后保存项目。

我们首先要确保游戏是可玩的，没有明显的缺陷。

第 21 章　DotGame 的音效和音乐

本章将介绍 2D 迷宫游戏的音效和音乐。从语音开始，我们将使用几种不同的音频创作技术，为 DotGame 中的动作提供音效。然后，我们将使用斯科特·乔普林[1]所创作的 Peacherine Rag[2] 作为游戏的背景音乐。

21.1　录制语音

如今，在电子游戏中添加语音真的很容易。只要录下某人的语音，然后把它添加到游戏中即可。不过，这并不总是那么简单。

1980 年，Stern Electronics 的街机游戏《机器人战争》（Berzerk）是最早使用语音合成技术的游戏之一。包括"入侵者"、"鸡"和"机器人"在内的 32 个词汇和一些嘲弄性的短语为这个有趣的迷宫类射击游戏增添了刺激和幽默感。《机器人战争》的游戏玩法与 DotGame 有些相似，机器人从左边的起点出发，试图找到出口并进入下一关。

<步骤 1> 观看 Stern 在 1980 年制作的《机器人战争》游戏的一两个视频。

一个显而易见的瑕疵是该游戏没有背景音乐。他们把所有音频预算都花在了语音上。对于 1980 年来说，这是一个相当大的技术成就。那时候距离语音在电子游戏中变得普遍且廉价还有一二十年。

为了找点乐子，我们决定在游戏中添加一些语音。"Game Over"、"Find the Exit, Dottima"、"Yikes"和"Level Complete"这些语言是个不错的开始。

<步骤 2> 在 DotGame 的 Assets 文件夹中创建一个"Audio"子文件夹。在音频中创建一个"Reference"子文件夹。

<步骤 3> 录制 4 个短语，并将它们分别存储为 4 个 .wav 文件，存储在 Audio/Reference 文件夹中。

也可以自己依次念出这几个短语并录制，然后将它们统一存储为一个 .wav 文

---

[1] 译注：Scott Joplin（1968—1917），被誉为"拉格泰姆之王"，1899 年出版发行的《枫叶拉格》售出 100 万册，他也由此一举成名。

[2] 译注：在电影《海上钢琴师》中演奏过该作品的片段。

件。将原始录音文件存储在 Reference 文件夹中。然后用 Audacity 把这 4 个语音剪辑出来，存储为 .wav 文件，同样存储在 Reference 文件夹中。别忘了标准化。这些语音将和其他的音效一起被插入游戏中。

21.2　网上的更多免费音效

在《弹跳甜甜圈》中，我们在 freesound.org 中找到了一个"嘣嘣"声。至于 DotGame，我们首先要列出所需的音效，然后看看能否在 freesound.org 找到与之匹配的声音。

< 步骤 1> 列出可能的音效的清单。

　　每个角色的每个动作都可以产生一个音效。先来说说 Dottima，她会射箭，拿起炸弹，并与墙壁碰撞。箭矢可以从墙上弹开，或破坏一些东西。炸弹的引信将会倒计时，之后还会发生爆炸。问号会被拾取，障碍物会被推开。这已经是相当多的音效了。让我们看看能找到什么。

< 步骤 2> 请将以下步骤中下载的文件储存在 Assets/Audio/Reference 中。

< 步骤 3> 从 freesound.org 获取一个"爆炸"（explosion）音效。

　　这是最重要的声音。Freesound 中有很多爆炸音效，所以搜索"explosion"，在众多的免费爆炸音效中挑选一个。

< 步骤 4> 从 freesound.org 获取一个"弹跳"（bounce）音效。

　　同样，有许多可供选择的弹跳音效。

< 步骤 5> 从 freesound.org 获取"嗖嗖"（whoosh）声。

　　你可以使用 qubodup 所创作的"whoosh"音效。它属于公版领域，而且声音格式是 .flac。幸运的是，Audacity 可以导入这种格式，所以我们能够使用它。

< 步骤 6> 在 freesound.org 搜索"ding"，并选择其中一个音效。

　　这个是用来拾取有用的物品的，比如炸弹或问号。目前这么多音效已经足够了。我们可以以后再添加更多音效。

21.3　在 Audacity 中制作更多音效

接下来，我们将在 Audacity 中探索获取合成音效的方法。我们将探索各种设置，并试着得到一些喜欢的随机音效，之后再考虑在哪里使用它们。我们还将在 Audacity 中处理目前为止收集的其他音效。

< 步骤 1> 打开 Audacity。

< 步骤 2> 生成 – **Risset** 鼓。使用默认设置并单击"确定"。

Windows 版的 Audacity 2.3.0 有三个版本的"Risset 鼓"音效。我们可以选择其中任何一个。

现在该读一读《Audacity 手册》了。

< 步骤 3> 帮助 – 手册。

这将在默认浏览器中打开手册。

< 步骤 4> **Audacity GUI – Effects**。然后单击 Risset Drum。

在这里可以看到对于 Risset 鼓的完整说明，这种音效是基于作曲家让·克劳德·里塞 [③] 的作品衍生创作的。

< 步骤 5> 选择 – 全部，效果 – 改变音高 ... 将"改变百分比"设为"100 – 确定"。

< 步骤 6> 效果 – 改变节奏 .... 将"改变百分比"设为 300 – 确定。

由于缺乏一个更合适的词，我们会把这个音效命名为"thud"（砰）。它已经可以被导出了，不需要对它进行标准化处理。

< 步骤 7> 在 Reference 中保存该项目。同时在 Reference 中将该音效导出为 thud.wav。

< 步骤 8> 在 Audacity 中查看所有音频文件，剪去音效前后没有声音的部分，并在 Reference 文件夹中将它们保存为 .wav 文件和相应的 .aup 文件。

< 步骤 9> 把这些音频文件从 Assets/Audio/Reference 复制到 Assets/Audio 中。

现在有 9 个音效和语音文件可以被导入到 Unity 中了。下面是一个按字母顺序排列的列表：

- Bounce.wav
- Ding.wav
- Explosion.mp3
- FindTeExit.wav
- GameOver.wav

---

③ 译注：Jean-Claude Risset（1938—2016），法国作曲家，就职于法国国家科学研究中心，在计算机音乐领域做出了杰出的贡献，他曾在贝尔实验室学习和工作过一段时间。他认为："计算机在准确程度和精湛技巧方面没有限制，能够以人类演奏者无以企及的精确度演奏高难度的乐曲，所以，有些作曲家更喜欢用计算机，而不是人类来演奏自己的曲子。"

- LevelComplete.wav
- Tud.wav
- Whoosh.wav
- Yikes.wav.

这次，你自己动手制作了所有这些音效，并得到了许多在线提供免费音效的慷慨艺术家的帮助。在一款大型的商业游戏中，我们可能会聘请专业人员来制作原创的音效。通常，我们会向音效师提供所需音效的列表，当工作完成后，我们会将音效加入到游戏中。这有助于提前决定文件格式（.wav 还是 .mp3 或其他格式）和内存预算。我们的 9 个音效大多使用的是 .wav 格式，所有声音加在一起占用了不到 2 兆字节的内存，所以就内存使用量而言，现在是完全没问题的。

21.4　为 Dotgame 的音效编码

这将是十分轻松的。这个过程与《弹跳甜甜圈》中的过程非常相似。

< 步骤 1>　将 DotGame 加载到 Unity 中。

< 步骤 2>　查看 Audio 文件夹并播放所有音效。这 9 个音效应该与上一节的音效列表一致，也是按字母顺序排列的。

< 步骤 3>　回顾一下之前是如何在 donut.cs 文件中为《弹跳甜甜圈》制作音效的。我们声明了 AudioSource 变量，访问了 donut 的组件以获得音效，然后在代码中的适当位置调用了 Play。这次我们也将做同样的事情。

< 步骤 4>　在 Arrow.cs 的声明部分中插入以下代码：

```
AudioSource whoosh;
```

< 步骤 5>　在 Start 函数中，插入以下代码：

```
whoosh = audios[0];
whoosh.Play();
```

< 步骤 6>　在 Arrow 预制件中添加一个 AudioSource 组件，将 whoosh 音效添加为音频剪辑，并取消勾选"唤醒时播放"。

< 步骤 7>　测试一下。

起效了，只不过音效在箭矢被摧毁后就会中断。最好的解决办法是不直接摧毁箭矢，而是让它在碰撞后被弹开，稍等一会后再被摧毁。接下来我们将会实现这一点，因为反正还要添加反弹的音效。我们突然意识到，箭矢实际上会有两个音频源，所以需要修改箭矢的音频代码。

< 步骤 8> 在 Arrow.cs 中的声明部分插入以下代码：

```
AudioSource bounce;
```

< 步骤 9> 用以下代码替换 Start 函数：

```
void Start()
{

    rb = GetComponent<Rigidbody2D>();
    AudioSource[] audios = GetComponents<AudioSource>();
    whoosh = audios[0];
    bounce = audios[1];
    whoosh.Play();
}
```

< 步骤 10> 在碰撞函数中的 IgnoreCollision 部分之后插入以下代码：

```
bounce.Play();
```

< 步骤 11> 注释掉 Spiker 部分后的 Destroy(gameObject) 语句。

< 步骤 12> 在 Arrow 预制件中添加另一个 AudioSource 组件，把"Bounce"添加为音频剪辑，并取消勾选"唤醒时播放"。

< 步骤 13> 测试。

我们注释掉了 Destroy(gameObject) 语句，以便听到 Bounce 音效。箭矢在碰撞时不会再消失了，它现在更有威力了，可以破坏多个尖刺球。这有点意思，但感觉不太对。我们要为箭矢添加一个死亡倒计时和濒死状态，就像之前为 Dottima 做的那样。

< 步骤 14> 在声明部分，插入以下代码：

```
private float deathTimer;
private int state;  // 0 = alive, 1 = dying
```

< 步骤 15> 在 Start 函数中，插入以下代码：

```
deathTimer = 1.0f;
```

```
        state = 0;
```

< 步骤 16> 在 FixedUpdate 函数的开头处插入以下代码:

```
if (state == 1)
{
    rb.velocity = Vector2.zero;
    return;
}
```

< 步骤 17> 创建如下所示的 Update 函数:

```
private void Update()
{
    if (state == 1)
    {
        deathTimer -= Time.deltaTime;
    }
    if (deathTimer < 0.0f) Destroy(gameObject);
}
```

< 步骤 18> 如下编辑 OnCollisionEnter2D:

```
private void OnCollisionEnter2D(Collision2D collision)
{
    if (state == 1) return;

    if (collision.gameObject.tag == "Player"
     || collision.gameObject.tag == "Arrow")
    {
        Physics2D.IgnoreCollision(
        collision.collider,
        gameObject.GetComponent<Collider2D>()
        );
        return;
    }

    bounce.Play();


    if (collision.gameObject.tag == "Spiker")
    {
```

```
            Scoring.gamescore += 50;
            Destroy(collision.gameObject);
        }

        state = 1;
    }
```

嗯，要编辑的内容可真不少，但还挺简单的。当箭矢处于濒死状态时，我们就要摧毁它了。我们只是想让它在原地静止一秒钟，然后自毁。

< 步骤 19> 测试。

游戏几乎和以前差不多。在向机器人射箭时，箭矢貌似对它们造成了干扰，但这很可能只是一种假象。

到目前为止，我们只添加了两个音效。希望其余音效能更加容易。

< 步骤 20> 为 QuestionMark 预制件添加一个 "Ding" 音频源。取消勾选 "唤醒时播放"。

< 步骤 21> 用以下代码替换 QuestionMark.cs 中的 QuestionMark 类：

```
public class QuestionMark : MonoBehaviour
{
    private AudioSource ding;
    private float deathTimer = 1.0f;

    void Start()
    {
        ding = GetComponent<AudioSource>();
    }

    private void Update()
    {
        if (deathTimer < 1.0f)
        {
            deathTimer -= Time.deltaTime;
            float shrink = 1.0f - 1.0f * Time.deltaTime;
            transform.localScale = (
                new Vector3(
                    transform.localScale.x * shrink,
                    transform.localScale.y * shrink,
                    transform.localScale.z));
        }
```

```
            if (deathTimer < 0.0f) Destroy(gameObject);
        }

        private void OnCollisionEnter2D(Collision2D collision)
        {
            if (deathTimer < 1.0f)
            {
                Physics2D.IgnoreCollision(
                collision.collider,
                gameObject.GetComponent<Collider2D>());
                return;
            }

            if (collision.gameObject.name == "DottimaFace")
            {
                int randomscore = Random.Range(10,101);
                Scoring.gamescore += randomscore;
                ding.Play();
                deathTimer -= 0.01f;
            }
        }
    }
```

嗯，这并不是很简单，但结果是值得的。我们只添加了一个 deathTimer，没有添加状态变量，而是让 deathTimer 承担了双重任务，也起着状态变量的作用。我们再次决定晚一些销毁问号，以便听到"Ding"声效。那一秒中使用了类似于 Dottima 的收缩代码的技术来使问号收缩。IgnoreCollision 部分是必须要有的，以便在死亡序列中关闭碰撞。

< 步骤 22> 测试。

应该能起效。通过选择第 5 关的场景来从第 5 关开始测试。

我们已经等了很久，一直期待着在游戏中听到爆炸声。这个心愿马上就可以实现了。

< 步骤 23> 在 Bomb.cs 中的声明部分插入以下代码：

```
public AudioClip clip;
```

< 步骤 24> 在 Update 函数中，在 SetParent 之前的 fuseTimer 部分插入以下代码：

```
AudioSource.PlayClipAtPoint(clip, Camera.main.transform.position);
```

< 步骤 25> 在 Bomb 预制件中，将音频剪辑设置为"Explosion"。

< 步骤 26> 在第 4 关对此进行测试。

下面来解释一下对摄像机的引用。我们使用了 PlayClipAtPoint 来播放完整的爆炸声，即时在炸弹被摧毁之后都还在播放。这意味着我们需要告诉代码发出声音的位置。然后，声音系统会计算出该位置与摄像机的距离，以便计算出音量。为了有响亮的爆炸声，我们要把爆炸声效放在摄像机上方。

我们还没有合适的引信燃烧的声音，所以这将留到以后完成。接下来，我们要把机器人与某物碰撞时产生的砰砰声加进来。

< 步骤 27> 把"Thud"音效添加到 DotRobot 中，同时在碰撞函数的开头处调用 Play。

这里的做法与步骤 4 和 5 类似，只不过在不同的地方调用了 Play。接下来要做的是添加语音剪辑。我们要一次性地把它们全都放进去。

有个坏消息：Dottima 需要成为一个预制件。你很快就会知道原因了。

< 步骤 28> 进入第 1 关。

< 步骤 29> 把 DottimaFace 拖到 Prefabs 文件夹中，使它成为预制件。

< 步骤 30> 打开第 2 关。在层级面板中删除 DottimaFace。将 DottimaFace 预制件拖到层级面板中。

< 步骤 31> 对第 3 ~ 6 关重复步骤 30。

在未来，只要觉得游戏对象可能会被复用，无论是在同一个场景还是不同的场景中，我们都会把它变成预制件。

< 步骤 32> 在 DottimaController.cs 的声明中插入以下几行代码：

```
public AudioClip yikes;
public AudioClip gameOver;
public AudioClip levelComplete;
public AudioClip findExit;
```

< 步骤 33> 在 Start 函数中插入以下代码：

```
AudioSource.PlayClipAtPoint(findExit, Camera.main.transform.position);
```

< 步骤 34> 在 Update 函数的结尾处，紧接着 gameOver 赋值后插入以下代码。

```
AudioSource.PlayClipAtPoint(gameOver, Camera.main.transform.position);
```

< 步骤 35> 在文件末尾，紧接在 dottimaState = 2 语句之后插入以下代码：

            `AudioSource.PlayClipAtPoint(yikes, Camera.main.transform.position);`

<步骤 36> 在文件末尾的"ExitLocation"部分的开头处插入以下代码：

            `AudioSource.PlayClipAtPoint(levelComplete, Camera.main.transform.position);`

<步骤 37> 在 DottimaFace 预制件中，在检查器中的 Dottima Controller（脚本）部分选
择相应的 Yikes、Game Over、Level Complete 和 Find Exit 音频剪辑。

      像往常一样，这可以通过从 Audio 文件夹中拖动音频剪辑或在检查器中的菜
单中选择它们来完成。Dottima Controller（脚本）部分现在应该与图 21.1 一致。

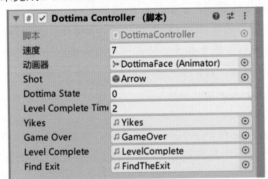

图 21.1　检查器中显示的 Dottima Controller 脚本部分

<步骤 38> 测试并保存。

      现在除了缺失的引信音效以外，所有音效都被添加到游戏中了。

      我们将再次访问 Freesound，寻找合适的音效。

<步骤 39> 在 freesound.org 中，下载 fuse_burning_48khz.wav。

      这是一个长达 8 秒的音效。我们要把它修剪成只有 2.5 秒。Unity 中的引信
将会燃烧 2 秒，所以稍微比它长一点就可以。

<步骤 40> 在 Audacity 中创建一个 2.5 秒的引信燃烧音效，像之前一样存储在 Reference
和 Audio 文件夹中。

<步骤 41> 把音效添加到 Bomb.cs 中，在 sparks 后添加一条 PlayClipAtPoint 语句。播放。

<步骤 42> 测试。

      这听起来很不错。我们已经完成音效工作。是时候来一些音乐了。

21.5　Dotgame 的背景音乐

< 步骤 1>　寻找一些免费的音乐，或创作一些原创音乐。

< 步骤 2>　把音乐放到游戏中。不过先等一等……

在开始自己做这些工作之前，有一个简单的方法可以让我们轻松地把优美的音乐添加到游戏中，想知道是什么吗？如果想添加其他音乐的话，可以之后再那么做。

< 步骤 3>　进入 MuseScore.com，登录并下载斯科特·乔普林所创作的 *Peacherine Rag*。这是由詹姆斯·布里格姆（James Brigham）上传到 MuseScore 的。

这首钢琴曲的乐谱已进入公版领域，所以我们可以放心大胆地使用它，而不必担心被起诉。詹姆斯·布里格姆把它上传到了 MuseScore 中，并保证了这段音乐忠实于公版领域的原始乐谱。

< 步骤 4>　在 MuseScore 中，加载 Peacherine Rag 并将其导出为 MP3 文件。在 Assets/Audio 中创建一个名为 Music 的新文件夹，将 MuseScore 文件和 mp3 文件存放在那里。

< 步骤 5>　回到 Unity 中，检查以确保能够播放 *Peacherine Rag* 的 MP3 文件。

< 步骤 6>　在 Menus 场景中，创建一个空游戏对象，将其重命名为“MusicLoop”。

< 步骤 7>　为 MusicLoop 添加一个音频源组件，勾选“唤醒时播放”和“循环”。使用 Peacherine Rag 作为音频剪辑。

< 步骤 8>　为 MusicLoop 添加以下脚本：

```
using System.Collections;
using System.Collections.Generic;
using UnityEngine;

public class MusicLoop : MonoBehaviour
{
    // Start is called before the first frame update
    void Start()
    {
        DontDestroyOnLoad(gameObject);
```

```
    }

    // Update is called once per frame
    void Update()
    {
        if (GameState.state == GameState.gameOver)
        {
            Destroy(gameObject);
        }
        if (GameState.state == GameState.theEnd)
        {
            Destroy(gameObject);
        }
    }
}
```

该脚本确保 MusicLoop 游戏对象在加载新场景后仍保持激活状态。可以通过玩游戏和查看层级面板来检查这一点。不过有一个例外。在 Update 函数中，一旦达到 GameOver 状态，就会销毁 MusicLoop 对象。这么做是必要的，因为游戏很快就会回到 Menus 场景并再次创建 MusicLoop，从而重新开始播放音乐。

<步骤 9> 测试并保存。

运行得很不错。虽然并不算完美，但现在终于听起来像一个真正的游戏了。有点烦人的是，一直有语音在说"Find the Exit, Dottima"。我们将暂时忍耐这一点。之后，我们打算为每个关卡撰写并录制一个不同的短语。

第 22 章　过场动画

这较短的一章将介绍如何创建过场动画（cutscene）和其他类似场景，比如标题界面或 DotGame 的结局。过场动画一词通常指的是让玩家观看的简短动画片段。通常情况下，过场动画讲述了游戏的故事，这些故事被剪辑成小片段穿插在游戏中。

本章不是关于如何制作过场动画的。这将偏离本书的目的，也就是学习游戏开发。技术发展到了现在，过场动画的制作已经和电影的制作没有什么区别了。

了解过场动画的好方法是观看 "A complete history of cutscenes in games"（游戏过场动画的完整历史）这个 YouTube 视频，它的作者是 Logitech G。可以在闲暇时看一看，它很有趣，也很有启发性。你会看到其中最著名的过场动画，其文本是 "All your base are belong to us！"[①] 这个例子说明了不懂英语的话会怎么样。

不，我们不会为 DotGame 制作精致的过场动画。虽然我们有一个故事的构想，但游戏的规模还不够大，目前还不需要过场动画。我们的第一个版本将是绝对的最低限度，这意味着只添加一个标题场景。其实动画也不是必需的，但因为它非常简单，而且可以为将来制作其他场景提供一个框架，所以我们还是会制作动画。

22.1　带有动画的标题场景

DotGame 的标题场景需要用一个简短的动画显示标题，然后进入菜单场景。我们要添加一个巨型 Dottima 从屏幕滚过的简短动画。就是这么短小精悍。

是的，我们已经决定保留 DotGame 这个标题了，至少就目前而言。"dotgame.com" 这一域名没有被任何人使用，这是一个好兆头，因为这意味着该域名不归大发行商所有。

首先，我们要解决 Menus 场景中的一个问题。

< 步骤 1> 选择 Menus 场景。

---

① 译者注：这句话是一句台词，来自日本世嘉 1989 年发售的飞行射击游戏《零翼战机》，因为英译版的离谱语法错误而在欧美国家广为流传。

<步骤 2> 在层级面板中选择 SettingsMenu，然后在检查器中取消勾选它。

<步骤 3> 在层级面板中选择 MainMenu，并在检查器中勾选它。

<步骤 4> 测试。

这么做只是想一开始就显示主菜单，而不是设置菜单。

我们将以第 6 关为基础制作 Title 场景。

<步骤 5> 复制 Level 6。这将生成 Level 7。将 Level 7 重命名为 "TitleScene"。

<步骤 6> 在 TitleScene 中，删除除了 Main Camera 和 DottimaFace 以外的所有内容。

<步骤 7> 将 DottimaFace 的变换位置改为（0, 0, −2），比例改为（5, 5, 1）。

现在的游戏面板应该与图 22.1 差不多。

图 22.1　标题场景中的 Dottima

<步骤 8> 选中 DottimaFace。在检查器中，移除 Dottima Controller（脚本）和 2D 刚体组件。

<步骤 9> 添加一个新的脚本组件，命名为 "DottimaTitle"，并在其中添加以下代码：

```
using System.Collections;
using System.Collections.Generic;
using UnityEngine;
using UnityEngine.SceneManagement;

public class DottimaTitle : MonoBehaviour
{
    float timer = 7.0f;
    // Start is called before the first frame update
    void Start()
    {
```

```
    }

    // Update is called once per frame
    void Update()
    {
        float delta;
        delta = Time.deltaTime;
        gameObject.transform.Translate(new Vector3(delta * 4.0f, 0.0f, 0.0f));
        timer -= delta;
        if (timer < 0)
        {
            SceneManager.LoadScene(0);
        }
    }
}
```

这段代码将 Dottima 向右移动 7 秒，然后加载 Menus 场景。

< 步骤 10> 测试。

　　Dottima 向右移动，离开屏幕，然后在切换到 Menus 场景的同时，背景音乐也将开始播放。

< 步骤 11> 在场景面板中，将 Dottima 向左移动，直到她恰好离开屏幕，然后稍稍将其往下以东一点。再次进行测试。

　　现在只差游戏名称的文本了。

< 步骤 12> 在 DottimaTitle 中插入以下函数：

```
    private void OnGUI()
    {
        GUI.backgroundColor = Color.clear;
        GUI.color = Color.yellow;
        GUI.skin.box.fontSize = (int)(Screen.width / 9.0f);
        GUI.Box(new Rect(
            0.0f,
            Screen.height * 0.1f,
            Screen.width,
            Screen.height * 0.3f),
            "DotGame");
    }
```

如图 22.2 所示，这段代码将用黄色大字显示"DotGame"这个游戏名称。

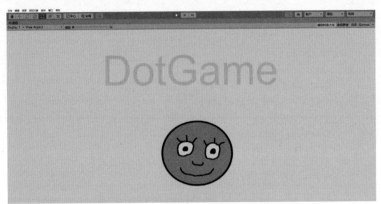

图 22.2　显示游戏名称 Dot Game

< 步骤 13> 测试并保存。

22.2　更多过场动画

还应该创建其他哪些过场动画？这取决于你。现在，你已经掌握了足够多的知识，可以使用在本书中学到的技术制作各种各样的过场动画了。下面是一个包含部分可创建的过场动画的列表：

操作说明： 显示文本：使用方向键将 Dottima 移向出口。

Game Over 场景： 场景中显示动画化的文本"Game Over"和得分以及到达的关卡。

结局场景： 显示 Dottima 回到她原本所在的书的场景。

游戏制作人员名单： 显示游戏制作人员名单的场景。

故事场景： 时不时地显示讲述了 Dottima 的故事的文本。

恭喜。你已经完成了这本书中的所有开发步骤。但还没有彻底结束。我们还需要进行测试和发布，这将在下面的章节中讲述。

第 23 章 　 测试 ▊

　　本章将介绍测试。首先，我们将回顾软件测试的总体历史，并重点关注电子游戏测试的历史。然后，我们将回顾 DotGame 开发过程中进行的测试，并在发布前再最后测试一次。

23.1　电子游戏测试简史

　　这一节将非常简明扼要。最开始的时候，用户是测试者。你猜怎么着？现如今，用户还是测试者。在这中间的数十年中，则是由专业的电子游戏测试人员进行测试。绕了一大圈后，我们又不可思议地回到了原点。好吧，事情其实并没有那么简单。

　　在 20 世纪 80 年代的街机时代，游戏大放异彩。那时候是实地进行测试的。游戏被投入街机，如果它们赚了足够的钱，就会被大规模生产。当然，崩溃 bug 是一件非常糟糕的事情，因为它会导致游戏赚不了钱。后来，街机厂商安装了特殊的硬件，可以检测到游戏崩溃的情况，然后触发街机重启。这个硬件被称为"看门狗"。它很粗糙，但总比屏幕卡住要好。当时的街机公司里没有专业的测试人员。都是用户在测试游戏。

　　过了十年，基于卡带的家用游戏机接管了游戏行业。它显然需要被广泛的测试，因为游戏是以 ROM 卡带的形式制造的。发布后就无法再打补丁或修复 bug 了，所以游戏最好没有任何 bug。有时，bug 会被遗漏，并造成灾难性的经济后果。当时的一个常见规则是 200 小时规则。游戏必须经受住 200 小时的残酷测试，不能有问题，不能崩溃，不能有严重的 bug。游戏公司雇用专业测试人员对游戏进行 200 小时的测试，通常会进行多次，然后才愿意冒这个险，将游戏发布给制造商。可能会有一个由 5 个测试人员组成的团队，每个人玩 40 个小时的游戏。他们不仅仅是在寻找 bug，而且还会对游戏是否精良以及是否好玩提供宝贵的反馈。

　　快进到互联网时代。如今，游戏可以基本不花钱地发布给用户，从而再次让用户承担起测试的责任。大公司仍然会雇用专业测试人员，但更普遍的测试技术是在土耳其或新西兰等国家或地区进行小范围发布，以便在全球发布之前取得必要的测试时间。

　　对于一个小型独立游戏开发商来说，大部分测试实际上是在发布之后进行的。如果你的游戏取得了成功，你将从用户那里得到反馈。然后，你将利用这些反馈来制作并发布更好的版本，如此循环往复。

正如我们在开发 DotGame 的过程中所看到的那样，在开发过程中就开始测试是有利的。良好的软件开发实践可以避免 bug 的出现，或是在它们变得难以发现和修复之前及早抓住它们。在下一节中，我们将回顾之前在开发期间对 DotGame 所做的测试。

23.2　开发过程中的测试

在构建 DotGame 的数百个步骤中，有大量步骤仅仅写着"测试"。先把所有代码都写出来，然后再去测试的古老方法是非常危险的，应该极力避免。即便如此，在进行回顾时，也偶尔会发现一些 bug，而且很可能还有一些未被发现的 bug 仍潜伏在代码中。

目前已知的最严重的 bug 甚至不是一个 bug，而是一个特性缺失。我们还没有告诉玩家需要使用方向键来控制 Dottima。这个问题肯定需要在发布前解决。

在游戏状态的开发过程中，我们有一连串的 bug，例如，"Game Over"和"Level Complete"。回过头来看，现在的我们更有经验了，也许可以避免这些 bug 了。一个艰苦但有用的练习是从头开始重建整个游戏。你可能想把这个练习重复两次：一次不改变任何内容（这么做是故意的），另一次则在过程中进行各种更改，并祈祷游戏不会因此而崩溃。

总而言之，我们整个过程中只出现了寥寥几个 bug，而且并不怎么需要重做。发生的最糟糕的事情是，我们没有在早期创建 DottimaFace 预制件。你可能时不时地会打错一些字，本书必须假设这种情况统统没有，因为可能出现的错别字实在太多了，书中无法面面俱到地讨论。你大概是从惨痛的经历中学会尽早并频繁地保存和备份你的工作的。只有通过自身的血泪教训才能真正学会这么做。

23.3　发布前的测试

一般来讲，软件开发人员会在发布前测试自己的产品，并祈祷不会发现任何非常糟糕的事情。下面是关于如何在发布游戏之前进行测试的一些提示。

■　**进行特性冻结，然后测试。**

不断添加新特性是很诱人的，即使是在发布的前一天，或者说，尤其是在发布的前一天。不要这么做！我们需要强制性地停止添加新特性。光是找出 bug 已经很困难了。偶尔，我们会需要为了修复 bug 而添加一个特性，但是请尽可能地避免这种行为。

■　**对所有为了修复 bug 而做出的改动进行测试，即使是很小的改动。**

你是否以某种方式修改了代码，并认为它不可能导致新的 bug？你猜怎么着，它完全可能导致新 bug，所以请务必测试一下。

■　**在发布前好好睡一觉。**

如果认为自己已经完成了测试，就停下来，去睡觉吧。如果可以的话，等上一两天再发布。在花些时间对将要发布的版本进行反思后，你会有意想不到的收获。你可能会想起之前懒得修复的 bug。

■　**如果出现了一个神秘而罕见且会导致游戏崩溃的 bug，就不要发布。**

给自己一点时间去发现这样的 bug。寻求各式各样的帮助，与你自己、你家狗或一个值得信赖的同事一起讨论它。

发布前的测试阶段是游戏开发中最好的，但也是最糟糕的部分。明明只差一点点了，但若是出现了严重的错误，就可能还得花好几个星期才能发布。这就是有经验的开发者发挥作用的地方了。因为他们曾经经历过这种情况，所以知道可能会发生什么，于是他们会以能够避免严重 bug 的方式构建代码。然而，软件开发是困难的，无论是多么经验丰富或天赋异禀的人，有时也会写出带有 bug 的代码。

■　**玩这款游戏。**

假设你刚花 5 美元买了这款游戏。玩一会儿。给它一个机会。

在开始之前，请清零，抹去自己对这个游戏的一切记忆。

■　**看别人玩这款游戏。**

这往往是个真正的警钟。你会对人们如何使用你的作品感到大吃一惊。当然，这其实应该在整个开发过程中时不时地进行，但开始并学习永远不算太晚。

在下一个同样很短的章节中，将会给出一些关于如何发布游戏的建议。

第 24 章　发布

我们的游戏已经做好发布的准备了……吗？这方面的细枝末节已经超出了本书的覆盖范围，主要是因为这些年来它们已经发生了翻天覆地的变化。这个简短的章节将包括一些在前 40 年间有效的通用建议，对于从今往后的 40 年，这些建议应该也是有效的。

首先，你的游戏应该是值得玩家花时间去体验的。无论它是一种不需要动脑筋的简单玩乐，还是一个艰难的挑战，又或者是讲述你的故事的一种方式，都要让它是个好游戏，无论"好"意味着什么。你是好或坏的最终仲裁者。在发布游戏的那一天，检查一下以确保你仍然对自己的创作感到非常满意。如果你知道它是个糟糕的游戏，就不要发布！反之，如果喜欢并相信它，那么就发布吧，不要理会那些批评者。即便是极度优秀的游戏也无法让所有人满意，所以只要有一些喜欢你的游戏的粉丝，你就成功了。

当然，是否发行的决定权可能不在你手上。暂且抛开这个不提，让我们假设，无论对错，我们都要向毫无戒心的公众发布游戏。然后我们需要一种方法来传输游戏，甚至可能将其卖给用户。发布电子游戏的主流方法有几十种。选择其中的一种或多种，并做好准备。我们下一步要做是完善代码和其他资源。

把这些事情做完之后，我们还需要备份源代码和所有参考资源，包括视频、纸质草图，甚至是电子邮件记录：任何在 10 年或 20 年后，当一切都被遗忘且变得老旧时，我们或我们的后继者可能想要查看的东西。把这些全部保存起来，特别是如果你足够聪明和幸运，能够长期保留游戏的知识产权的话。在真的要发布时，把日志整理好。我们很可能不会经常这样做，所以我们希望这些记录能作为下一个版本的参考。

在下一节中，我们将使用 Unity 来构建 DotGame 的可发布版本。

24.1　发布 Unity 游戏

Unity 使发布游戏的准备工作变得相当轻松。只需要构建它就可以了。好吧，不完全是这样。在本节中，我们将探索 Unity 的构建设置，尤其是一些针对 DotGame 的设置。不，我们不会在这一章中真正发布 DotGame，而是要为发布做好准备。

我们很沮丧地看到，构建设置中缺少了 TitleScene。此外，我们刚刚意识到 Unity 的构建总是从场景 0 开始,这意味着我们需要对场景进行一些调整,并更改代码。天哪!

< 步骤 1> 在 Unity 中加载 DotGame。

< 步骤 2> 选择 TitleScene。

< 步骤 3> **文件 – 生成设置 ...** 添加已打开场景。

   TitleScene 的场景编号为 7。

< 步骤 4> 将 TitleScene 移到 0 的位置。

   这将严重破坏我们的代码。应该怎样处理这个问题呢?

< 步骤 5> 在 GameState.cs 中的声明部分插入以下几行代码:

```
public const int MenuScene = 1;
public const int FirstLevelScene = 2;
public const int SceneOffset = FirstLevelScene - 1;
```

   如果将来想要改变场景的布局的话,这样的设置可以让我们更轻松地维护场景。

< 步骤 6> 在 MainMenu.cs 中,将 LoadScene 代码行替换为以下代码:

```
SceneManager.LoadScene(GameState.FirstLevelScene);
```

< 步骤 7> 在 DottimaController.cs 的 Update 函数中,将 LoadScene 的调用改为以下内容:

```
SceneManager.LoadScene(GameState.level + GameState.SceneOffset);
SceneManager.LoadScene(GameState.MenuScene);
```

   第一行进入 LevelComplete 部分,第二行进入 GameOver 和 theEnd 部分。

< 步骤 8> 在 DottimaTitle.cs 中,如下修改 LoadScene 的调用:

```
SceneManager.LoadScene(GameState.MenuScene);
```

< 步骤 9> 测试游戏!

   很遗憾,我们写了相当多的编码才让它工作。而且,出乎意料的是,我们发现了一个 bug!在到达终点时,背景音乐并没有停止播放,导致两首音乐之后会被同时播放,这不是我们想要的。

< 步骤 10> 在 MusicLoop.cs 中的 Update 函数中插入以下代码:

```
if (GameState.state == GameState.theEnd)
{
    Destroy(gameObject);
}
```

< 步骤 10> 再次测试，然后保存。

是的，这很常见。即使在我们想要发布游戏，并且已经冻结了代码后，还是会继续发现 bug！

< 步骤 11> 构建 DotGame，并对构建进行测试。

在向全世界发布游戏之前，我们将需要再次进行完整的保存和备份。

24.2　本地化

本地化曾经被称为"翻译"。无论怎么称呼，它都是一个使你的游戏更容易被其他国家的用户接受的过程。如果其他国家使用英语作为主要语言，或者如果该国人民通常懂英语，那么本地化可能相当简单。举例来说，挪威从一年级开始教英语，80% 以上的人口能说一口流利的英语。那么，应不应该本地化你的游戏呢？答案是应该，但前提是你手上的是一个热门游戏。若是不然，首次发布只支持英语也是可以的。不过，这是一个难以抉择的问题。如果进行本地化，你的游戏成为全球热门游戏的可能性将会增加。

处理本地化问题的一个真正的好方法是尽可能地避免出现文本。在 *DotGame* 这款游戏中，我们并没有实现这一点。好消息是，*DotGame* 这款游戏中的文本相当少，语音也很短，所以将它翻译成另一种语言不会花费很多钱。

翻译游戏文本需要多少钱？一个粗略的估计是每个词 0.10 美元。所以，对于 *DotGame* 而言，是菜单和 GUI 中的几个词加上语音。我们也许可以为语音加上字幕，所以总的来说，每种语言的翻译费用应该不到 10 美元。如果确定要翻译的话，最好顺便把应用商店中的游戏介绍等营销材料也翻译了。

如果没有本地化的预算，想要以免费的方式进行本地化的话，有两种基本的方法：可以在网上搜索翻译对照表。在 *DotGame* 这款游戏中，"Level"和"Play"等词可以在这种翻译对照表中找到，所以也许这也行得通。另一个方法是让粉丝为你翻译。你需要发布想要翻译的单词和短语，并期望会有好心的玩家来帮助你。

24.3　游戏即服务

想读些有趣的东西吗？那就去读一读第 11 章的游戏设计文件（GDD）。那份文件里有一些非常好的想法，但不幸的是，其中一些想法在游戏的制作过程中被遗忘了。嗯，这不就是未来版本存在的理由吗？

在某一时刻，你需要做出一个重要的决定。你打算如何在下周、下个月和明年支持自己的创作？是否要制作更多的关卡，或者是否要增加那些你忘记在第一个版本中实现的 GDD 中的特性？你是否会追随无数手机游戏的脚步，每个月甚至更频繁地发布新关卡和游戏元素？这种方法称为"游戏即服务"（Games as aService，GaaS）。

GaaS 模式适用于 *DotGame* 吗？肯定的！这款游戏很适合有更多关卡，更多角色，和更多场景。相比于把所有新内容都纳入续作中，将新内容分成小部分发布会更加简单。

24.4 终点还是起点呢

不，对你而言，这不是游戏开发之旅的终点。相反，这只是一个开始。还有很多东西要学，但你已经准备好制作更多游戏了。无论年龄几何，你今后很有可能会一直享受玩游戏和制作游戏的乐趣。游戏行业将发生变化。简单地回顾一下 10 年或 20 年前吧。在 2005 年，翻盖手机十分普遍，大多数人有固定电话。移动游戏正处于起步阶段，诸如"免费游戏"或"货币化"之类的短语会招致人们的白眼。当时没有面向消费者的 VR，没有视频通话，没有应用商店，没有 Steam，没有 Twitter，Unity 刚刚发布只适用于 Mac 的 1.0 版本。但是，《超级马里奥》、《塞尔达传说》、《吃豆人》和《光环》在当时很火，到现在，还是很火！编码在当时是一项重要的技能，现在也一样。

在过去的 50 年里，游戏行业以惊人的速度得到了发展。对于曾经被评价为"就和宠物石头 ① 一样，流行一阵子就会过气了的"的行业来说，这样的发展真不赖。预测 20 年后会变成什么样子是不可能的。你的一些游戏开发技能将变得过时，使用的工具集也会有所不同。这是商业的天性使然。不过，你在本书中学到的许多东西仍将继续适用。优秀的游戏就是有办法经久不衰，所以要制作好游戏，并持续地玩下去。

---

① 译注：1975 年，加里·达尔（Gary Dahl）和好友一边喝酒，一边侃大山，说起养宠物太费人，喂养、遛弯和洗澡，都不能少。加里由此想到宠物为什么就不能是石头呢？就这样，80 美分的石头配上特制纸盒和 32 页的产品说明书，就成了爆品。半年时间，加里卖出 150 万个宠物石，获利 1600 万美元。

附录1　游戏开发词汇表

　　这是一个由游戏开发人员常用的单词、缩写和短语组成的词汇表。你可以通过这个词汇表快速查找不太熟悉的单词和缩略语。如果是初次接触本词汇表，请继续阅读，找出自己不了解的内容。

算法（algorithm）：通常是由计算机用来进行计算或解决问题的进程或一系列规则。

阿尔法（alpha）：希腊字母表中的第一个字母。从计算机图形学的角度来说，它是一个0 到 1 之间的浮点数，决定着一个图形元素的不透明度。阿尔法为 0 意味着透明，为 1 意味着不透明。对于 8 位整数值而言，阿尔法的范围则是从 0 到 255。

环境声（ambient sounds）：在背景播放的声音，通常不受游戏操作的影响。

动画（animation）：一系列的帧，在依次播放时，会被大脑解读为动画。

移动应用（app）：通常指的是移动设备端的应用程序。

应用程序（application）：一个计算机程序以及其必要的数据文件。

数组（array）：计算机程序所使用的数字或其他对象的表格。数组可以是一维或多维的。

资源（asset）：一个图形元素，音效，代码，或其他用于构建应用程序的对象。

背景音乐（BGM）：在关卡背景中循环播放的音乐。

测试版（beta）：一个接近最终版本的应用程序，为了测试目的而发布给潜在用户。

位（bit）：0 或 1。二进制数字（binary digit）的缩写。

位图（bitmap）：使用位数组（array of bits）表示的图像。

机器人（bot）：一个被设计得像人类玩家一样的计算机程序。

盒子建模（box modeling）：一种用于创建 3D 模型的技术，以一个立方体为基础添加各种细节。

bug：游戏中的一个编程错误。严重的错误可能会导致游戏无法运行。参见"小故障"条目。

驼峰式大小写（camelCasing）：一种命名惯例，在一个含有多个词的名字中，除了第一个词以外，每个词都以大写字母开头，例如 eBay 或 myVariableList。

摄像机（camera）：用于向玩家展示部分游戏世界的设备。

转换（casting）：通过将要转换的类型放在括号里而进行的类型转换。以 (int)x 为例，x

是一个浮点数，而这将把该浮点数转换为整数，可能会导致数据丢失。

作弊代码（cheat Code）：通常是一串秘密字符或按键，可以开启隐藏的游戏特性。

检查点（check point）：游戏中的一个位置，如果玩家到达了这个位置，玩家随后可以重新开始游戏。

代码（code）：一种或多种计算机语言的表达，存储在文本文件中。

编码（coding）：创建代码的过程。

编码标准（coding standard）：用特定编程语言编写代码的规则。这些规则的目的是使代码可读且可维护。

碰撞（colliding）：在游戏世界中的两个物体接触时，就会发生这种情况。

碰撞（collision）：当两个物体接触或重叠时，所发生的就是这种情况。

注释（comment）：计算机代码的一部分，可以被程序员阅读，但对代码的执行没有影响。

注释掉（comment out）：将计算机代码转换为注释。在 C# 中，通过在行首放两个正斜杠，可以快速注释掉该行代码。

兼容性（compatibility）：两个或多个系统相互兼容的能力。

坐标系（coordinate system）：一个两轴或三轴的坐标系，可以通过指定两个或三个数字来确定对象的位置。各个坐标通常被称为 X 和 Y，或 X、Y 和 Z。

过场动画（cutscene）：游戏的非交互式部分，用于展示一部分故事。过场动画可以是预渲染的短视频，也可以在游戏中使用游戏资源来实现。

设计文档（design document）：被设计师用来对游戏设计进行说明的文档。

DirectX：微软的游戏开发软件。

EULA：终端用户许可协议，英文全称为 end user license agreement。

面（Face）：3D 模型上的平面，通常有三到四个角。

浮点数（float）：一个浮点数，一个带有小数点的数字。小数点前有数字，小数点后也可能有数字，因此小数点被称为浮点。在 C# 和类似的计算机语言中，浮点数是用 32 位表示的。

第一人称视角（First Person Perspective）：一种游戏视角，在这种视角下，玩家通过玩家角色的眼睛来看世界。请同时参见"第三人称视角"条目。

FPS：第一人称射击游戏，英文全称为 First Person Shooter。

帧（frame）：显示在显示器或其他显示设备上的单一图像。

帧率（frame rate）：一秒钟内显示的帧的数量，通常被表述为每秒传输帧数（Frames per second，FPS）。电子游戏的良好帧率是 60 及以上，但 30FPS 也被认为是可以接受的。

游戏设计文档（game design document）：一个正式的、实时更新的文件，对正在开发的电子游戏软件进行说明。它经常被用来帮助组织开发团队创建游戏。

游戏引擎（game Engine）：一组用来帮助创建电子游戏的工具和计算机程序。

游戏玩法（game play）：游戏角色的行为和影响结果的游戏规则。装饰性的内容，比如角色的图形外观，不算是游戏玩法。请同时参见"重塑外观"。

GDD：见"游戏设计文档"。

类型（genre）：具有类似玩法的游戏所属的主要类别。

几何（geometry）：图形的数学。也指游戏或游戏对象中的图形集。

小故障（glitch）：游戏中的一个小 bug，通常不会对玩家的游玩造成影响。

图形（graphics）：在一个或多个屏幕上看到的游戏的视觉元素。

图形用户界面（Graphical User Interface, GUI）：一种使用了图形图标而非文字的用户界面形式。同时也是使用鼠标指向并单击而不是使用键盘输入的界面。

层级（hierarchy）：项目的排列方式，项目在其他项目之上、之下或在同一层级。

独立（indie）：一个电影或游戏的独立创作者。

整数（integer）：一个没有小数或小数部分的整数。请同时参见"浮点数"。

IP：知识产权。

IP：互联网协议。

知识产权（Intellectual Property）：创造出来的作品或发明。

互联网协议（Internet Protocol）：一套用于管理在互联网或其他网络上发送的数据格式的规则。

迭代开发（iterative development）：一种开发方法，即一个接一个地创建多个版本，每个版本都意图在以前的版本的基础上做出改进。

操纵杆（joystick）：通常提供了二维方向的输入设备。游戏操纵杆通常还带有一个或多个按钮。

爆机（kill screen）：游戏中的一个由于严重的 bug 而无法通过的关卡。带有这种关卡的著名经典街机游戏包括《森喜刚》和《吃豆人》。

无损（lossless）：一种不改变原始版本内容的压缩方法。

有损（lossy）：一种为了压缩效率而牺牲了清晰度的图像压缩方法。

魔数（magic number）：在源代码中不经解释而插入的数字。用命名的常量取代魔数后，代码会更加易于维护和理解。

大型多人在线游戏（Massively Multiplayer Online Game, MMO）：在同一服务器中有大量玩家的在线游戏。

自然数（natural number）：数学中使用的数字，以 1、2、3 等开始。自然数可以无限大。
　　0 通常不被认为是一个自然数。

NES：红白机（Nintendo Entertainment System），1985 年发布的一种 8 位游戏机。

非玩家角色（non Player Character, NPC）：游戏中任何不受玩家操控的角色。

新手（noob）：一个新玩家，通常对游戏知之甚少。

过时（obsolete）：过时的，不再有用的。

俯视（overhead View）：从高处向下看的视角。

帕斯卡命名法（pascalCasing）：一种命名惯例，在一个单字或多字的名字中，每个字都
　　以大写字母开头，并且将这些字串联起来。

物理（physics）：在游戏中，使用物理法则使游戏更加逼真。

物理引擎（physics engine）：被游戏引擎用来模拟游戏对象的物理的专业软件。

像素（pixel）：Picture element（图片元素）的缩写，通常是一个显示单一颜色的非常小
　　的矩形或方形。

平台（platform）：在游戏开发中，平台指的是用于运行游戏的计算机游戏系统、PC 或
　　移动设备。

玩家（player）：玩游戏的人。

PlayStation：索尼旗下的一个系列或游戏主机之一。

多边形（polygon）：以直线段为边的几何形状。

移植（porting）：将一个游戏从一个平台转换到另一个平台。

事后分析（postmortem）：开发人员对游戏开发过程的回顾。事后分析通常会在游戏发
　　布了一段时间后进行。

概率（probability）：一个处理随机性的数学概念。概率通常用一个 0 到 1 之间的浮点
　　数表示，范围从"不可能"到"必然"。

原型（prototype）：一个非常早期的游戏版本，用于测试游戏概念或开发方法。

公有领域（public domain）：不受版权、商标或专利等知识产权法保护的创造性材料。
　　任何人都可以使用公有领域的作品，无人持有它的所有权。

谜题（puzzle）：一个目标是找出解谜办法的游戏。

解密游戏（puzzle game）：一个像是一系列谜题的游戏。

质量保证（Quality Assurance, QA）：一种以系统化方式测试游戏的方法。QA 的目标是
　　找到 bug 并将其归类。

随机数生成器（random number generator）：生成看似随机分布的数字的软件。有时也
　　被称为"伪随机数生成器"。

有理数（rational number）：形式为 a/b 的数字，a 和 b 均为整数，b 不为 0。

实数（real number）：可能有无限多个小数位的数字，例如 π 或 2 的平方根。实数在计算机中通常以有着近似值的浮点数表示，举例来说，π 被表示为 3.14159。

重构（refactor）：在不改变其外部行为的情况下对现有计算机代码进行重组的过程。

渲染（render）：为 2D 或 3D 模型制作带有光影效果的 2D 图像。

重塑（reskinning）：在不影响游戏玩法的前提下改变游戏的图形外观。

逆向工程（reverse engineer）：在无法获得源代码或原始设计的情况下重新构建一个游戏、软件或设备。

RGB：红、绿、蓝。一种用于显示彩色图像的常见图形格式。

RGBA：红、绿、蓝、alpha。一种用于显示具有透明度（alpha）的图像的常见图形格式。

角色扮演游戏（Role-Playing Game, RPG）：允许玩家扮演一个角色的游戏，该角色通常置身于一个复杂的游戏世界中。

规则（rules）：对于游戏而言，规则指的是玩家为了按照游戏的设计进行游戏所要遵守的指令。

比例（scale）：物体的大小，或者在一个或多个维度上改变物体的大小。

场景（scene）：在 Unity 中，场景指的是一个特定的关卡或菜单屏幕，它有自己的脚本、游戏对象和属性。

滚动（scrolling）：横向移动摄像机视角，通常是为了在玩家角色探索场景时能一直看到该角色。

SNES：超级任天堂（Super Nintendo Entertainment System），一种 16 位游戏主机系统，发布于 1990 年。

源代码（source code）：用于构建游戏或其他软件的命令集合。

垃圾信息（spam）：不需要的电子邮件、短信或传真等文字信息。

精灵（sprite）：2D 图形元素，通常被存储为纯色和透明像素的矩形阵列。

字符串（string）：字母或诸如特殊字符或数字等其他符号的有序序列。

Switch：任天堂的一款游戏机，于 2017 年首次发布。

语法（syntax）：在计算机科学中，语法指的是约束了符号的排列以形成有效计算机代码的规则。无效的语法将导致出现语法错误信息，其中将提供有关错误产生的原因的信息。

测试（testing）：在游戏开发中，测试指的是发现和记录游戏软件中的 bug 的过程。

第三人称视角（Third Person Perspective）：游戏视角是以观众的视角出发的，而不是以

　　玩家角色的视角出发的，就像看足球比赛时一样。请同时参见"第一人称视角"。

3D 游戏：使用 3D 引擎开发的游戏，通常采用第一人称视角的摄像机。

2.5D 游戏：使用 3D 引擎开发的游戏，但也有 2D 游戏画面。

2D 游戏：使用 2D 游戏引擎开发的游戏，具有 2D 游戏画面。

用户界面（User Interface）：用于连接玩家和游戏、菜单和游戏设置的软件。

变量（variable）：在编程中，变量是一个可能会变化的值，与常数相反。

矢量（vector）：一个包含方向和大小的量。在游戏编程中，矢量通常由包含两个或三
　　个浮点数的序列组成。

点（vertex）：2D 或 3D 空间中的一个点，通常由两个或三个浮点数表示。一个点指定
　　了一个位置，而一个矢量则指定了从一个位置到另一个位置的方向。值得一提的是，
　　它的英文复数形式常常被误认为是"Vertexes"，但实际上"Vertices"才是正确的用法。

电子游戏（video game）：在电视、电脑显示器或移动设备上玩的游戏，游玩时通常会
　　使用专门的手柄。

虚拟现实（Virtual Reality, VR）：可以检测玩家的动作并相应地实时调整显示的用户界面，
　　使人产生身处 3D 环境的错觉。

流程攻略（walkthrough）：某人从头到尾地玩完一个游戏的视频。也可以是说明了如何
　　做到这一点的文件。流程攻略通常会展示一种格外简单的游玩方式。

瀑布法（waterfall）：一种游戏制作方法，从设计文件，到制定预算和时间表，最后严
　　格按照设计文件和预算进行开发。这种方法或许可以确保不超预算，并按时发售，
　　但肯定不能保证游戏的趣味性，也不能保证游戏会取得成功。

不会修复（Will Not Fix, WNF）：相对于修复某个 bug 所能得到的收益来说，这个 bug
　　无足轻重，并且修复成本太高了。

线框（wireframe）：一个 3D 或 2D 物体的视图，只有边是可见的。

工作流程（workflow）：工作完成方式的可重复执行的模式。通常，一个工作流程可以
　　用一系列步骤或是一个流程图来描述。

x 轴：坐标系中的一个轴，通常是水平的。

Xbox：微软生产的游戏主机系列。

y 轴：坐标系中的一个轴，在 2D 中是垂直的。

z 轴：3D 坐标系中的一个轴，要么是垂直的，要么是从观众视角向远处延伸的。

■ 附录 2　游戏开发者守则

　　下面是一些未按照特定顺序排列的游戏开发者守则。在寻找灵感时，阅读这些守则应该可以起到很大的帮助。如果违反了它们，你可能会追悔莫及。

- [ ] 1. 尽早并频繁地对所有内容进行测试。
- [ ] 2. 避免编写无法测试的代码，或是直到开发过程的后期才会用到的代码。
- [ ] 3. 在继续开发之前修复所有严重的 bug。这是最重要的规则！
- [ ] 4. 在继续开发之前修复大多数小 bug。小 bug 是一个信号，表明有什么地方出了问题。最好把小 bug 修复了，以确保它并不是个披着羊皮的狼。
- [ ] 5. 维护一个 bug 列表。
- [ ] 6. 保持 bug 列表中不要有太多项。
- [ ] 7. 不要试图一下子把整个游戏都设计出来。而是要先设计原型，然后再进行迭代。
- [ ] 8. 让游戏一开始非常简单，但不能完全没有挑战性。
- [ ] 9. 使用一个暂定名称，最好是一个以后会改掉的糟糕名称。这样做的好处是让你做好不得不更改游戏名称的心理准备。
- [ ] 10. 上网搜索自己的游戏创意和 / 或游戏名，看是否有人做过了。
- [ ] 11. 测试时尝试破坏游戏。
- [ ] 12. 让游戏动起来。所有的物体都应该弹跳、搏动、摇晃或做些其他动作。
- [ ] 13. 检查是否有"借来"的资源，并尽快删除它们。
- [ ] 14. 玩家的每一个动作都应该能得到一个有趣的回馈，即使是死。
- [ ] 15. 谨慎承诺，超预期交付。
- [ ] 16. 制作自己也能玩着开心并愿意花钱购买的游戏。
- [ ] 17. 在启动游戏后尽快进入游戏玩法的部分。
- [ ] 18. 不要浪费玩家的时间来提前解释他们还不需要知道的事情。

附录 3　游戏开发检查清单

在开发游戏时，有必要通过核对检查清单来确保开发过程中没有遗漏什么。下面是一个可供参考的检查清单。在你的游戏开发经验越发丰富后，可以在清单中添加更多检查项，或是根据你的需求和目标来更改它。

■ 开发之前

- □ 1. 你对这个游戏感兴趣吗？如果不感兴趣，就舍弃它，做点别的。
- □ 2. 你是为钱而做游戏的吗？若是如此，如果还有其他的本领，请做其他事情吧。
- □ 3. 有一个优秀的、原创的概念吗？
- □ 4. 它可行性如何？
- □ 5. 有哪些竞品游戏？你玩过它们吗？或者至少看过他们的视频吗？

■ 开发期间

- □ 1. 这个游戏有趣吗？
- □ 2. 你自己喜欢玩它吗？
- □ 3. 如果不好玩的话，你的理由是什么？若是真的不好玩，不要害怕终止这个项目。
- □ 4. 控制是否灵敏？如果不是，就尽快让它们灵敏起来。即使只是随意移动角色或驾驶一辆车，控制也应始终灵敏。
- □ 5. 学习曲线合理吗？这需要进行测试。
- □ 6. 给玩家提供了哪些奖励？
- □ 7. 良好的 UI。要使 UI 有快捷且容易理解的用户体验。
- □ 8. 是否尽快进入了游戏玩法的部分？
- □ 9. 如果有过场动画的话，要允许用户调过它们。并不是每个人都关心故事，特别是在他们三周目的时候。
- □ 10. 有开发时间表吗？
- □ 11. 目标平台是什么？比如首先是 PC，然后是 Mac，最后是移动端。

☐ 12. 游戏的音频计划是什么？有语音、音乐和音效吗？

■ 市场推广

☐ 1. 如何推广这个项目？

☐ 2. 何时以及如何制作 GIF？

☐ 3. 这个游戏有域名和网站吗？

☐ 4. 你有微博、微信或其他社交媒体账号吗？

☐ 5. 有预告片吗？

☐ 6. 有试玩版吗？

☐ 7. 有作弊代码吗？如果有的话，具体有哪些，分别有什么作用？

☐ 8. 开发期间由谁来进行测试？发布之前呢？

■ 发布前

☐ 1. 所有提到游戏名的地方已经改成新名称了吗？还有任何地方在使用暂定名称吗？

☐ 2. 有版权声明吗？

☐ 3. 有商标吗？

☐ 4. 添加制作人员名单了吗？

☐ 5. 名单里面的名字都准确吗？

☐ 6. 是否检查过所有许可协议并遵守了所有的相关条款？

☐ 7. 制作人员名单是否容易查看？即使是没有通关游戏的玩家也应该可以查看它。

☐ 8. 网站是否可以运行？

附录 4　法律 ▮

　　本附录是对游戏开发者所面临的法律问题的简短的、叫文个人化的介绍。作为一名游戏开发者，我们的目标是制作好游戏，这说起来容易做起来难。在这一过程中，我们需要处理版权、商标、专利等问题。首先要声明的是，我不是律师，本节中的所有内容都是出于教育目的而写的，并不是法律建议。

　　如果你能负担得起，并计划以商业方式发布游戏的话，聘请一名律师来帮助你可能会有帮助。这名律师最好是游戏开发法或知识产权（IP）方面的专家。如果你为任意规模的公司工作，那么雇主应该让你知道为他们开发游戏时要遵守的法律义务。如果你是一个预算非常少的独立开发者，那么你可以随时在互联网上搜索法律知识。一个好的起点是在网上搜索关于 "law for game development"（游戏开发的相关法律）的视频。你会发现找到几个来自游戏开发者大会的优秀视频解说。观看它们并学习。

　　最适合初学者的是克里斯·里德（Chris Reid）的作品 *Practical Law 101 For Indie Developers: Not Scary Edition*。这个视频是针对独立游戏开发者的，但无论你是一名独立开发者、学生、业余爱好者、大型游戏公司的员工，还是像我这样的老手，都能从这个视频中受益匪浅。

　　为什么要搞得这么麻烦？如果你制作游戏只是为了娱乐自己，而不会向公众发布的话，那么当然可以跳过这些法律上的东西。但如果你想要将作品卖给或甚至送给其他人，比如朋友、家人或公众，那么是的，你需要了解游戏开发方面的法律。即使你是在大公司工作的专业游戏开发者，或者说尤其在这种情况下，你有必要对游戏开发方面的法律有基本的了解。

我们将以一份要做的和不要做的事情的清单为这个简短的附录收尾：

☑ 要	☒ 不要
☐ 1. 要看一两个涉及电子游戏相关法律的视频，了解基本知识。	☐ 1. 不要明目张胆地抄袭别人的游戏。
☐ 2. 要保护自己的知识产权。	☐ 2. 不要基于《超级马里奥》、《塞尔达传说》、《索尼克》或版权属于其他任何人所有游戏开发同人游戏。
☐ 3. 要找一名出色的电子游戏律师来帮助你，如果负担得起的话。	☐ 3. 不要制作续作游戏。至少要知道这么做可能会面临什么样的后果。
☐ 4. 要制作优秀的原创游戏。	☐ 4. 不要侵犯版权、商标和 / 或专利。
	☐ 5. 不要不看合同就轻易签字。

最后谈一谈我个人认为最重要的"不要做的事"。总有人问我是否还能从《水晶城堡》获得版税。简短的回答是没有，并且我也不在致谢名单里。是的，已经过去 37 年了，这个游戏仍然在销售。是的，我编写并创造了这个游戏的代码、设计和大部分的图形，在雅达利投币游戏机（街机）部门的大力协助下，我几乎独立完成了这款游戏。但我不仅没有得到版税，也没有得到致谢，甚至在包含《水晶城堡》的新产品发布时，我也没有接到任何通知。事情怎么会变成这样呢？嗯，这是因为我从 1982 年到 1984 年作为员工为雅达利工作，并且在被雇用的第一天就签字转让了我所有的权利。

■ 不要签字转让自己的长期权利

近年来，我发誓再也不能让自己重蹈覆辙、让同样的事情发生在自己身上。在制作一个游戏时，我会尽可能地让自己保留长期权利。有时，如果想要为游戏公司工作的话，你别无选择，只能转让自己的权利，特别是在你刚踏入这个行业时。至少要知道自己签的是什么，并要求在未来的续作或衍生产品中获得致谢和通知。如果公司倒闭或被收购了，你也许可以拿回自己的权利。问一问总没有什么坏处的。

IP（知识产权）可以有很长的商业寿命，甚至可能长达几个世纪。无论你做什么，都要避免自己创造了一个游戏或任何其他 IP 后把版权卖给别人，而是要发布限期许可，以便让你和你的后继者在未来也可以掌控你的创作并从中受益。

附录 5　本书的 C# 编码标准

本附录说明了本书采用的 C# 和 Unity 编码标准。标准相当简短。更全面和详细的 C# 编码标准可以在互联网上找到。

制表符：永远不要使用制表符，而是要使用空格进行缩进，可以是 2 到 4 个空格。

行宽：将行宽限制在 72 个字符以内。这有助于提高可读性。

大括号：起始和结束大括号都要放在一行的开头，是这一行唯一的内容。即使一个代码块中只有一条语句，也不要省略大括号。单行块可以和大括号在同一行。

例如，下面是一个不好的示范：

```
if ( x > 9 ) y = 3;
```

下面是一个好的示范：

```
if (x > 9)
{
    y = 3;
}
```

还可以这样写：

```
if (x > 9){ y = 3;}
```

那个不好的示范虽然更简短，但不易于维护，很容易被人改成下面这样：

```
if (x > 9) y = 3; z = 4;
```

为什么这是一个相当不好的示范？程序员可能希望向 z 赋值的语句只在 x > 9 时执行。但是，这段代码始终执行对 z 的赋值，无论 x 的值是多少。

注释：只有在必要时才使用注释。使用 // 风格的注释，而不是 /* */ 风格。把注释放在代码的上方，而不是放在代码后面或者同一行。

间距：在适当的地方添加空白间距以提高可读性，尤其是在函数调用中用空格分隔不同的实参。例如，下面是一个好的示范：

```
DisplayScore(score, 20, 30);
```

下面是一个不好的示范：

```
DisplayScore(score, 20,30);
```

许多时候，添加一个空格就能使代码看起来更清晰。C# 本身并不关心这些额外的空白。不要在标识符里面引入空白即可。

垂直间距：慷慨添加单一的空行来分隔方法和代码块。如果有太多代码块，请考虑将它们重构为多个方法。

大型方法：要避免这样的方法。把它们分解成更小的方法，以提高清晰度和可读性。

命名：使用驼峰式大小写或帕斯卡命名法。避免使用下划线。例如，下面是一个好的示范：

```
public void MyFunction();
```

下面是一个不好的示范：

```
public void my_function();
```

函数名和类名使用帕斯卡命名法。游戏对象的名称也应该使用帕斯卡命名法，因为对应的脚本会将该名称用作类名。